风暴：中国环境记者调查报告（2016年卷）

摄影/陈金华

风暴

中国环境记者调查报告

|2016 年卷| 章 轲 汪永晨 主编

中国环境出版集团 • 北京

图书在版编目（CIP）数据

风暴：中国环境记者调查报告，2016 年卷/章轲，汪永晨主编. —北京：中国环境出版集团，2019.7

ISBN 978-7-5111-4050-0

Ⅰ. ①风… Ⅱ. ①章… ②汪… Ⅲ. ①生态环境建设—调查报告—中国—2016 Ⅳ. ①X321.12

中国版本图书馆 CIP 数据核字（2019）第 145887 号

出 版 人 武德凯
责任编辑 陈金华 宾银平
责任校对 任 丽
封面设计 彭 杉

出版发行 中国环境出版集团
（100062 北京市东城区广渠门内大街 16 号）
网 址：http://www.cesp.com.cn
电子邮箱：bjgl@cesp.com.cn
联系电话：010-67112765（编辑管理部）
010-67113412（第二分社）
发行热线：010-67125803，010-67113405（传真）

印 刷 北京中科印刷有限公司
经 销 各地新华书店
版 次 2019 年 7 月第 1 版
印 次 2019 年 7 月第 1 次印刷
开 本 787×1092 1/16
印 张 29.75
字 数 470 千字
定 价 158.00 元

目 录

环保部门究竟是一个什么部门？ / 章 轲 1

环保重拳：中央环保督察从“督企”到“督政” / 章 轲 5

从概念到实践：国家主导的“国家公园”探索 / 张一诺 26

“河长制”地方十年探索：一项重大制度创新 / 刁凡超 45

今天南极的冰川与企鹅 / 汪永晨 55

被重新定义的汽车尾气治理 / 邬启斌 107

环保产业：暗流涌动下的狂欢盛宴 / 马维辉 117

环境保护税：不是增负，而是减负 / 李 禾 127

重建排放秩序：环保基础制度改革拉开序幕 / 刘伊曼 136

严管象牙进口 有序停止商业性加工销售 / 张一诺 149

森林城市：普惠民生的绿色福利 / 胡利娟 155

现场直击：“环保警察”是如何办案的 / 章 轲 169

“健康中国”需迈过气、水、土三大污染高槛 / 章 轲 180

先进标准能否倒逼“中国制造”升级？ / 司建楠 187

2016 年值得记住的环保人物 / 章 轲/整理 200

2016 年十大绿色公众号 / 209

2016“黄河十年行” / 汪永晨 221

2016 年国内国际十大环境新闻 / 章 轲/整理 460

环保部门究竟是一个什么部门？

章　轲[①]

最近这段时间，我的脑海中总在想一个问题：环保部门究竟是一个什么部门？换句话说，搞环保的，从事的究竟是一项什么事业？

我通过“百度”查询了一下有关环境保护部的职责界定：负责建立健全环境保护基本制度；负责重大环境问题的统筹协调和监督管理；承担落实国家减排目标的责任；承担从源头上预防、控制环境污染和环境破坏的责任；负责环境污染防治的监督管理；负责环境监测和信息发布；组织、指导和协调环境保护宣传教育工作；等等。

按照通常的理解，环保部门不是生产部门，或者说不是发展部门，再或者按照有些人的理解，环保部门做的事与发展部门做的事“毫不相干”“南辕北辙”，甚至是相冲突、相矛盾的。

在环境保护部的机构职责中，似乎只有一项与发展相关，就是“负责提出环境保护领域固定资产投资规模和方向、国家财政性资金安排的意见，按国务院规定权限，审批、核准国家规划内和年度计划规模内固定资产投资项目，并配合有关部门做好组织实施和监督工作”。

不过，在仔细研读习近平总书记有关生态文明建设的多次讲话、中央有关文件特别是党的十九大报告后，我对环保部门究竟是一个什么部门的问题，开始有

① 章轲，《第一财经日报》高级记者、中国人与生物圈国家委员会媒体专家组成员、首都青年编辑记者协会理事、中国环境文化促进会传媒委员会理事、中国环境科学学会环境经济学分会委员。撰写过大量有影响力的环境新闻报道。

了一个新的认识。

2005年8月，时任浙江省委书记的习近平同志在浙江湖州安吉考察时，提出了“绿水青山就是金山银山”的科学论断。2013年5月，习近平总书记在中央政治局第六次集体学习时指出，要正确处理好经济发展同生态环境保护的关系，牢固树立保护生态环境就是保护生产力、改善生态环境就是发展生产力的理念。

近年来，围绕生态文明建设，党中央提出了一系列新要求，推出了一揽子硬措施，包括：不简单地以GDP论英雄；最重要的是完善经济社会发展考核评价体系，把资源消耗、环境损害、生态效益等体现生态文明建设状况的指标纳入经济社会发展评价体系，使之成为推进生态文明建设的重要导向和约束；划定并严守生态红线；不能越雷池一步，否则就受到惩罚；实施重大生态修复工程，增强生态产品生产能力。

特别是在党的十九大报告中，习近平总书记指出，我们要建设的现代化是人与自然和谐共生的现代化，既要创造更多物质财富和精神财富以满足人民日益增长的美好生活需要，也要提供更多优质生态产品以满足人民日益增长的优美生态环境需要。要推进绿色发展，“发展绿色金融，壮大节能环保产业、清洁生产产业、清洁能源产业”，“改革生态环境监管体制”。

如果说，发展部门是物质财富的创造者，那么，环保部门就是“优质生态产品”的提供方，既保护，又生产。“优质生态产品”不仅是指传统意义上的低碳、有机、健康的物质产品，更是指良好的生态环境，包括清新空气、清洁水源、宜人气候、舒适环境，这些都是人类生活的必需品、消费品。

从这个意义上说，环保部门同样也是生产部门、发展部门。

再进一步理解，以往所强调的环境保护“一岗双责”，就不单单是对发展部门而言了，即发展部门的党政机关、企事业单位及其领导和工作人员，除了履行自己的业务职责，还要承担本领域有关的环境保护管理或者监管职责。反过来，环保部门在履行自己的业务职责外，同样也要承担本领域的有关提供优质生态产品职责，以及对优质生态产品生产过程的监管职责。

当然，对于传统意义上的物质财富的生产，环保部门同样也有责任，就是参与并加快建立绿色生产和消费的法律制度和政策导向，建立健全绿色低碳循环发展的经济体系，推进资源全面节约和循环利用，推进绿色发展。

有一组数据或许能说明问题。

根据联合国环境规划署（UNEP）《生物多样性国情研究报告指南》的要求，并参考瑞典、挪威、印度尼西亚等国情研究报告，我国环境保护部、中国科学院等曾对全国生物多样性经济价值进行了初步测算：中国生物多样性的经济价值与生态价值为每年4.6万亿美元，已接近2009年中国4.92万亿美元的GDP总额，自然植被生态系统服务总价值为每年6.6万亿美元。

环保部门，是生态价值、生态产品创造的大部门。

那么，同样是发展部门、生产部门，环保部门就该有个样子。对照发展部门的样子，本人理解为，环保部门的样子应该是自然资源资产管理和自然生态监管的“发改委”和“国资委”。

环保部门不仅要拟订并组织实施自然资源资产和自然生态的发展战略、中长期规划和年度计划，监测自然资源和自然生态的发展态势，也要承担规划重大生态产品建设项目和布局，推进经济结构战略性调整，还要布局协调好优质生态产品的产业链，构建国土空间开发保护制度，等等。

言归正传。话题回到2016年的环境记者调查报告上，我觉得，2016年的调查报告显然在环境保护领域又深入了一层，从中央环境保护督察、国家公园、河长制，到环境保护税、环保警察、健康中国、森林城市，再到“黄河十年行”、十大绿色公众号，一系列的全景式的报道，将2016年波澜壮阔的环境保护领域的改革和各项努力展现在世人面前。

中央环保督察从“督企”到“督政”，这一改革创新之举绝非横空而出的突发奇想，而是有着深厚的实践基础和紧迫的现实需求。正是因为有了中央环保督察，环保部门“干出了地位，干出了名堂”。

中共中央办公厅、国务院办公厅印发的《建立国家公园体制总体方案》提出，将山水林田湖草作为一个生命共同体，统筹考虑保护与利用。目前，这项改革正在10个国家公园进行试点，分别是三江源、东北虎豹、大熊猫、祁连山、湖北神农架、福建武夷山、浙江钱江源、湖南南山、北京长城和云南普达措国家公园体制试点。看点足足。

“河长制”在地方已经探索了多年，站在 2016 年的时点上，又有哪些新意？记者经过将近一年的观察发现，全面推行河长制工作总体进展顺利，进度符合并超过预期。但同时，河长制在落实过程中，各地推进力度和工作进展不尽平衡，少数地区对推行河长制重视不够，压力传导尚未完全到位。有的市、县、乡工作进展相对缓慢，有的地方河长制实施方案深度不足，针对性和操作性有待提高。

继《中国环境记者调查报告（2015 年卷）》之后，《中国环境记者调查报告（2016 年卷）》再度推出了“值得记住的环保人物”，包括李干杰（环境保护部部长）、刘晓光（阿拉善 SEE 创始会长，2017 年 1 月 16 日逝世）、牛文元（中国科学院可持续发展战略研究组组长、首席科学家，2016 年 9 月 28 日上午 11 时许在北京逝世）、陈飞（山东省德州市市长）、胡建森（河南省新乡市环保局局长）。他们中，有的是中国环保领域的领军人物，有的是环保领域最基层的官员，有的是民间环保组织的创始者，也有的是环保领域著名的专家学者；他们中，有的健在，有的已经故去，但都值得记住。

2017 年 10 月 26 日

环保重拳：中央环保督察从“督企”到“督政”

章　轲

摘　要：环境保护督察是近年来我国环境保护的一项重大制度安排。有别于以往对企业和重点污染源的环保监查，中央环保督察层级高，督察的对象主要是各省级党委和政府及其有关部门，并且要下沉到部分地市级党委和政府。更重要的是，督察结果将作为对领导干部考核评价任免的重要依据。重大问题和重点案件还要及时向中央汇报。

关键词：中央环境保护督察　生态保护　干部考核　问责追究

2016年，又一场“环保风暴”刮起。

与10年前的“环保风暴”相比，这场风暴层级高达中央，是党的十八大以后，习近平总书记亲自倡导推动的生态文明体制机制的一项重大改革举措。这场风暴由“督企”到“督政”，将矛头直指各级党委、政府及其有关部门不作为、慢作为，甚至失职、渎职问题。查处一起、曝光一起，倒逼党委、政府及其有关部门落实环保责任。

这个督察于2015年年底从河北省开始试点，到党的十九大之前已经实现了31个省、区、市的全覆盖。

中央环境保护督察聚焦中央高度关注、群众反映强烈、社会影响恶劣的环境问题，紧盯生态破坏严重、环境质量恶化的重点区域流域，极大地发挥了震慑作用。

2016 年第一批中央环保督察共立案侦查 207 件，拘留 310 人；约谈 2 176 人，问责 3287 人。第二批中央环保督察，共受理群众举报 3.3 万余件，立案处罚 8 500 余件、罚款 4.4 亿多元，立案侦查 800 余件、拘留 720 人，约谈 6 307 人，问责 6 454 人。

截至记者发稿时，四批中央环保督察共受理了群众的举报 13.5 万件，向地方交办了 10.4 万件，10.2 万件得到办结。“有 8 万件涉及垃圾、油烟、恶臭、噪声、散乱污企业污染，以及黑臭水体问题，得到了比较好的解决，也因此督察行动确确实实得到了广大老百姓的真心欢迎和拥护。”环境保护部党组书记、部长李干杰说。

根据党中央、国务院安排，中央环保督察组用两年时间，对全国所有省（区、市）督察一遍，并适时组织开展督察“回头看”，紧盯问题整改落实。

一、环境保护的重大机制变革

中央环保督察绝非横空而出的突发奇想，这一改革创新之举，有着深厚的实践基础和紧迫的现实需求。

为推动环境管理转型，2002 年 6 月，环境保护总局区域督察中心先后在经济发展最热的华南、华东地区试水；2006—2008 年，华东、华南、西北、西南、东北和华北督察中心相继成立，六大环保督察中心在开展督察的基础上，于 2013 年探索推行综合督察，由“督企”向“督政”转型。

“干出了地位，干出了名堂。”环境保护部介绍，但环保督察中心工作和运行模式也出现了“不适应”：以事业单位的身份监督政府和行政部门，地位显得尴尬；以环境保护部名义督察地方政府，督政力度、影响层级和范围都有限，权威性、震慑力不够，难以形成有效约束；对环境违法问题只有检查、调查和处理建议权，“缺乏相应的制约手段”。

这些问题和瓶颈，需要更高层面上的督察才能突破。

中央环保督察由此应运而生，其背后是重大的机制变革。

层级高。从环保部门牵头到中央主导，代表党中央、国务院开展环保督察；

从以查企业为主转变为“查督并举，以督政为主”；国务院成立工作领导小组，具体的组织协调工作由环保部牵头负责。这是我国环境监管模式的重大变革。

目标明。推动落实环境保护“党政同责”“一岗双责”，督察的对象主要是各省级党委和政府及其有关部门，并下沉到部分地市级党委和政府。明确指出各级地方党委和政府存在的问题，切实推动其落实改善环境质量的责任。

边督边改。督察进驻期间，对群众举报全部进行登记分析，将有效举报分批向被督察地方交办，要求逐项处理反馈并向社会公开。同时，紧盯举报问题整改落实情况，对查处不力的地市和重点案件进行督办或现场抽查。很多难啃的硬骨头终于被啃下来了。

力度大。强调督察结果的应用。在督察结束以后，重大问题向中央报告，督察结果向中央组织部移交移送，这些结果作为被督察地方领导班子和领导干部考核评价任免的重要依据。

这一系列变化，在连续开展的中央环保督察中，体现得淋漓尽致，形成了一轮又一轮强烈的冲击波。

记者在内蒙古、河南、云南采访时，明显感受到中央环保督察对当地的“震动”。

内蒙古自治区党委书记李纪恒表示：“对督察组反馈的所有问题都不等不拖、立即整改、全面整改，不留死角、不留盲区、不留遗憾。”河南省委书记、省人大常委会主任谢伏瞻也表示：“对督察组反馈的问题，诚恳接受、照单全收”，“整改一个、销号一个，一抓到底”。

而中央督察组在地方督察时，也同样不留情面。环保部门的监测数据显示，郑州市空气质量在全国 74 个重点城市排名中，从 2013 年倒数第 10，一路下滑到 2016 年上半年倒数第 3，成为全国污染最重的省会城市之一。2015 年，河南省 PM_{10} 质量浓度均值为 135 微克/米^3，$PM_{2.5}$ 质量浓度均值为 80 微克/米^3，两者质量浓度在全国 31 个省（区、市）排名分别位列第三位和第一位。

督察时，中央第五环境保护督察组组长王万宾说，河南省“由于认识存在误区，导致环保压力传导不够到位，推进落实不够有力”。

在宁夏，中央第八环境保护督察组向宁夏反馈督察情况时说，“宁夏回族自治区生态环境较为脆弱，产业倚重倚能。生态、大气、水等方面一些环境问题凸显，环境保护工作形势严峻、任务艰巨”，“对推进绿色发展的艰巨性、紧迫性和复杂性认识不足，存在重开发、轻保护问题”。

在内蒙古，中央第一环境保护督察组反馈说，“不少同志不仅没有认识到生态环境面临的严峻形势，反而认为全区环境容量大，环境不会出问题”，“一些地区生态破坏情况令人心痛。发展煤化工、电解铝、火电等产业有利于发挥资源优势，但在产业空间布局、可持续发展和保护生态环境方面研究不够，在产业环境风险控制方面措施不多，已对生态环境造成不良影响”。

“开展环保督察，既是推动党中央、国务院有关环境保护决策部署的落实，也是对地方生态文明建设和环保工作的全面把脉问诊。开出的环保问题清单，是对我们环境保护工作的一次全面监督和考核，也是有力的指导和帮助。”记者在采访时，多地政府官员向记者表达了这层意思。

除了问题清单，中央环保督察组留给被督察对象的那些“狠话”，同样有着警示作用：

在黑龙江，督察组的反馈意见说，黑龙江“存在降低标准、放松要求现象”，“部门监管责任不履行、不落实”；在广西，督察组的反馈意见说，“一些地方环境保护工作被动推进多，主动作为少”，“环保为发展建设让步的情况时有发生”；在江西，督察组的反馈意见说，“环保不作为、乱作为问题突出”；在宁夏，督察组的反馈意见说，“宁夏放宽大气污染防治目标，‘自行减压’”。

环境保护部介绍，中央环保督察这一变，带动了地方环境管理之变。

河北、山西、湖南、四川、贵州、福建……很多地方纷纷以省委、省政府的名义开展环保督察，计划用两到三年的时间，对所辖区域开展全面督察。

在山西，首次环保督察一个月内共整治违法排污问题 508 个，督促长治、晋城两市完成违法排污问题整治 508 件，罚款总计 532.94 万元；问责相关责任人 171 名，严重者已受到开除、免职、调离、党内严重警告等处理。“严厉”，这是当地群众对督察的评价。

在四川，首站督察德阳就有 1 人被免职，两家企业停产停业，22 家企业被立案查处，8 人被刑拘，3 起涉嫌环境犯罪案件被公布。

记者日前在河南省新乡市采访时，河南省派出的督察组也同时在督察，有些督察人员数月蹲守在一个地方，问题不解决不收兵。

“中央督察之后，我们有了紧迫感，也有了‘红线思维’和‘底线思维’。经过这次督察，我深深感到在日常行业管理中，真要把环保挺到最前面。”南通市农业委员会的一位干部说。

“以前干环保是两头急，中层梗阻，督察之后，大家都意识到自己的责任，干工作多想环保的风气正在形成。”河北省一位机关干部说。

在山东德州，市政府主要领导同志直接分管环保，并成立扬尘治理、锅炉整治、散煤治理、农业面源治理、重污染天气应急 5 个指挥部，分别由一位副市长挂帅，建立起了“1+5”的大环保工作推进机制。

二、督察怎么“督”　发现了啥?

记者了解到，督察组进驻地方后，立即公布举报电话，受理群众举报。此外，督察组还通过听取汇报、调阅资料、个别谈话、走访问询、现场抽查、下沉督察等方式展开。

督察就是找问题。据记者了解，督察的内容有“四个重点”：重点盯住中央高度关注、群众反映强烈、社会影响恶劣的突出环境问题及其处理情况；重点检查环境质量呈现恶化趋势的区域流域及整治情况；重点督察地方党委和政府及其有关部门环保不作为、乱作为的情况；重点了解地方落实环境保护“党政同责”和“一岗双责”、严格责任追究等情况。

那么，中央环保督察组都有哪些人参加？

记者了解到，2016 年第一批、第二批中央环境保护督察组组长人选均由中央高层领导审定，副组长均由环境保护部副部长担任。国务院主要领导不仅要审定督察方案，还要对督察提出具体要求。

督察组的成员主要以区域环保督察机构为主体，也包括中办等有关部门的领导。例如，中央第三环境保护督察组，成员就包括中办督察室的一位督察专员。

中央第三环境保护督察组成员中，也有新成立的国家环境保护督察办公室的人员。主体人员是环境保护部华南环境保护督察中心的人员，以及从其他地方抽调的环保机构人员和多位新闻记者。

整个督察过程分为 3 个阶段：第一阶段是找地方领导谈话，听取汇报，调阅资料；第二阶段主要是现场督察；第三阶段主要是反馈，撰写督察报告。整个督察过程，通过新闻媒体向社会通报，并公布环境违法案件查处情况和进展。

按照有关规定，对督察中发现的重要情况和重大问题，督察组不擅自表态和处理，将及时向国务院请示报告。督察组撰写的督察报告要按程序向国务院报告，重大问题报党中央。督察报告经党中央和国务院批准后，向地方党委和政府反馈，主要情况通过中央和地方主要新闻媒体对外公开。同时，督察结果将向中央组织部和纪检监察机关移交移送。

督察组反馈后，地方需抓紧研究制定整改方案，在 30 个工作日内报送国务院。整改方案和整改落实情况要按照有关规定，及时向社会公开。国家环境保护督察办公室将适时组织“回头看”。

按照《环境保护督察方案（试行）》的要求，被督察地方要本着对组织高度负责的态度，如实反映情况，不回避、不夸张、不误导。督察组要求调阅相关资料、文件时，要全面、真实并及时提供。

督察组也将按照边督察、边移交、边督办的原则，把群众来电来信举报的环境问题转地方处理。能现在解决的，马上解决，一时解决不了的，要提出整改落实的目标、时限和责任单位，力求做到问题不查清不放过，整改不到位不放过，责任不落实不放过，群众不满意不放过，以解决实际问题来推进环境质量改善。

对于督察的纪律要求，记者了解到，督察组要求各成员严格执行保密制度、请示报告制度和请销假制度，没有经过批准不准离开驻地。督察组也不处理被督察地方的具体问题，不干预被督察地区的党委、政府及其有关部门的正常工作，不得向被督察地方提出与督察无关的要求，也不参加与督察无关的活动。

在食宿方面，督察组严格按照“八项规定”的要求，严格按标准安排食宿，按规定结算相关费用。下沉督察期间，督察组成员除及时结算住宿费外，伙食费、交通费由督察组按标准进行核算，在督察结束后，交到督察组驻地的入住宾馆统一处理。

记者了解到，在督察组进驻之前，被督察地方都会进行相关部署。例如，2010 年 11 月 21 日，湖北省委副书记、代省长王晓东就主持召开省政府常务会议，要求全省各地各部门“端正态度、直面问题”，“不回避、不护短、不推诿，诚恳接受督察”，对前期发现的问题雷厉风行整改到位，对新发现的问题立查立改、即知即改。

中央环保督察组在各地都发现了哪些有代表性的问题？

中央环境保护督察组向河北省反馈督察情况时表示，由于历史原因、重化产业集中和发展方式粗放，河北全省环境问题依然十分突出，重发展、轻保护现象较为普遍，违法违规上马项目问题突出。

河北省在落实环境保护“党政同责”“一岗双责”方面重视不够，环境保护工作压力在向各级党委、政府和有关部门传导中层层衰减。根据督察谈话中各级领导干部的反映，2013 年至 2015 年 7 月，省委原主要领导对环境保护工作不是真重视，没有真抓。2013 年至 2015 年省级财政配套大气污染防治专项资金仅占中央财政拨款的 15.5%；省发展改革委等有关责任部门在压钢减煤、散煤治理、油品质控等方面监督检查流于形式；一些地方重发展、轻保护现象较为普遍，一些基层党委、政府及有关部门环保懒政、惰政情况较为突出。

减煤压钢是落实“大气十条”的重要任务要求，经中央环境保护督察组现场抽查，唐山市兴业工贸、鹏程实业，廊坊市新钢钢铁，邯郸市华瑞铸管等 4 家企业的 3 座高炉和 10 台转炉，或一直未建成形成能力，或早已淘汰，或仍在生产，但仍被列入近三年淘汰清单；河北钢铁集团唐钢分公司、邯郸新兴铸管公司、武安裕华钢铁公司等违规新建或续建钢铁产能，违反国务院《关于化解产能严重过剩矛盾的指导意见》的规定。河北省近年来核准的开滦协鑫热电、建投邢台热电等一批火电项目或已投产，或正在建设，将带来较大的新增煤炭消费量，但减煤方案未予考虑。

“景德镇、抚州两市仍有 3 项‘土政策’未清理到位，特别是 2015 年 3 月景德镇乐平市仍在出台阻碍环境执法的土政策。”“早期建成的大量城镇污水处理厂长期不能正常运行，成为‘晒太阳’工程。”中央第四环境保护督察组向江西省反馈督察情况时说。

督察意见称，“近年来江西省环境保护工作取得积极进展，但在转变发展理念、加大环境保护力度方面与中央要求和群众期盼仍有差距”，“一些突出环境问题没有得到有效解决，经济发展与环境保护矛盾突出”。

督察发现，江西部分环境保护工作不严不实。2016 年上半年，南昌、宜春、九江、鹰潭、吉安、新余、赣州等 7 个地市 PM_{10} 或 $PM_{2.5}$ 质量浓度同比不降反升，部分河流湖库断面主要污染物质量浓度也呈上升趋势，但多数地方不少官员对此认识不够，危机感、紧迫感不强，存在盲目乐观情绪，导致在具体环境保护工作推进上不严不实。

江西在落实《国务院办公厅关于加强环境监管执法的通知》上也存在不到位的情况。江西省政府在组织对各地饮用水水源保护区进行排查时，未发现违法违规排污口和建设项目。但督察时发现，九江河西水厂、宜春滩下水厂和宜春丰城等饮用水水源一级保护区及九岭山、九连山等国家级自然保护区内存在违规建设项目或违法排污行为。

治污设施建设责任落实不到位。早期建成的大量城镇污水处理厂长期不能正常运行，成为“晒太阳”工程，部分污水处理厂进水 COD 浓度甚至低于排放标准，基本属于“无效运行”。全省危险废物处置能力严重不足，大量危险废物长期存放，甚至非法处置。

截至 2016 年 7 月，江西省未建治污设施的规模化养猪场共 2 634 家，鄱阳湖生态经济区内就有 1 961 家。南昌市 1 892 家规模化养猪场中，近六成未建治污设施，污水直排现象突出。

中央第六环境保护督察组向广西壮族自治区反馈督察情况时说，“环保为发展建设让步的情况时有发生”。督察意见举例说，广西城市建设规划存在侵占自然保护区现象，2015 年 6 月，为建设钦州滨海新城，将茅尾海自治区级红树林自然保护区 29%的面积调出保护范围，实际调减面积 1 413 公顷。根据钦州滨海新城、北海铁山港东港区和龙港新区的建设规划，还将占用茅尾海和铁山港区域约 595 公顷的原生态红树林。

北部湾在开发建设中也未充分考虑战略环评要求，北海、钦州、防城港 3 市均大量引进钢铁、铁合金等产业，没有落实此类产业布局规划要求。已投产的 46 家相关企业中有 35 家分散在钦州市多个工业园区。钦州市皇马工业园区没有建设集中式污水处理设施，废水通过渗坑排放，违规引进祥云飞龙再生科技公司等生产工艺落后、重金属污染严重的企业。近年来，北部湾优良生态环境已经受到威胁。

三、“督政”让环保压力层层传导

环境保护督察是近年来我国环境保护的一项重大制度安排。有别于以往对企业和重点污染源的环保监查，中央环保督察层级高，督察的对象主要是各省级党委和政府及其有关部门，并且要下沉到部分地市级党委和政府。

更重要的是，督察结果将作为对领导干部考核评价任免的重要依据。重大问题和重点案件要及时向中央汇报。

2015 年 7 月 1 日召开的中央全面深化改革领导小组第十四次会议确定，环境问题突出、重大环境事件频发、环境保护责任落实不力的地方，将被先期督察，党政领导有可能被同时追究责任，以体现环境保护“党政同责”和“一岗双责”的要求。

环保部介绍，通过“督党委”“督政府”，环保压力层层传导，一批百姓反映强烈或久拖不决的环境问题得到解决，地方党政领导对环保工作的重视达到前所未有的程度。“多年解决不了的污染问题，督察组来了，污染企业立即被关停了”，“上半年河北环境质量改善力度空前”，群众的感受直观而真实。

记者在地方采访时，多位环保官员对记者表示，“中央环保督察一来，帮了我们很大的忙。有些突出的环保问题，由于种种因素，我们推不动。而督察组一来，各方重视，问题很快就能得到解决”。

“天子岭垃圾场，臭气很重，异味导致住户窗户都无法打开。”2017 年 8 月 20 日，中央第二环境保护督察组进驻浙江杭州后，第一批群众来电投诉中，就有住在杭州半山田园板块小区的居民反映了天子岭垃圾场的恶臭问题。随后，这一信访件被督察组列为重点件移交杭州市办理。

天子岭垃圾填埋场（杭州市第二垃圾填埋场）位于杭州市临半路 138-1 号，

属于国家Ⅰ级卫生填埋场，是杭州市生活垃圾末端处置的重要保障设施。

调查发现，受近年杭州市垃圾高增长量影响，天子岭垃圾填埋量相应大幅增加，远超填埋场设计的日处理量。天子岭垃圾场采用卫生填埋工艺处置生活垃圾，垃圾场臭气主要来源于生活垃圾填埋作业过程中散溢废气以及生活垃圾填埋后，垃圾在生化降解过程中产生的填埋气体。

据介绍，填埋气体主要通过覆盖密封+导排设施主动收集后，送火炬和发电机组燃烧处理后排放。高垃圾填埋量造成填埋气体在一些天气情况下可能对周边产生一定的影响。

中央第二环保督察组和杭州市环保局认定，“信访件反映的情况属实”。

2017 年 8 月 23 日，中央第二环保督察组总协调人杨永康一行专程到天子岭垃圾场实地了解处理情况。记者随行时看到，车辆刚接近半山田园板块小区，杨永康就推开车窗，试着闻闻外面的空气气味。

进入天子岭垃圾场地界，臭味开始越来越浓。车辆驶到半山腰上，督察组成员们下车察看垃圾场全貌，了解处理流程。“我们下去看看。”杨永康说。

车辆行驶到填埋场进口时，杭州市环境集团有限公司的有关负责人说，外面的车辆不能再进入了，不安全。“那我们就走进去。”杨永康一行坚持沿着车道旁的辅道进入垃圾填埋场。此时，空气中的臭味也更加浓烈，身旁一辆接一辆的垃圾清运车辆快速驶过。“要尽量减少作业暴露面，加强垃圾车进场道路冲洗。”杨永康说。

据杭州市有关方面介绍，收到转办件后，已督导垃圾收集处理单位增加垃圾车进场道路冲洗频次，由目前的每日冲洗 6 次增加至每日冲洗 10 次；增加雾炮除臭的喷洒频次，由目前的间隙运行调整为 24 小时连续运行，除臭雾炮由目前 10 台增加至 15 台（整改时限：2017 年 9 月完成）。在填埋库区增加抽气井，最大限度抽取填埋堆体内发酵产生的填埋气体（带臭味），相应再增建投运 4 台 1 兆瓦填埋气体燃烧发电机组（整改时限：2018 年 6 月）。确保臭气治理设施正常运行，最大限度减少运行过程中废气对周边环境的影响。同时，减少作业暴露面，提升覆盖密闭效果，控制废气泄漏。

杭州市有关方面也表示，将加快推进生活垃圾焚烧处理能力建设，进一步减少天子岭垃圾填埋量。杭州市政府将进一步加快九峰能源项目等垃圾处置设施建设。据了解，九峰能源项目投运后，天子岭填埋场日负荷可减至设计正常水平，届时臭气排放、逸出量可有较大幅度下降。

2017 年 8 月 11 日中午，中央第八环境保护督察组公布举报电话后，住在乌鲁木齐市天山区新泉小区的 75 岁老人刘礼端打来举报电话，反映小区 7 号楼下垃圾箱异味较大。

12 日下午 15 时许，举报件被转到天山区市容管理局。18 时，记者赶到新泉小区时看到，相关部门人员已到达现场。

天山区市容管理局局长赵前程告诉记者，已经和小区物业协商，将使用多年的容积 3 吨的垃圾箱清走，更换成容积 240 升的封闭式垃圾桶。“垃圾桶已经在来的路上了。”赵前程说。

18 时 25 分，一辆小货车拉来 21 只垃圾桶，工作人员马上现场组装。10 分钟后，崭新的垃圾桶被摆放到位，垃圾箱也被市容管理局的吊臂车拉走了。

“垃圾恶臭问题，我向小区物业反映 5 年了，一直得不到解决。”看着眼前崭新的垃圾桶，刘礼端对记者说：“很满意，没想到昨天一个电话，今天就解决了。感谢中央环保督察组！希望有了垃圾桶后，环卫部门还要勤清运。”

2017 年 8 月 16 日，拉萨市城关区接到中央第六环境保护督察组交办的投诉信访件，反映八一北路人民公社柴火鸡餐厅用木材烧火，存在油烟和音响声音扰民情况。

当天，城关区环保局工作人员现场执法，核实该餐馆以柴火作为燃料，并在经营期间播放音乐音量过大，当场提出整改意见。8 月 19 日上午，环保执法人员回访该餐厅时，餐厅整顿工作已进行大半，工人正在为 28 个灶台铺设天然气管道，安装燃气灶头。

“我们在环保部门的具体指导下立即实施了整改，把原来的柴火灶改为了燃气灶，同时拆除了音箱，并加装了油烟净化器。”餐厅负责人吴东表示，餐厅将尽快完成环保设备的安装，接受环保部门验收，确保达到环保要求。

“没想到发生在自家门口的环保问题引起了中央环保督察组的重视，餐厅整改迅速，还附近群众一片清新的好环境。”家住八一社区的居民桑姆说。

8月16日，中央第六环境保护督察组接到群众举报，反映拉萨市城关区金珠西路盛域滨江小区外，某水泥制品厂从早上8点至晚上7点前后一直施工作业，经常不定期连夜拉砖，噪声较大。

接到转办件后，城关区环保局、金珠西路街道办事处、洛堆社区相关负责人立即赶赴现场进行检查。经监测，该水泥制品厂噪声为63.4分贝，超过该区域噪声标准限值。

8月17日15时，被举报的天中水泥砖厂和克良水泥制品厂已停止生产，并停止夜间装卸水泥砖。18日，城关区政府下发《关于对天中水泥、克良水泥制品厂停产、停业、限期搬迁通知书》，限期9月1日前搬迁。19日上午，两家水泥制品厂共5台搅拌机已经贴上了封条，小区恢复了往日宁静。

居住在盛域滨江小区的阿佳卓玛，听说水泥制品厂即将搬走的消息后高兴地说："没想到政府这么快把问题解决好了，感谢党对老百姓的身边事这么关心。"

《第一财经日报》记者从国家环境保护督察办了解到，8月15日，中央第六环境保护督察组进驻西藏自治区以来，已转办3批群众信访问题，西藏自治区直面问题、真查真改，回应群众期待。

西藏自治区党委书记吴英杰表示，西藏是重要的国家生态安全屏障，是我国乃至南亚、东南亚的"江河源"和"生态源"，生态战略地位极为重要。"保护生态环境就是保护生产力，绿水青山、冰天雪地也是金山银山。"

据《第一财经日报》记者了解，中央环保督察一项重点工作就是督办人民群众反映的身边环境问题，督促地方立行立改，让群众有实实在在的获得感。

"我们为这样的立行立改鼓掌。"拉萨市城关区嘎玛贡桑社区十组组长次旺罗布说。

该社区棚户区基础设施改造项目从2017年3月施工以来，由于组织管理不规范以及环保措施不到位，特别是进入雨季后道路积水严重、扬尘严重，居民安全出行存在隐患。接到群众举报后，城关区相关部门立查立改，督促施工方采取整改措施。8月17日施工单位已设立"五牌一图"和安民告示，同时加强现场管理，清理现场积水，加强安全防范措施。

"才三天时间，积水严重和出行不便的问题就得到了解决，现在小区里的居民都在讨论这件事，为政府的效率纷纷竖起大拇指。”次旺罗布说，“对于群众反映的问题，虽然确实存在实际困难，但是政府部门没有推诿，迅速到达现场协调解决问题，我们为这样的立行立改鼓掌”。

西藏大学理学院化学与环境科学系副教授旦增说，西藏作为国家重要的生态安全屏障，中央环保督察组进驻西藏开展环保督察，具有举足轻重的意义。旦增认为，通过中央环保督察，不仅可以带动全社会保护生态环境的积极性，同时还可以对西藏生态环境进行一次摸底。

四、环保问责背后的“四个忧虑”

“中央环保督察是十八大以后，习近平总书记亲自倡导推动的生态文明体制机制的一项重大改革举措。”李干杰说，历时两年的中央环保督察应该说效果是非常好的，得到了各个方面的一致认可和肯定。中央环保督察是达到了这么一个境界和效果，叫百姓点赞、中央肯定、地方支持、解决问题。

李干杰说，中央环保督察成效毫无疑问是非常显著的，体现在 4 个方面：

一是大幅提升了各方面加强生态环境保护、推动绿色发展的意识。习近平总书记在党的十九大报告中总结，十八大以来，全党全国贯彻绿色发展理念的自觉性和主动性显著增强，忽视生态环境保护的状况明显改变。中央环保督察在其中起到了比较大的推动作用。

二是切实解决了一大批群众身边的突出环境问题。督察行动确确实实受到了广大老百姓的真心欢迎和拥护。

三是中央环保督察促进了地方产业结构的转型升级。很多地方把中央环保督察当成推动绿色发展、推进供给侧结构性改革的很好契机和动力，借此机会加强企业的污染防治，内化环境成本，让守法企业有一个更加公平的竞争环境，尤其是整治那些散、乱、污企业，比较好地解决了一些地方突出存在的“劣币驱逐良币”的问题，大大提升了这些行业产业发展的规模和效益。

四是有效促进了地方环境保护、生态文明机制的健全和完善。很多地方把中央环保督察当成很好的机会，认真地梳理分析问题，加快建立健全相关法规制度。

这些制度的建立和完善，为各地进一步推进生态文明建设、绿色发展发挥了很好的作用。

李干杰说，总结中央环保督察之所以有这么好的成效，主要有 6 个特点：①坚持以人民为中心的发展思想，把老百姓的事当事，放在心上、抓在手上；②牢固树立“四个意识”，旗帜鲜明讲政治；③紧盯党委政府，落实“党政同责”“一岗双责”；④坚持问题导向，奔着问题去；⑤充分的信息公开，有效发挥社会监督的作用，基本上我们收到的问题、收到的举报，有一件算一件都向社会公布；⑥严肃严厉的追责问责。

“这 6 个特点是非常明确的，也是中央环保督察的成功经验。这 6 个特点、6 条成功经验完全符合我们国家的国情，完全符合体制的特点，也完全符合事物发展的本身规律。也正因为如此，我们在后续的中央环保督察过程中，一定会进一步把它坚持下去，不仅仅是在中央环保督察中坚持，还会把它反馈借鉴到其他环境保护工作当中去。”李干杰说。

对于中央环保督察，政府相关部门如何看？

中国环境报、中央环保督察报道组曾组织采访了一些省、市、县三级发改、环保、国土、住建、林业、水利、农业等担负环保职责的部门负责人，请他们谈面对中央环保督察的感受。

通过接受督察，很多部门“一把手”的一个共同感受就是，中央环保督察不是来“找茬”的，不是来“抓人”的，而是要通过督察查找不足、分析症结、打通障碍、形成合力。他们感觉，环保责任更清了、压力更实了，履责方向更明了、发力更准了。

“部门协同作战乏力的问题，使行业监管、行业整改效果差强人意，有时存在环保部门‘单打独斗’的现象。”在接受记者采访时，山西省吕梁市委书记李正印坦言。

事实上，土壤、大气、水和生态，每一项工作都涉及多个部门的工作职能，环境保护工作也应该是相关部门“分内之事”。

“从工作职能来说，水环境质量改善也是水利厅重点工作，我们的目标是一致的。”在向督察组介绍工作时，山西省水利厅厅长潘军峰首先表示，水生态的保护和水环境质量的改善也涉及多个部门。环境质量持续改善，水利部门的工作压力也会减小。

“通过交流，我们对农业生态环保建设的重要性有了更深的认识，过去更多重视农业技术的推广和农村经济的发展，今后在环境保护方面还要投入更多的人力、物力和财力。”安徽省农委主任陶方启说。

“前几批督察问责人数很多，也有我们系统的人被问责。所以这次迎接督察，压力还是很大的。”中央环保督察的问责力度之大和范围之广，给山西省运城市住建局局长陈汪利留下了深刻印象。

“工作中有不到位的，害怕被问责。也害怕有一些做了的工作体现不出来，说不清楚。”陈汪利说。

根据前期掌握的线索，有针对性地提出关键问题。“红脸出汗”的过程，不仅是认识上的不断统一和提高，也是各级、各部门认真梳理涉及生态文明建设的环境保护工作方面存在差距和不足的过程。

“之前认为督察组是来‘找茬’的，有哪些工作没有做好，专门来查我们的问题。亲身经历后知道，督察地方党委政府履职情况，是推动我们环保工作的。”贵州省贵阳市白云区农业水利局局长班正勇说。

“我们需要你们的‘空中掩护’。以后工作中，领导‘交办’的事项，我就可以拿着环保督察的检查结果回绝。不是我不办，是中央不允许这种违规、违法事情的出现。”在采访过程中，某省一位市级林业局局长向记者说，“如果我们是地面强攻，中央督察就是‘空中掩护’，我们太需要你们的掩护了”。

顺势而为，借力打力。各地、各级部门已经开始行动，坚持标本兼治，举一反三，在建章立制上下功夫，推动生态环保工作走上制度化、法治化轨道。

福建省水利厅针对中央环保督察组提出的问题，按照“一岗双责”要求抓好整改，将深化拓展水土流失治理，着手出台省级水土保持目标责任考核办法和2017年水土保持监测实施方案，进一步强化实施成效监测和治理绩效评价工作。

建立环境保护长效机制，相关部门做到“守土有责”的同时，部门之间的协同合作也在中央环保督察中得到了体现。以山西省吕梁市为例，为提升案件办理质量和办结率，根据案件类型和部门责任，吕梁市在办理群众信访问题时从水利、国土、公安、住建等涉及的重点部门抽调骨干，组成联合案件查处组，并聘请专业律师进行法律指导。

“对造成生态环境损害负有责任的领导干部，不论是否已调离、提拔或者退休，都必须严肃追责。”国务院发展研究中心资源与环境政策研究所副所长、研究员常纪文对记者表示，“党政同责”和“一岗双责”，抓住了解决环境保护问题的“牛鼻子”。

中央高层多次强调，“一定要严格环境执法”，不仅要“对偷排偷放者出重拳，让其付出沉重的代价”，也要“对姑息纵容者严问责，使其受到应有的处罚”。

“一旦所有的省、市、区都有大问题，都难以整改，不仅各省、市、区要反省，国家层面特别是发改委、环保部也要反思改革的战略部署是否适度，是否接地气，是否与发展阶段相适应，部门之间追求的目标是否协同共进，然后对改革与建设方法和措施进行调整。”常纪文说。

他对记者表示，“用现在的要求和理念，督过去发展中带来的历史问题是对的。但需要一定的耐心”。

对于“风生水起”的各类督察（督查），也有环保专家向记者谈了自己的看法和建议。

环保专家朱玫对记者说，近几年，为了能加快解决突出的环境污染问题，从中央到地方、从党委政府到社会各界都把环保问责作为一个重要手段。问责下，各级政府对环保工作重视程度前所未有，迅速解决了一大批积重难返的环保问题。对此，百姓欢呼雀跃，媒体拍手称快，有媒体称中央环保督察组为“环保钦差”。

“环保问责确实发挥了很大能动作用，但任何事物都有其两面性。”朱玫分析说，地方为了应对上级，平息民愤，处理问题非常迅速，问责也呈雷霆之势，环保队伍中的一批人确实要承担不作为、乱作为的后果。但不可避免其中还有一些会因为客观原因可能还会承受委屈。

“我看过一篇报道，说某县级环保局领导班子被就地集体免职，有人情绪比较大，不愿参加宣布新领导任命的会议，很多同事是流着泪在加班。”朱玫说，“领导不作为当然应该被追责，但是透过这些同仁的眼泪，我再次看到了我们共同的忧虑”。

忧虑一，环境污染作为突出的民生问题，何时能得到彻底解决？30 多年来，中国环保一直在路上，尤其是这十多年环保风暴持续不断，还需要多少时间才能彻底扭转污染态势？

忧虑二，面对突出的环境污染问题，督察力度不断提升还有多大空间？接下来环保督察级别和人数是否还会上升？还能穷尽什么方式满足督察的需要？

忧虑三，督政问责，真的能做到“官清水清”吗？问责机制，是否能从根本上保证生态环境能达到人民满意的程度？

忧虑四，问责惩戒后，该如何稳定环保队伍？如今在环保系统走走，听到环保局长们、执法人员闲聊时最多的话题就是工作太难干，不想干。督政问责本来是希望打造一支敢于履职、雷厉风行的队伍，督促各级政府及其部门也能真正担负起应有的职责，结果却成了系统内外高风险的工作，这绝不是环保问责的初衷。

“督政问责的持续加码，一方面体现了各级政府对环境重视程度不断提高；另一方面也反映出快刀斩乱麻的迫切心情。”朱玫说，环保工作更多的是需要沉下心来研究如何做好国家层面顶层设计和鼓励地方大胆实践创新突破，综合运用多种手段耐心构建、打磨一个经济、环境、社会和谐发展的“五位一体”的大格局。

“既要撸起袖子加油干，也要一任接着一任持续抓。既要‘心有猛虎’，也需‘细嗅蔷薇’。”朱玫说。

在 2017 年全国环境保护工作会议上，环境保护部部长陈吉宁也表示，一些地方环境保护工作出现不计成本、方法单一、急功近利、搞“一刀切”等现象。例如，为应付环境保护督察，个别地方发红头文件强制关停市区和县城大多数中小餐馆，采取用水泥灌树根抑制浮尘等所谓“奇招”。“这些不仅没有达到保护环境的效果，而且给推动工作带来负面影响。”

“既要有时不我待的紧迫感，也不能急于求成、期待毕其功于一役。”陈吉宁说，环保督察既应强化约束机制，又要创新激励机制，调动各方面的积极性。

附：中央环保督察组深入基层开展环境保护督察的一组照片

中央环保督察组正在受理群众来电（摄影/章轲）

督察人员进入田间地头、城郊接合部实地检查污染治理情况（摄影/章轲）

督察人员通过热点网格实地检查地方污染排放情况（摄影/章轲）

督察人员向当地百姓了解实情（摄影/章轲）

中央第六环境保护督察组组长蒋巨峰在举报电话受理室接听群众来电（摄影/章轲）

中央第六环境保护督察组举报电话受理室（摄影/章轲）

中央第三环境保护督察组资料室，督察人员正在查阅资料（摄影/章轲）

中央第四环境保护督察组第一次组务会（摄影/章轲）

从概念到实践：国家主导的“国家公园”探索

张一诺[①]

摘　要：中共中央办公厅、国务院办公厅印发的《建立国家公园体制总体方案》提出，将山水林田湖草作为一个生命共同体，统筹考虑保护与利用。按照自然生态系统整体性、系统性及其内在规律，对国家公园实行整体保护、系统修复、综合治理。

到目前，我国已设立10个国家公园体制试点，分别是三江源、东北虎豹、大熊猫、祁连山、湖北神农架、福建武夷山、浙江钱江源、湖南南山、北京长城和云南普达措国家公园体制试点。

关键词：国家公园　生态保护　旅游　生物多样性

交叉重叠、多头管理、碎片化的自然资源管理和生态保护格局正在被彻底打破，代之而起的是科学定位、整体保护、国家主导、共同参与的新模式。

中共中央办公厅、国务院办公厅印发的《建立国家公园体制总体方案》（以下简称《总体方案》）提出，将山水林田湖草作为一个生命共同体，统筹考虑保护与利用。按照自然生态系统整体性、系统性及其内在规律，对国家公园实行整体保护、系统修复、综合治理。

“这标志着我国国家公园体制的顶层设计初步完成，国家公园建设进入实质性

①张一诺，《中国绿色时报》记者、编辑。

阶段。”中国科学院科技战略咨询研究院副院长王毅日前对记者说。

中国人与生物圈国家委员会专家组成员郝耀华表示，被划为国家公园的区域，一般都具有国家生态安全屏障的作用，或是重要的水源产流地、珍稀物种的保护地、生物多样性和国家重要文化遗产保护的优先区域。国家公园属于“国家”，是国家直接管理的生态保护区域，堪称国家品牌，代表国家形象。

目前世界上已有 100 多个国家建立了近万个国家公园，但各国对国家公园的内涵界定不尽相同，管理模式也多种多样。

在我国，国家发改委、环境保护部、国家林业局、国家海洋局、水利部、国家文物局、国土资源部、住房和城乡建设部等部委均参与国家公园开发建设，甚至有各自的国家公园。但在上述《总体方案》出台之前，各部门对国家公园的内涵、管理体制等始终未达成共识。

一、国家公园“热身”　各界呼声大

近年来，在一年一度的全国“两会”上，不乏建立国家公园的声音。记者粗略收集了一些：

全国政协委员刘斌建议，将大兴安岭地区纳入国家公园体制试点范围。这不仅是其独特生态功能定位和系统综合治理的要求，也是构建祖国北疆生态安全屏障的必然选择，更是巩固“东北水塔”涵养功能及确保中国粮食安全的重要战略举措。

民进中央人口资源环境委员会副主任、中国林科院荒漠化研究所所长卢琦说：“国家已先后批准 9 处国家公园试点，但唯独缺少占国土面积将近 1/3 的荒漠类型国家公园试点。建议增设库木塔格（荒漠）国家公园体制试点，行政范围涉及新疆、甘肃、青海 3 省区，控制面积约 20 万平方千米，为‘一带一路’沿线国家自然生态保护树立典范。”

全国政协委员迟福林、康耀红等提出，海南区位独特、自然环境优越，旅游资源丰富，建议建立以五指山国家级自然保护区、尖峰岭国家级自然保护区、霸王岭国家森林公园为核心区的海南热带雨林国家公园，探索全域国家公园体制建设。

全国人大代表、安徽省林业科学研究院研究员于一苏建议，由宣城市政府与安徽省林业厅联合创建扬子鳄国家公园。

全国人大代表、陕西省总工会干部刘小萍等建议，加快秦岭国家公园建设步伐，将秦岭国家公园纳入试点或首批国家公园建设行列。

全国人大代表、成都大熊猫繁育研究基地研究中心主任侯蓉说："公众期待更多'滚滚'成为'网红'，而拯救大熊猫，最主要任务是恢复斑块间的栖息地。大熊猫国家公园建起来后，'滚滚'的家将变得完整。有了不受打扰的空间，大熊猫就可以依靠自己的力量生存繁殖，也会有更多'网红滚滚'出现。"

全国政协常委、民盟中央副主席、北京师范大学副校长葛剑平说："建立国家公园体制，并非是在原有自然保护区基础上建立国家公园，而是突出'尊重自然、顺应自然、保护自然'的生态文明理念。国家公园开发利用的前提，必须把自然资源和自然生态系统保护放在第一位。保护是根本，利用、经营必须服从于保护，绝不能以牺牲环境为代价。"

全国人大代表、江西省林业厅厅长阎钢军说："国家公园设立的初衷是将自然资源最集中的区域保护好，为子孙后代留下宝贵的自然遗产。因此，创建国家公园不能以追求经济利益为最终目的，一味开发将使国家公园建设走向歧途。"

全国政协常委、青海省政协副主席马志伟建议，积极规划设计保持天然性和原始性的旅游区域和项目，变"严禁旅游开发"的刚性保护为柔性保护。通过让游客进入国家公园，了解、享受自然，从而明白自然的价值，达到真正保护自然的目的。

全国人大代表、北京师范大学生命科学学院教授张大勇说："国家公园的特点是规模大，能很好地保护大型物种。"但他也强调说，"中外国情不同。美国的国家公园不少处于无人区，但中国人口稠密，所以，要平衡'保护'与'寓教于乐'功能，让游客在亲近自然中增强生态保护意识，倡导全社会参与建设管理国家公园。"

九三学社曾提交了提案《关于三江源国家公园建设的若干建议》。该建议提出，建立国家公园体制，应着重解决各类自然保护区、风景名胜区、文化自然遗产、地质公园、森林公园等交叉重叠、多重管理的问题，确保生态系统的完整性，改变多重管理造成的生态系统碎片化。

葛剑平说："在试点阶段，国家公园体制改革的关键，重点是理顺中央政府与地方政府、不同部门、跨行政区划，管理者与经营者，保护区与社区居民，管理机构与旅游者之间的关系以及法律关系。生态系统强调整体性和系统性，只有通过整合各方力量来保护生态系统的原真性和完整性，才能开展好国家公园体制建设。"

全国政协委员、中国环境监测总站研究员温香彩呼吁："国家公园在我国还是新生事物，目前没有相关立法，容易导致各地对国家公园概念、建设目的、价值认识不同，因而在开发利用中容易破坏自然环境。建议借鉴美国、加拿大等相关立法经验，尽快出台国家层面的《国家公园法》。"

全国政协委员、国务院参事、中国林科院首席专家杨忠岐说："建设国家公园应自然优先、林业先行，森林等自然生态环境良好、物种丰富，才能把东北虎、大熊猫等一些'旗舰'物种留下。林业人更熟悉森林、湿地等自然环境以及野生动植物保护知识，理应在国家公园建设过程中担当更多责任。"

全国政协委员、北京 2022 年冬奥会和冬残奥会组织委员会规划建设和可持续发展部副部长沈瑾认为，在机构设置上需成立统一的国家公园管理局。

二、国家公园的地方与部门探索

10 月的塞罕坝，天高云淡，秋色正浓。

这里曾经是"黄沙遮天日，飞鸟无栖树"的荒漠沙地。半个世纪以来，老中青三代塞罕坝人造起了 112 万亩的世界最大人工林，使当地森林覆盖率高达 80%，有效阻滞了浑善达克沙地南侵，为京津构筑起一道坚实的生态屏障。

1993 年 5 月，经原林业部批准，塞罕坝国家森林公园建立。

记者在这里看到，一望无际的人工林林海披上了金黄色的外衣，树林高大挺拔。这里是中国北方最大的森林公园。

监测数据显示，塞罕坝森林覆盖率从 1962 年的 12%提高到如今的 80%，单位面积林木蓄积量达到全国人工林平均水平的 2.76 倍，全国森林平均水平的 1.58 倍，世界森林平均水平的 1.23 倍。以现有的林木蓄积量计算，塞罕坝每年释放的氧气可供近200万人呼吸一年；栽种的树木按1米株距排开，可以绕地球赤道12圈。

塞罕坝机械林场党委书记、场长刘海莹介绍，建场55年来，国家投入和林场自筹资金累计约10.2亿元。如今，林场林木价值40多亿元。据评估，塞罕坝资源总价值为202亿元，投入与产出比为1∶19.8。每年七八月，旅游进入旺季。2015年塞罕坝森林旅游收入3.3亿元。

在云南，玉龙纳西族自治县黎明村就位于老君山国家公园范围内。

记者此前在这里采访时看到，当地正在做清洁饮用水工程，“有了干净的水，也就为游客接待创造了最基本的条件”。黎明村委会主任和铁柱说。

云南省也正在试图让黎明村一带成为未来的旅游热点地区，因为这里不仅是“三江并流”（金沙江、澜沧江和怒江）世界自然遗产的核心地带，还因为这里有着集雄、奇、险、秀、幽为一体的丹霞地貌和独特的人文景观。

在不远处的黎光村，村民蜂金龙也在为可能到来的旅游热忙碌着。这天上午，蜂金龙带着记者走了几百米泥泞的山路，进入一个铁丝网围成的院子。“这是一个土鸡养殖场。现在还没有鸡，但孵化设备已经安装好了。”蜂金龙说。

近年来，散养土鸡在当地市场上很受欢迎，而随着老君山国家公园的建设，土鸡的市场潜力越来越显现出来。

早在老君山国家公园建设之前，2007年6月，我国首个国家公园云南“香格里拉普达措国家公园”宣告成立。

2016年3月，中国人与生物圈国家委员会国家公园专家组，曾专门调研了位于云南省迪庆藏族自治州香格里拉市的普达措国家公园体制试点区。据专家组介绍，调研分两部分进行，一方面实地考察了普达措的4个功能区：严格保护区、生态保育区、游憩展示区和传统利用区；另一方面与地方各利益相关者进行访谈交流。

早在10年前，普达措国家公园主管部门就率先发起了中国国家公园改革。改革的初衷是为了更好地保护生态，即在实现更大面积、更加规范的生态保护前提下，解决周边社区的发展问题。

专家组介绍，成立普达措国家公园之前，当地村民收入低，他们靠山吃山，以放牧、采伐木材、捡菌子等为主要收入来源。当地林农交错，人地矛盾加剧，社区发展和生态保护之间存在较为严重的冲突，盗伐盗猎的现象时有发生。资源分布较为破碎化，亟待整合。

据记者了解，2005 年，迪庆州政府开始探索国家公园管理模式，成立碧塔海景区管理局和属都湖景区管理局。2006 年 8 月，普达措国家公园正式对外开放。同时，迪庆州政府成立香格里拉普达措国家公园管理局。2008 年，国家林业局批复云南省作为国家公园试点省。

之后的 2009 年，云南省政府成立了由多个部门组成的国家公园专家委员会，出台文件，明确建设目标、措施和要求，印发了国家公园建设发展规划；2010 年，国家公园管理局对总体规划进行修编，并且通过了云南省政府的审批，以此为标准，进行国家公园建设；2015 年 11 月，《云南省国家公园管理条例》正式颁布，这是我国第一部关于国家公园管理的法规。

20 世纪 90 年代初期，迪庆州中甸县（香格里拉市的前身）林业局成立下属公司，开展生态旅游业务。2012 年 11 月，普达措国家公园成为国家 5A 级旅游景区，当年旅游业收入突破 2 亿元。2013 年 5 月，云南省城市投资建设集团有限公司入股迪庆州旅游投资集团。2016 年，当地旅游业收入达到 3.26 亿元，最大日接待游客数量 1.7 万人。

迪庆州国家公园管理局有关负责人介绍，通过改革，实现了自然保护区、风景名胜区等资源的整合，普达措旅业分公司接手负责旅游开发事宜；林业部门回归保护森林资源的职责；州国家公园管理局负责规划等事宜，实现了监管和经营的分离，对旅游业的管理更加规范；实现社区反哺，对村民进行资金补贴，提高了村民生活水平，调动了社区生态保护的积极性；实现了与水利局、环保局等相关部门的监测资料共享。

例如，早在 2008 年，普达措国家公园管理局就收回了当地社区的马匹，周边社区村民的烧烤等对森林安全造成威胁的商业服务被取缔，社区因此每年获得 100 多万元的反哺补贴。

“要问‘绿水青山就是金山银山’，哪里践行得最好，武夷山不说是第一，也应该是之一。”中国人与生物圈国家委员会专家陈向军说。

在武夷山国家公园体制试点区，当地以社区发展促进保护。2016 年，武夷山市涉茶总产值年均增长 6%以上（产值 16.28 多亿元），农村居民人均可支配收入

1.46 万元，增长 8.9%；并计划到 2020 年全市涉茶总产值将达 40 亿元。同年旅游接待总人数 1 077.27 万人次，旅游总收入 171.41 亿元。如今的武夷山市，生态公益林比例位列全国县级第一，空气质量、主要流域水质保持全优。

与此相比，一些部门设立的国家公园及开展的试点则收获有限。2008 年，环境保护部、国家旅游局曾批准建设黑龙江汤旺河国家公园。但之后，汤旺河国家公园一直没有获得相关经费支持，也没有一个明确的管理机构负责公园的建设和管理。

在汤旺河区委门口，挂着国家地质公园、国家森林公园、中国青少年科学考察探险基地、国家 AAAA 级旅游风景区、水利风景区多个牌子，它们分别隶属于国土资源部、环境保护部、林业局、水利部等多个部门。

而一地多名、机构重叠、多头管理、职能交叉，恰恰是中国各类保护区面临的最普遍的问题。

三、为生态保护转型预留发展空间

“建立国家公园体制是党的十八届三中全会提出的重点改革任务，是我国生态文明制度建设的重要内容，对于推进自然资源科学保护和合理利用，促进人与自然和谐共生，推进美丽中国建设，具有极其重要的意义。”《总体方案》说。

为什么要进行国家公园体制改革？中国科学院科技战略咨询研究院博士苏利阳、黄宝荣认为，此举旨在为我国的“生态保护转型预留发展空间”。

科研部门和 2015 年以来的中央环境保护督察组也发现，前些年，一些地方保护区管理松懈，生态保护质量不尽如人意。2016 年，中共中央办公厅、国务院办公厅通报的祁连山保护中存在的问题就是一个反面案例。

苏利阳将这些问题归纳为 4 个方面：保护与发展失衡，保护区内矿产资源开采、商业地产开发时有发生；一些地方把一些保护区当作“摇钱树”，过度追求门票和其他商业收入；行政管理体系混乱，忽视各种保护区生态系统的整体性，如对同一个湿地生态系统保护区，水文、鱼类资源、野生动物植物分别由水利、农业（水产）、林业部门管理，再加上各种保护区空间分布上交叉重叠，助长了部门冲突；除部分旅游开发比较好的区域外，保护区及其周边地区经济发展大多较为落后。

“事实上，推进国家公园体制改革，不仅有助于推动国家生态保护的转型，更能为国家长远发展预留空间并注入新的动力。”苏利阳分析说，改革开放以来，中国经济一直保持高速增长，但是伴随而来的资源紧缺、环境破坏、生态系统退化等一系列问题困扰着经济社会的可持续发展。为此，党的十八届三中全会从空间、资源、环境等方面对生态文明制度建设作出整体部署。

“生态文明体制改革的先行先试必须要找资源价值较高、建设需求迫切、改革难度较小的区域。”苏利阳说，国家公园试点区，从合理性和可行性而言都应作为生态文明制度建设的先行区。

国家发改委在解读《总体方案》时表示，主要目标就是“建成统一规范高效的中国特色国家公园体制，交叉重叠、多头管理的碎片化问题得到有效解决，国家重要自然生态系统原真性、完整性得到有效保护”。

按照《总体方案》的要求，国家将整合相关自然保护地管理职能，结合生态环境保护管理体制、自然资源资产管理体制、自然资源监管体制改革，由一个部门统一行使国家公园自然保护地管理职责。可根据实际需要，授权国家公园管理机构履行国家公园范围内必要的资源环境综合执法职责。

同时，为了调动各方积极性，《总体方案》明确“分级行使所有权”。统筹考虑生态系统功能重要程度、生态系统效应外溢性、是否跨省级行政区和管理效率等因素，国家公园内全民所有自然资源资产所有权由中央政府和省级政府分级行使。其中，部分国家公园的全民所有自然资源资产所有权由中央政府直接行使，其他的委托省级政府代理行使。条件成熟时，逐步过渡到国家公园内全民所有自然资源资产所有权由中央政府直接行使。

而对于如何划分事权的问题，国家林业局昆明勘察设计院教授级高级工程师唐芳林认为，国家级自然保护区是最关键的自然生态系统，是野生动植物的重要栖息地，应确定为中央事权。其他类型的自然保护地宜实行分级分类管理，主要界定为地方事权，充分调动地方积极性，使自然生态系统能够得到完整、有效保护。

《总体方案》明确“构建社区协调发展制度”。根据国家公园功能定位，明确国家公园区域内居民的生产生活边界，相关配套设施建设要符合国家公园总体规划和管理要求，并征得国家公园管理机构同意。周边社区建设要与国家公园整体保护目标相协调，鼓励通过签订合作保护协议等方式，共同保护国家公园周边自然资源。引导当地政府在国家公园周边合理规划建设入口社区和特色小镇。

建立健全森林、草原、湿地、荒漠、海洋、水流、耕地等领域生态保护补偿机制，加大重点生态功能区转移支付力度，健全国家公园生态保护补偿政策。鼓励受益地区与国家公园所在地区通过资金补偿等方式建立横向补偿关系。加强生态保护补偿效益评估，完善生态保护成效与资金分配挂钩的激励约束机制，加强对生态保护补偿资金使用的监督管理。鼓励设立生态管护公益岗位，吸收当地居民参与国家公园保护管理和自然环境教育等。

同时，在国家公园设立、建设、运行、管理、监督等各环节，以及生态保护、自然教育、科学研究等各领域，引导当地居民、专家学者、企业、社会组织等积极参与。鼓励当地居民或其举办的企业参与国家公园内特许经营项目。建立健全志愿服务机制和社会监督机制。依托高等学校和企事业单位等建立一批国家公园人才教育培训基地。

四、保护地的整合不是重起炉灶

国家公园既不同于严格的自然保护区，也不同于一般的旅游景区。

世界自然保护联盟（IUCN）中国代表处首席代表、研究员朱春全介绍，按照 IUCN 的定义，国家公园是指大面积的自然或接近自然的区域，设立目的在于保护大尺度的生态过程，以及相关的物种和生态系统特征，给人们提供环境和文化兼容的精神享受、科研、教育、游憩和参观的机会。

世界上第一个国家公园是 1872 年设立的美国黄石国家公园，在近 9 000 平方千米的土地上，用 1%的开发面积每年吸引世界各地 300 万名游客，带动了周边地区 5 亿美元的经济发展，并促进了产业结构调整，矿产（含农牧业）和旅游休闲业收益所占的比重由原来的 70%和 30%，降至 18%和 82%。

近年来，国家公园在世界各国迅速发展。目前，在 100 多个国家和地区已建立了近 10 000 个国家公园。

“国家公园除了具备自然保护的主体功能，同时兼有科学研究、游憩展示、环境教育和社区发展等辅助功能。”郝耀华说，国外的国家公园具有一种以原生态荒野为美的价值观，所谓“荒野精神”。

“我们也应重视国家公园精神层面的功能，有序扩大社会参与，引导民众进入，通过生态旅游、生态教育，使民众能够亲近河山胜景、感受自然之美，进而陶冶爱国情操，激发人民对美丽中国的认同感、自豪感。”郝耀华说。

郝耀华认为，在探索建立国家公园体制的过程中，应处理好保护与利用的关系。建立国家公园体制的首要原则是保护为主，当其他功能的发挥有碍主体功能时，就要服从、服务于保护这个根本目标。同时也应充分考虑我国的国情，如青海在国家公园试点时，引导广大牧民在禁牧减畜后参与国家公园的保护与管理，使之分享其成果，实现脱贫奔小康。

郝耀华说，还要处理好借鉴与创新的关系，结合国情区情有选择地消化吸收。同时，要处理好中央与地方的关系。建立国家公园体制是一个庞杂的系统工程，通过垂直管理，在一定程度上打破了区域条块分割的旧格局，有利于根除“九龙治水”的痼疾，真正实现“一个保护地一个牌子、一个管理机构”。

“但这种整合不是重起炉灶。”郝耀华说，而是补足短板，消除梗阻，实现全面优化，重构区域生态版图；层级不一、分布范围更广的自然保护地仍将发挥各自的生态作用，与国家公园一道构成完整的自然保护体系。

对于我国国家公园生态保护所需的资金保障问题，《总体方案》明确，“建立资金保障制度”，建立以财政投入为主的多元化资金保障机制。中央政府直接行使全民所有自然资源资产所有权的国家公园支出由中央政府出资保障，委托省级政府代理行使全民所有自然资源资产所有权的国家公园支出由中央和省级政府根据事权划分分别出资保障。

同时加大政府投入力度，推动国家公园回归公益属性。在确保国家公园生态保护和公益属性的前提下，探索多渠道多元化的投融资模式。国家公园实行“收支两条线管理”，各项收入上缴财政，各项支出由财政统筹安排，并负责统一接受企业、非政府组织、个人等社会捐赠资金，进行有效管理。

对于需要多大的资金盘子问题，中国科学院动物研究所副研究员解焱带领的专家团队曾做过测算，我国政府每年只需要投入 GDP 的万分之 5.5（其中约 200

亿元用于自然保护地的常规保护管理工作，30 亿元用于综合管理，30 亿元用于非常规管理工作），就可以使我国 17.48%的陆地和 10%的海洋得到有效保护，守住我国的生态安全底线。

国家公园是那些大面积的自然或接近自然的区域

航拍长城

三江源地区是亚洲最重要的生态安全屏障和全球最敏感的气候启动区之一

生活在哈尔滨虎园的东北虎

附 1：

正在试点的中国十大国家公园

三江源国家公园

三江源是长江、黄河和澜沧江的源头地区。作为“中华水塔”的三江源，是我国重要的淡水供给地，维系着全国乃至亚洲水生态安全命脉，是全球气候变化反应最为敏感的区域之一，也是我国生物多样性保护优先区之一。三江源国家公园体制试点是我国第一个得到批复的国家公园体制试点，面积 12.31 万平方千米，也是目前试点中面积最大的一个。

大熊猫国家公园

这个试点是为保护“国宝”大熊猫的栖息地而设立的。总面积达 2.7 万平方千米，涉及四川、甘肃、陕西三省。尽管大熊猫的灭绝风险从“濒危”下调为“易危”，但其栖息地碎片化问题严重。国家公园体制试点加强大熊猫栖息地廊道建设，连通相互隔离的栖息地，实现隔离种群之间的基因交流。

东北虎豹国家公园

东北虎豹等大型野生动物的活动半径非常大。东北虎豹国家公园体制试点选址于吉林、黑龙江两省交界的广大区域。野生东北虎是世界濒危野生动物之一，目前仅存不到 500 只。东北豹属金钱豹东北亚种，是目前世界上最为濒危的大型猫科动物亚种之一，被世界自然保护联盟濒危动物红皮书列为极危物种，其野生数量只有 50 只左右，大部分生活在中俄边境地带。

湖北神农架国家公园

神农架国家公园体制试点位于湖北省西北部，拥有被称为“地球之肺”的亚热带森林生态系统、被称为“地球之肾”的泥炭藓湿地生态系统，是世界生物活化石聚集地和古老、珍稀、特有物种避难所，被誉为“北纬 31°的绿色奇迹”。这里有珙桐、红豆杉等国家重点保护的野生植物 36 种，金丝猴、金雕等重点保护野生动物 75 种。试点区位于神农架林区，面积为 1 170 平方千米。

浙江钱江源国家公园

钱江源国家公园体制试点位于浙江省开化县，这里是钱塘江的发源地，拥有大片原始森林，是中国特有的世界珍稀濒危物种、国家一级重点保护野生动物白颈长尾雉、黑麂的主要栖息地。试点区包括古田山国家级自然保护区、钱江源国家级森林公园、钱江源省级风景名胜区等范围，秀美的景色可想而知！

湖南南山国家公园

位于湖南省邵阳市城步苗族自治县，试点区整合了原南山国家级风景名胜区、金童山国家级自然保护区、两江峡谷国家森林公园、白云湖国家湿地公园 4 个国家级保护地，还新增了非保护地但资源价值较高的地区。这里植物区系起源古老，是生物物种遗传基因资源的天然博物馆，生物多样性非常丰富，还是重要的鸟类迁徙通道。

福建武夷山国家公园

武夷山是全球生物多样性保护的关键地区，保存了地球同纬度最完整、最典型、面积最大的中亚热带原生性森林生态系统，也是珍稀、特有野生动物的基因库。武夷山国家公园试点位于福建省北部，试点范围包括武夷山国家级自然保护区、武夷山国家级风景名胜区和九曲溪上游保护地带等。

北京长城国家公园

目前，北京长城国家公园体制试点区总面积是 10 个试点中最小的，也是少有的展现了八达岭长城世界文化遗产这种人文景观的国家公园。试点区位于北京市延庆区内，整合了延庆世界地质公园的一部分、八达岭—十三陵国家级风景名胜区的一部分、八达岭国家森林公园和部分八达岭长城世界文化遗产。试点区要追求人文与自然资源协调发展。

云南普达措国家公园

位于云南省迪庆藏族自治州香格里拉市的普达措国家公园试点，光听名字就令人神往。普达措拥有丰富的生态资源，拥有湖泊湿地、森林草甸、河谷溪流、珍稀动植物等，原始生态环境保存完好。

祁连山国家公园

祁连山是我国西部重要的生态安全屏障，是我国生物多样性保护优先区域、世界高寒种质资源库和野生动物迁徙的重要廊道，还是雪豹、白唇鹿等珍稀野生动植物的重要栖息地和分布区。试点包括甘肃和青海两省约 5 万平方千米的范围。祁连山局部生态破坏问题十分突出，多个保护地、碎片化管理问题比较严重。试点要解决这些突出问题，推动形成人与自然和谐共生新格局。

附 2：

你知道国家公园成功的秘诀吗？

在世界范围内，美国的黄石国家公园、约塞米蒂国家公园、沃亚格鲁斯国家公园，南非的克鲁格国家公园，以及德国的巴伐利亚森林国家公园等一些保护胜地，早已声名远扬。

这些国家公园能够将保护与发展拧成一股劲，通过合理利用较小面积的资源，促进更大面积的、严格的生态保护，堪称成功典范。

为何这些国家公园成功了？它们的成功要素有哪些共通之处？《中国绿色时报》记者根据中国林业科学研究院森林生态环境保护研究所自然保护区学科首席专家、研究员李迪强，浙江杭州大视角文化传播有限公司原编辑部主任谢洁梅等提供的第一手资料，总结出国家公园不可缺少的五大成功秘诀。

秘诀一：保护天职数第一

世界自然保护联盟（IUCN）提出，国家公园定义为：一个陆地和（或）海洋的自然区域，被指定保护一个或多个生态系统现在及将来的完整性，禁止与保护管理目标相抵触的开发或侵占，提供与环境及文化相容的精神、科学、教育、娱乐和游览活动基地。

由此可见，保护依然是国家公园的天职。

春溪国家公园是澳大利亚东部的国家公园之一，也是澳大利亚的世界遗产“东海岸雨林保护区”的一部分。公园雨林中有生长了 4 000 多年的南极山毛榉树，还有一些濒危鸟类栖息其间。

这里设有 3 处保留区：春溪高原棱线区、库构山东部及自然桥西部。这些地方的自然状态绝对禁止改变、破坏。

位于黄金海岸腹地的春溪国家公园被称为“冲浪者的天堂”。这 3 处保留区，则成为“天堂”里的禁区。

巴伐利亚森林国家公园是德国建立的第一座国家公园，与东面接壤的捷克舒马瓦国家公园连成一片，构成中欧最大的森林保护区。

巴伐利亚森林国家公园始终将保护放在第一位。“让自然保持自然”是它的哲学。依循这一理念，公园内的自然生态一直按照自然界的固有规律自由发展着。

秘诀二：经济基础有保证

保护与发展是一个永恒话题。国家公园要想不断实现自我超越，经济基础一定要有所保证。

约塞米蒂国家公园园长介绍说，约塞米蒂国家公园的主要经费来源是国会批准的每年的预算。人员工资和维护费用的大部分来自国家投入。

黄石国家公园同样得到了国会支持：只要每 5 年的管理计划得到国会批准，黄石国家公园在基础建设和管理方面的需要基本都可以得到满足。

国家支持以外，适度发展生态旅游，通过发挥景观价值赢得资金，也是不少国家公园采用的方式。

每年5—8月是沃亚格鲁斯国家公园的旅游旺季。划船、钓鱼、露营、捕猎野生动物以及徒步旅行是主要旅游项目。

这些丰富多彩的旅游活动既满足了游客欣赏美妙大自然的愿望，又使游客的消费活动成为当地的主要收入来源。

需要指出的是，沃亚格鲁斯国家公园的旅游活动规划十分详细，包括不同季节可以开展的活动，每项活动可以进行的地点等，都有明确标示和具体规定。

而且，沃亚格鲁斯还特别强调“不留痕迹原则”：在规划好的地区露营和旅行，使用已有的设施，尽量减少对野生动物、土壤和植被的干扰，将垃圾“打包”带走……

此外，社会捐赠也是部分国家公园的收入来源之一。

秘诀三：人员、管理应到位

高素质人员带来高质量管理，高质量管理将使国家公园整体保持高水平。

约塞米蒂被视为现代自然保护运动发祥地。在约塞米蒂国家公园，巡护员在国家公园的管理中起着关键作用。

作为野外保护管理的直接参与者，约塞米蒂国家公园的巡护员主要进行野生动植物监测、游客服务、公园巡视管理等工作。这些工作内容很受公民欢迎。一般由博士等学历较高者，或者非常熟悉公园内生物物种、人文或地质历史的人担任巡护员职务。

旅游方面的精细管理和设计也是约塞米蒂国家公园的一大特点。在扩大游客容纳量的同时，公园也控制着游客的进入数量。在巨红木景区，游客就常常需要等待。而通过网络预订，将住宿、门票管制起来，则是公园控制游客的有效手段。

克鲁格国家公园内野生动物种类多、数量大，且从高山到湿地生态系统复杂。因此，公园实施分区管理，根据不同情况，提出不同的管理目标和管理措施；针对不同区域的保护目标，提出人为干扰措施和游客控制办法，在保证游客观看野生动物的同时，把对野生动物的干扰降到最低。

不仅如此，克鲁格国家公园的管理计划总是定期更新，具有灵活性和针对性。每一年，克鲁格国家公园都要将公园面临的主要威胁、生物多样性调查监测目标、文化多样性保护政策、融资和生态旅游管理等综合起来，提出明确可行的管理目标和措施。

秘诀四：科研宣教不可少

在美国，国家公园建立的目的是用最大力量保护自然环境和文化资源，让子孙后代能够享受这些美丽的风光。因此，科研宣教必不可少。

沃亚格鲁斯国家公园长期聘有多位生物学家，分别研究河狸、黑熊以及生态系统服务功能。研究数据不仅为保护工作提供支持，还将通过这些专家向游客宣讲，从而增加游客的生态学知识，达到生态教育的目的。

相信去过黄石国家公园的人都会被那里一流的硬件设施所触动：园内交通方便，环山公路长达 500 多千米，并将各景区的主要景点联在一起，徒步路径达 1 500 多千米，而且游客中心、博物馆、游道设施、旅游指示牌等都已成为全球的标准设计。再加上丰富多彩的宣传教育活动，黄石已然成为享有盛名的自然科普教育基地。

事实上，不仅美国的国家公园重视科研宣教，其他众多国家公园都十分认同这一理念。

克鲁格国家公园每年都召开一次科学年会，会上进行长达数天的科学报告，展示来自南非、美国、法国、英国等不同国家关于克鲁格国家公园的科学研究成果，内容包括生态系统管理、水资源管理、野生动物冲突和疫源疫病以及运营、游客管理等多方面。

近年来，克鲁格国家公园利用飞机进行野生动物调查，更加准确地调查了野生动物数量，以此作为管理成效评估的重要依据。

秘诀五：因地制宜敢创新

从世界范围看，每个国家公园各方面条件差别很大，特色也各有不同。由此可知，建设成功的国家公园没有绝对的模式可以复制，而是需要因地制宜，敢于根据自身特点探索创新，走与众不同的振兴之路。

约塞米蒂国家公园非常乐于与社会公众联手，招募志愿者完成相关工作和开展活动。公众参与的方式不仅可以给人们留下更深刻印象、带来更广泛影响，还有效节约了资金支出。

作为历史上第一个国家公园，法律为黄石国家公园的管理者提供了权力。

1894年，出台了《黄石公园鸟类和野生动物保护法》等一系列法律；1916年，美国国会颁布《国家公园法》；1965年，颁布《游客服务设施特许经营法》；1982年，颁布《黄石公园法》……在公园建设早期，这些法律法规的确成了解决黄石国家公园很多问题的最有效方式。

跨界保护区是最近几十年提出来的新名词，是指具有明确生物多样性目标与和平目标，并至少存在两个国家或国内行政区之间的保护区，也被称为“和平公园”。

建立跨界保护区，将推动保护区不同层面和领域的合作，促进保护区管理、研究，有益于地方经济和国家经济的发展。

位于巴西和阿根廷交界处的伊瓜苏国家公园则是这样一个充满魅力的保护地。业内认为，巴西和阿根廷在伊瓜苏国家公园开发方面打造了共赢合作模式的典范，使双边保护地管理水平得到提高。

据悉，南非政府曾经打算在克鲁格国家公园的国界周边搭建电栅栏，以阻止非法移民。但是现在，则连曾分隔莫桑比克、津巴布韦与南非的简易铁丝网都被拆除。此举使克鲁格国家公园面积扩大很多，成为跨界保护区，为野生动物种群数量的维持提供了保障。克鲁格国家公园也被认为是全球“和平公园”的典范。

“河长制”地方十年探索：一项重大制度创新

刁凡超[1]

摘　要： 2016年10月11日召开的中央深改组第28次会议通过了《关于全面推行河长制的意见》，12月中办、国办印发了《关于全面推行河长制的意见》，要求各地区各部门结合实际认真贯彻落实。在中央的统一文件下发之前，截至2016年8月底，北京、天津、江苏、浙江、安徽、福建、江西、海南等8个省（市）党委或政府已出台文件，在全省（市）范围内推行“河长制”。天津、江苏、江西等地做法还获水利部“点赞”。

关键词： 河长制　防汛抗洪　河湖管理　水利

2016年防汛抗洪抢险取得了决定性胜利。但武汉的连年“看海”、河北邢台七里河的洪灾仍引发外界对我国河湖管理薄弱环节的反思。

“问题反映在水里，根源在岸上”，水利、环保、国土、交通、住建、农业、林业等多部门管护下的河湖为何仍问题多发？

江西省水利厅厅长罗小云道出了其中缘由：上述部门间权责存在交叉，协调出现矛盾时找分管领导，而分管领导之间也可能存在交叉，“最终事情搁置在那里”。

自2007年，中国部分地区已从体制机制上探索创新，主动落实地方政府

①刁凡超，澎湃新闻记者。

在水资源保护、水域岸线管理、水污染防治、水环境治理等河湖管护方面的主体责任。

“河长制”正是这一探索的具体体现。

在中央的统一文件下发之前，截至2016年8月底，北京、天津、江苏、浙江、安徽、福建、江西、海南等8个省（市）党委或政府已出台文件，在全省（市）范围内推行“河长制”。天津、江苏、江西等地做法还获水利部“点赞”。

但更多省（市）的河湖在“九龙治水”过程中仍处于“群龙无首”的状态。

连年城内“看海”的湖北武汉、2016年汛期遭受洪灾重创的河北邢台或是这种状态下的反面样本。

2016年10月11日召开的中央深改组第28次会议通过了《关于全面推行河长制的意见》，12月中办、国办印发了《关于全面推行河长制的意见》，要求各地区各部门结合实际认真贯彻落实。

经过将近一年的观察，目前全面推行河长制工作总体进展顺利，进度符合并超过预期。截至2017年7月底，全国30个省（自治区、直辖市）和新疆生产建设兵团的省级工作方案已印发，北京市工作方案已经被全面深化改革领导小组审议通过。较《水利部　环境保护部贯彻落实〈关于全面推行河长制的意见〉实施方案》提出的2017年年底前全部出台省级工作方案的要求，提前5个月完成既定目标，进展情况超出预期。

同时，全国各省（自治区、直辖市）和新疆生产建设兵团均已明确省级总河长及省级领导担任的河长，明确了河长制办公室牵头部门，提出了全面建立河长制的时间节点。各地还陆续制定建立了河长会议制度、信息共享制度、信息报送制度、工作督察制度、考核问责与激励制度、联席会议制度等相关工作制度。

从舆情来看，公众对中央出台全面推行河长制、加强河湖管理保护普遍赞誉有加，全社会河湖保护意识明显提高，部分地区河长制工作成效初显。

不过，记者认为，目前河长制在落实过程中，各地推进力度和工作进展不尽平衡，少数地区对推行河长制重视不够，压力传导尚未完全到位。有的市、县、乡工作进展相对缓慢，有的地方河长制实施方案深度不足，针对性和操作性有待提高。

一、“九龙”管护下，湖泊消失、河道侵占仍在发生

根据 2011—2013 年第一次全国水利普查成果，中国流域面积 50 平方千米以上河流共 45 203 条，总长度达 150.85 万千米。常年水面面积 1 平方千米及以上天然湖泊 2 865 个，湖泊水面总面积 7.80 万平方千米。其中，淡水湖 1 594 个、咸水湖 945 个、盐湖 166 个、其他 160 个。

然而，随着经济社会快速发展，河道干涸湖泊萎缩、水环境状况恶化、河湖功能退化等，给保障水安全带来严峻挑战。

2016 年汛期，连年城内“看海”的武汉，“不负众望”又成为网友围观的焦点，而城市开发致湖泊面积萎缩，湖泊蓄水削峰作用减弱成为武汉城内“看海”的重要原因。

武汉市水务局最新的调查数据显示，近 30 年武汉湖泊面积减少了 228.9 平方千米；50 年来，近 100 个湖泊人间“蒸发”。杨汉湖、范湖这些当地居民耳熟能详的名字仅成为带“湖”字的符号。武汉中心城区在中华人民共和国成立初期的 127 个湖泊仅剩 38 个，仍面临着继续被侵蚀的危险。

中央环保督察组道出了原因：向湖泊要钱、要地、要房的趋势仍未得到遏制，侵占蚕食湖泊的问题仍在发生。

河北邢台七里河“悲剧”也成为 2016 年汛期的一大教训。乱搭乱建使河道变窄、堆弃物阻碍河道行洪加剧洪灾，灾难发生后，主政者才意识到要开展河道拆违清障工作。

在中国的江河湖泊治理上，有法不依、执法不严的现象时有发生，非法排污、设障、捕捞、养殖、采砂、采矿、围垦、侵占水域岸线等没有得到有效治理。各地需要完善河湖日常监管巡查制度，对重点河湖、水域岸线进行动态监控，对涉河湖违法违规行为做到早发现、早制止、早处理。

但是在中国，河湖的管护涉及水利、环保、国土、交通、住建、农业、林业等多部门，“九龙治水”过程中存在权责交叉、衔接不畅等问题，这些薄弱环节在特殊时段矛盾凸显。

河湖管护工作复杂而系统，涉及上下游、左右岸、不同行政区域和行业，在复杂的管理格局下，“群龙无首”便难以协调。

以长江流域为例，据水利部资料显示，1998 年洪水过后，长江退田还湖，移民建镇，洞庭湖区及鄱阳湖区共平退 1 461 个圩垸，迁移 241.64 万人口，但长江中下游干流河道仍有洲滩民垸 406 个，洲上人口约 130 万人，两湖区万亩以下圩垸 133 个，人口近 603 万人。如何协调长江流域上下游、左右岸相关省份和有关部门，对长江实行严格的水资源保护、水域岸线管理、水污染防治、水环境治理，关系到全面推进长江流域水生态文明建设。

二、天津：“逼出来”的河长制

在游人如织的海河，水环境保洁公司经理王建洲每天都开着游艇在河面巡视一遍，监督保洁员当日的工作成效。

“有垃圾不及时清不行啊，‘河长’对我们考核可严了，但看着这河里跟镜面似的，我自己心里也舒坦。”王建洲口中所说的“河长”，是天津市水生态环境管理责任人。2013 年年初，天津在全境内推行“河长制”，提出了加强截污治污河水资源保护、加强堤岸水面保洁和违章建筑清理、加强河道绿化和景观建设、建立长效管理机制等 4 项任务，同时建立了资金保障、监督考核、公众参与等 3 项工作机制。

河长制在天津是被“逼出来”的制度。作为天津“名片”的海河，一年四季游客慕名而来。但海河的“底子”并不好，时常面临“想要水时不来水，行洪时段来污水”的尴尬局面。

天津位于海河流域下游，是海河干流、蓟运、潮白、永定、大清、子牙等水系的入海口。随着上游区域经济社会发展，天津入境水量逐年减少，入海水量从 20 世纪六七十年代的 140 亿立方米降至现在的 10 亿立方米左右。“来水少，水流动不起来，自净能力差。”天津市水务局副巡视员梁宝双坦诚，天津的“河长制”也是被逼出来的。

梁宝双的另一个身份是海河“河长”，他说，“河长制”的核心在于属地行政领导责任制。这一制度意味着原先河道水环境管理责任不清、职责不明，现在部门间协调出现问题，有人来“挑头”。“过去可能可以推的事情，现在责任划分清楚了，推也推不出去了。”海河管理处处长黄力强补充说。

在天津，中心城区以外河道，由河道所在区、街镇、村行政领导担任“河长”，中心城区以内的河道“河长”由市水务局负责领导担任。“河长”们的压力也随之而来：天津制定了考核办法及细则，包括河道截污治污，河道水质和堤岸水面环境，堤岸绿化和景观，长效管理机制方面的考核。考核工作实行市、区县级两级考核，采用定期考核、日常抽查、社会监督相结合的方式。其中，定期考核的河道水质和堤岸水面保洁情况由市水务部门实施，每月考核一次。市河长每半年还对上述四个方面进行集中考核。考核后通过媒体“晒成绩单”，公示各区考核分数排名，排名后三位的“河长”将被约谈。

“第二年我退了一名，区长就给我打电话”，天津市宝坻区副区长艾玉昆说，推行“河长制”并实行考核排名后，让他明显感到“压力大了”。

数据显示，“河长制”在天津落地后成效明显，天津感官水质异常河道从 211 千米下降到 34 千米，环境卫生不达标河道从 53 千米变为全部达标，综合考评优秀河道从 620 千米提高到 2 274 千米。“我们的环境面貌有很大改观。”海河管理处处长黄力强说。

为确保“河长制”实施效果，各地将河湖管护纳入政府目标责任制，不断健全“河长制”的绩效考核和责任追究。江苏省出台了全省骨干河道管理考核办法，由省水利厅、财政厅负责全省 727 条骨干河道的考核管理工作。江西省则将“河长制”责任落实和河湖管理与保护纳入党政领导干部生态环境损害责任追究、自然资源资产离任审计，由省委组织部负责考核、审计厅负责离任审计。

三、江西：最强团队管理河湖

水，是江西最优势的资源，也是主政者的压力所在。

江西省水利厅厅长罗小云，作为江西水利系统的“掌门人”，既要确保“五河一湖一江”安澜，也在勾画“河畅、水清、岸绿、景美”的蓝图。

2015 年 11 月，江西省委、省政府印发《江西省实施“河长制”工作方案》，高位推动，在全省境内河湖实施“河长制”。此举虽不是江西首创，却得到水利部的肯定。

“河长制”是各地依据现行法律法规，坚持问题导向，主动落实地方政府在水资源保护、水域岸线管理、水污染防治、水环境治理等河湖管理保护方面主体责任的制度创新。

水系发达，河流众多的江西如何实现对水资源的管理和保护？

江西省水利厅厅长罗小云说与其他省份侧重“治理”不同，江西推行“河长制”更突出“保护优先”。

“我们的特点是‘高位推进，全面覆盖’”，罗小云说，江西的特点是，除了长江，其他河流都在江西省内，江西的“河长制”设计覆盖了整个江西的河流湖泊保护。

江西省委书记担任江西省总河长，省长任副总河长，7 位副省级领导分别担任“五河一湖一江”的“河长”。罗小云认为，这种河湖管理的最强团队，解决了 23 个省直责任单位“九龙治水”“群龙无首”的问题。

“河长制”在江西省内推动，规格之高可谓空前。而党政主要领导担任“河长”，可不是挂名而已。江西省将“河长制”责任落实和河湖管理与保护纳入党政领导干部生态环境损害责任追究、自然资源资产离任审计，由江西省委组织部负责考核、审计厅负责离任审计。

这一制度在江西推行不到一年，南昌市市长郭安说，2016 年 8 月 23 日下午，国务院总理李克强在江西南昌昌北城区防洪工程施工现场听取江西省、南昌市水利建设情况汇报时，他向李克强总理汇报说，“江西设立了河湖长制，从制度设计上落实中央对生态文明建设的具体要求……”话还没说完，李克强总理说：“好，这个我知道，你们江西的河长制搞得很不错。”

“这是总理的原话”，罗小云当时也在现场，在采访过程中，提起这个细节，他有些自豪地笑了。

南昌市分管农业、水利等工作的副市长朱志群说，河道非法采砂破坏河流水质，损坏河道，严重影响生态，河道采砂问题是江西河湖综合治理工作的重中之重。

“河长制”落实后，南昌市长郭安担任赣江南昌段“河长”，首先从解决采砂问题下手，“先抽筋后扒皮”。郭安说，南昌首先清肃了与砂场有利益瓜葛的体制内执法人员，而后，关停清理了400多家砂场，并且，重点整治涉案人员移交司法机关。再加上明确各部门权利责任清单这一机制，河道非法采砂问题基本得以整治。

目前，江西“河长制”实现了全省河流、湖泊全覆盖，构建省、市、县、乡、村五级“河长”管理体系。“自‘河长制’实施以来，至少有5个县长跟我说，他们县里在招商引资时，有污染的项目坚决不要，‘污染项目一旦引进来，还得让我这个河长带头治理，那我们坚决不要’”，罗小云说，类似这种的环境保护意识和自觉性正在慢慢形成，这是他在参与“河长制”这一制度设计之初没有想到的效果。

四、靖安：探索“互联网+河长”

2007年太湖大面积蓝藻暴发，引发江苏无锡水危机。当地政府认识到，水质恶化导致的蓝藻暴发，问题表现在水里，根子在岸上，解决这类问题，要统筹水上岸上、河流上下游、左右岸，更需要党政主导、部门联动、社会参与。

2007年8月，无锡在全国率先实行地方行政首长负责的河长制，加强污染物源头治理，“河长制”实施一年后效果明显，辖区内的79条河流考核断面指标率就从53.2%提高到71.1%。无锡的探索受到广泛关注，江苏、浙江、江西等地结合各地实际、陆续开展探索，到今年“河长制”在中国的探索已是第10个年头。

江西省靖安县水务局局长王仕钦也专门赴江苏、浙江“取经”，回来后他最大的感受是“人家太有钱了，我们学习人家的架构，但内容我们自己要创新”。

已开展“河长制”工作的地方，多以河湖治理为主，作为江西省第一批生态文明先行示范县，宜春市靖安县的任务是“保护优先”。2015年8月靖安县实行“河长制”，县、乡镇、村的党政一把手担任起本行政区域内的“河长”。

在靖安县水务局局长王仕钦的手机上，澎湃新闻看到了“河长”易信群，里面有很多巡查员、保洁员工作时随手拍的照片。“巡查员每天至少要绕河巡查或清洁一次，做好书面和图像记录。有什么状况出现，巡查员和保洁员可以及时拍照，上传到易信群里。”王仕钦给这种做法起了个时髦的名字——“互联网+河长”。

此外，靖安县双溪镇政府还在河道的敏感点安装了摄像头，坐在镇政府监管站办公室里就能看到河道上的情况。

五、福建大田：组建“河长易信群”

按照中央的总体要求，各地在贯彻落实这一制度的同时结合地方实际，有了很多创新。

在东部沿海福建省，沿着三明市大田县武陵乡大石村的河岸缓步行走，路旁绿油油的稻田，印着护河“三字经”的牌子，堤坝上画着的护河壁画都十分亮眼。

68 岁的陈世衍说，过去由于家离河边不远，每到雨季河水暴涨的时候，河水都会漫过河岸边的田地，冲进家里。“以前洪水退的时候，我家木头房子的地板上都是冲上来的泥沙，回回都得清洗才行。”

现在，武陵溪大石河段的防洪堤坝几近完工，虽地处下游，河水却不似以前那般猖獗。“现在河水治理的，我们都很满意。”陈世衍说道，现在不管是河面上漂浮的垃圾，还是整体的环境，都治理得很好。

全面推行河长制后，大田县加大力度，提出实行“一河三长”工作机制，分别由“河段长、督察长、民间河长”三管齐下，共同管护一个河段。

武陵乡党委组织委员陈永强是大石村村级河长。陈永强说，现在的河长制还包括河道文化和河道经济。他指着堤坝上画着的护河壁画说道，这就是河道文化的部分内容。只见壁画上还摘录了大田县编印的护河“三字经”中有关武陵溪部分的内容和护河心得。

武陵乡是市级精准扶贫重点乡镇，全乡现有贫困户 159 户 503 人，贫困村 3 个，空壳村两个。为了给贫困户、贫困村和空壳村提供一个稳定的收入来源，开展了光伏扶贫产业园建设项目。陈永强说：“大石防洪堤光伏发电项目预计投资 1 016 万元，安装光伏长廊 3 千米，规模达 1 400 千瓦。光伏扶贫产业园建设项目建成后，预计每年可产生效益约 191.7 万元人民币。”

陈永强时不时地掏出手机拍摄照片。原来，为解决传统巡河手段实时性、便捷性不强等问题，大田县组建了“河长易信群”，要求河长每天第一件事就是徒步巡河。“只要我没有其他的工作，每天都要来大石村看一下河流，并拍照。”陈永强说道。

六、全面推行“河长制”是重大制度创新

目前，省级层面的河长制度已基本建立，之所以取得这么快速而实质的效果，取决于高层推动。

2016 年 3 月水利部官网发布《深化水利改革领导小组 2016 年工作要点》，根据《中央全面深化改革领导小组 2016 年工作要点》和《水利部关于深化水利改革的指导意见》提出 10 个方面改革举措，其第五条提出建立严格的河湖管理与保护制度。

上述文件提出，实行河湖水域岸线、河道采砂等河湖保护分区管理，开展中央直管河湖管理范围划界工作；研究制定河湖管理督察意见，开展河湖管理督察；积极推进河湖管护体制机制创新试点，出台“河长制”指导意见。

全面推行河长制是一项重大制度创新。习近平总书记在 2017 年的新年贺词中特别指出“每条河流要有‘河长’了”。

2017 年 3 月 24 日，习近平总书记主持召开中央全面深化改革领导小组第 33 次会议，对全面推行河长制等民生领域改革落实情况的督察报告进行了审议。

自《关于全面推行河长制的意见》出台以来，水利部会同联席会议各成员单位第一时间动员部署，精心组织宣传解读，制定出台实施方案，全面开展督导检查，加大信息报送力度，建立部际协调机制。地方各级党委、政府和有关部门把全面推行“河长制”作为重大任务，主要负责同志亲自协调、推动落实。

“河长制”有六大任务，包括加强水资源保护、加强水域岸线管理保护、加强水污染防治、加强水环境治理、加强水生态修复、加强执法监管。目前全面推行河长制工作总体进展顺利，进度符合并超过预期。

目前，省级层面的河长制度已基本建立，之所以取得这么快速而实质的效果，取决于高层推动

今天南极的冰川与企鹅

汪永晨[1]

摘　要：南极就是地球的最南端，实际上又有南极洲、南极点、南极大陆、南极地区、南极圈等多种含义，而地理学上的南极为南地极和南磁极。南极大陆，是指南极洲除周围岛屿以外的陆地，是世界上发现最晚的大陆，它孤独地位于地球的最南端。科学家告诉我们：全球气候变化，这个地区和全球的趋势是一样的，总体是升温的。麦哲伦企鹅目前的捕食非常困难，在智利和阿根廷，成年麦哲伦企鹅在饲养小企鹅期间，每天出海捕食的时间为 16～18 小时，在马尔维纳斯群岛，如果想获取相同数量的食物，这个时间则要达到 35 小时。在南美洲的最南端，安第斯山脉和百内山系之间，跨越智利和阿根廷两国，Campo De Hielo Sur 是世界上现存最大的冰川之一。有人说，这也是世界上最美丽的冰川。由于全球气温的变化，这些冰川正在坍塌。如果我们保护好我们的地球，防止全球变暖，或许我们的子孙还能像我们一样有幸见识到大自然的鬼斧神工。

关键词：南极　南极洲　全球气候变化　南极的动植物　冰川

去南极，朋友们问得最多的一个问题不是你们有没有进南极圈，而是南极很冷吧？

我 1999 年 7 月到过北极，那次是从美国阿拉斯加的北纬 62 度一直到了北纬

①汪永晨，中央人民广播电台记者，“绿家园”召集人。

78 度。7 月，也是北极的夏天。那次我回答朋友关于北极冷不冷的问题时，是和北京比的。我说北极的夏天和北京的冬天差不多，太阳出来时，会比北京的冬天还暖和。

2017 年 1 月 7 日我们离开圣地亚哥飞往智利离南极最近的蓬塔阿雷纳斯。一下飞机我们就开始担心，风真大。来之前我们就被告之，天不好我们就可能上不到南极，去不了乔治王岛，进不了长城站。

蓬塔，这个离南极乔治王岛最近的城市并没有想象的那么偏远。现代生活也是今天那儿的人过的日子。

好消息是，下午我们在前往南极的欢迎会上除了一起举杯庆祝踏上南极大陆外，还得到了准确的消息，1 月 8 日我们的飞机准时起飞，这意味着，我们前往南极洲的愿望即将成为现实。

一、南纬 62 度 13 分乔治王岛

2017 年 1 月 8 日早上，我从旅馆的窗户往外拍照，拍到的景色让我知道飞往南极即将要梦想成真。

蓬塔的早晨

蓬塔早晨海边的热闹

飞机上看南极洲（摄影/汪永基）

南极的 1 月也是那儿的盛夏。和 1 月的北京穿的衣服一样。

南极是根据地球旋转方式决定的最南点。它通常表示地理上的南极区域，有一个固定的位置。按照国际上通行的概念，南纬 66 度 34 分（南极圈）以南的地区称为南极，它是南大洋及其岛屿和南极大陆的总称。

远处的教堂是乔治王岛最早的人类居住点

中文字面上，南极就是地球的最南端，实际上又有南极洲、南极点、南极大陆、南极地区、南极圈等多种含义，而地理学上的南极为南地极和南磁极。

目前，南地极位于南极洲内，并插有标记。但由于大陆漂移，在地球的历史上其实大多数时间南极洲都在距离南极很远的地方；而且，每隔一段时间，地理学家都要修正南极的位置。上一次修正南极位置的时间，就在南极地区踏入 2000 年时。

此外，从天文学上说，如果我们把南地极投射到天球上，就可以得到南天极。

南磁极是地球两个磁极之一。它位于地理南极的附近，但是它的位置也在缓慢并不断地变化着。1909 年 1 月 16 日，由欧内斯特·沙克尔顿（Ernest Shackleton）带领的探险队发现了南磁极。

南纬 66 度 34 分的纬线为南极圈。在极圈内会有极昼和极夜现象，极圈也是划分温带与寒带的界限。

南极洲包括南极大陆及其周围岛屿，总面积约 1 400 万平方千米，其中大陆面积为 1 239 万平方千米，岛屿面积约 7.6 万平方千米，海岸线长达 2.47 万千米。南极洲另有约 158.2 万平方千米的冰架。南极洲的面积占地球陆地总面积的 1/10，相当于中华人民共和国 1.5 倍的陆地面积。

南极大陆，是指南极洲除周围岛屿以外的陆地，是世界上发现最晚的大陆，它孤独地位于地球的最南端。

中国南极长城站位于乔治王岛的菲尔德斯半岛上，方位是南纬 62 度 13 分，西经 58 度 55 分。它靠近民防湾中的一条小湾，这条小湾已被中国南极考察队命名为长城湾。

长城站背靠终年积雪的山坡，水源十分丰富。这里地势开阔，滩涂约长 2 000 米，宽 300 余米。

2017 年 1 月 8 日　南极长城站

长城站离自己的家乡有多远

地理学概念上的南极，指南纬 66 度 34 分纬线以南的区域，严格意义上说，南极圈内才算得上南极。南极圈是天文学上从两极受太阳光的角度来确定南极地区永久界限的一种方法。

从地理位置上讲，长城站所在位置并不是地理概念上的南极，属于南极圈的外围，但因为 1959 年《南极条约》把南纬 60 度以南的区域定义为条约所适用的范围，包括南极洲和南大洋，所以人们就把这个区域定义为南极区域，但是从地理学概念上切勿混淆。

我们是半年前定的 2017 年 1 月 8 日登南极乔治王岛，访问长城站。不过，这个时间是人定的，飞机能不能起飞，那要老天爷说了算，要看南极的风。

1 月 8 日上午，我们乘坐的飞机从智利蓬塔阿雷纳斯机场准时起飞，和我们同在机场候机的还有第 33 次中国南极科学考察队的科学家们。

在南极长城站，主管气候监测的科学家指着电脑中的卫星云图告诉我们：2017 年 1 月 1—10 日只有一天飞行“窗口”，就是 1 月 8 日。而且从卫星云图上看，1 月中下旬天气会更差。

我们的运气真好。

在南极长城站里，我们最先到的是展览厅。从照片上看，南极长城站 1984 年 12 月建站时是被白雪覆盖的，而我们这次 1 月 8 日在那儿，长城站的地上看起来基本上是砂石土地。

中国是一个南极考察的迟到者，比发达国家建立考察站晚了 30 年。1959 年签订的《南极条约》分协商国和缔约国，协商国由在南极地区建立考察站的国家组成，在国际南极事务中有发言权和表决权。加入条约但没有建立考察站的国家为缔约国，虽有发言权但没有表决权。因此“协商国是一等公民，缔约国是二等公民”。

选定科考站需要考察几个条件，如是否具备较大的露岩地域、船只是否易接近、卸货是否方便、是否有充足的淡水资源和站区是否可开展综合科学考察等。

在 11 个备选站址中，以菲尔德斯半岛南部地区最为理想。这是一块台阶式鹅卵石地带，地域开阔，有 3 个宜饮用的淡水湖；海岸线长、滩涂平坦，便于小艇抢滩登陆；夏季露岩多，地衣、苔藓等植物发育也比其他地点好，企鹅和其他鸟类在此栖息繁殖，适宜开展多学科考察。

长城站站长陈波

最后，中国南极长城站就定在这里。长城站的建立，改变了中国在南极事务上的地位。

长城站里的我们

2017 年 1 月 8 日，我们在长城站看到站内墙上挂着长城站的科研项目，表上的内容可真不少。站长陈波告诉我们，长城站是一座小小的科研城，科研人员不仅在这里可以从事气象观测、固体潮观测、卫星多普勒观测、地震观测、地磁绝对值观测、高空大气物理观测等，还可以在生物实验室、无线电波传播实验室、地质实验室、地貌和第四纪地质实验室、地球物理实验室和微机房里进行综合研究、实验、分析和数据处理。

走到哪儿都要盖当地邮戳的我
在长城站邮局前

长城站宿舍

长城站里的地铺

让我们没有想到的是，和我们同一天到长城站的科学家们，那天晚上要睡地铺，因为前一批考察人员还没有坐“雪龙号”离开，乘飞机来的科学家们又到了，所以晚上只好打地铺睡觉了。

在长城站，我们还走进了那里建的暖房。在暖房里，相机立刻上了雾无法拍照。手机还真行，帮我记录下了长城站已经结了的西红柿。虽然零零星星没几个，肯定不能保证供应，但对于远离家乡的科学家们，能解个馋的新鲜蔬菜是有了。

南极长城站暖房里的绿色

来之前我已经在网上看到，长城站对垃圾的处理十分严格，不同类垃圾由专人搬运到不同的区域，然后利用装载机运输到垃圾处理站。按南极环保规定，要用焚烧炉焚烧处理纸质垃圾和食物残渣。焚烧后的这些垃圾残渣全部装入收集袋内。其他不允许在南极焚烧的垃圾也要分别装入不同的收集袋。所有的垃圾收集袋要存入集装箱，一直等到“雪龙号”再来时，统统运回国内做处理。

摸摸长城石

长城站的生活污水经管道汇集到一个污水处理站，达到排放标准后，才可沿着管道排入长城湾。

刚刚踏上南极乔治王岛时，我们还在怪自己把南极想得太冷了，装备得太严实了，其实这里和北京的冬天也差不多。可在这里几个小时后，雪花一直飘着时，我们感受到了这里的冷。

从来之前做的功课中我知道，说到地势，地球上最高的大陆是南极大陆。地球上其他几个大陆的平均海拔为：亚洲 950 米，北美洲 700 米，南美洲 600 米，非洲 560 米，欧洲最低，只有 300 米，大洋洲的平均高度还不甚清楚，估计也不过几百米。然而，南极大陆，就其自然表面来说，平均海拔高程为 2 350 米，比其他几个大陆中最高的亚洲还要高得多。

由于海拔高，空气稀薄，再加上冰雪表面对太阳辐射的反射等，南极大陆成了世界上最为寒冷的地区，其平均气温比北极要低 20 摄氏度。南极大陆的年平均气温为零下 25 摄氏度。南极沿海地区的年平均温度为零下 20～零下 17 摄氏度；而内陆地区年平均温度则为零下 50～零下 40 摄氏度；东南极高原地区最为寒冷，年平均气温低达零下 57 摄氏度。

到现在为止，地球上观测到的最低气温为零下 89.6 摄氏度，这是 1983 年 7 月在新西兰南极观测站测到的。

南极的寒冷首先与它所处的高纬度地理位置有关，高纬度地理位置导致南极在一年中漫长的极夜期间没有太阳光。其次，与太阳光线入射角有关，纬度越高，阳光的入射角越大，单位面积所吸收的太阳热能越少。南极位于地球上纬度最高的地区，太阳的入射角最小，阳光只能斜射到地表，而斜射的阳光热量又最低。

最后，南极大陆地表95%被白色的冰雪覆盖，冰雪对日照的反射率为80%～84%，只剩下不足20%到达地面，而这可怜的一点点热量又大部分被反射回太空。南极的高海拔和相对稀薄的空气又使得热量不容易保存，所以南极异常寒冷。

南极不仅是世界上最冷的地方，还是世界上风力最大的地方。我们还没到南极，刚刚到离南极最近的智利蓬塔阿雷纳斯时，已经感受到了这里的风。南极平均每年8级以上的大风有300天，年平均风速19.4米/秒。1972年澳大利亚莫森站观测到的最大风速为82米/秒。法国迪尔维尔站曾观测到风速达100米/秒的飓风，这相当于12级台风风速的3倍，是迄今为止世界上观测到的最大风速。

南极没有四季之分，仅有暖季、寒季的区别。暖季为11月至翌年3月，寒季为4月至10月。

暖季时，沿岸地带平均温度很少超过零摄氏度，内陆地区平均温度为零下35～零下20摄氏度；

寒季时，沿岸地带为零下30～零下20摄氏度，内陆地区为零下70～零下40摄氏度。

1967年年初，挪威在极点附近测得零下94.5摄氏度的低温。据估计，在东南极洲上可能存在零下100～零下95摄氏度的低温。

一般来讲，只有在太平洋上热带风暴（台风）可以达到12级，但是在南极，12级以上的暴风却是家常便饭，它相当于12级台风风速的3倍，破坏力可就相当于12级台风的近10倍了。这是迄今为止世界上观测到的最大的风速。因此，南极又被称为“风极”。

南极路

南极雪

南极湖

南极东正教教堂

我们在长城站访问时，以记者的视角，我很关心的问题是全球气候变化对南极的影响。

到南极之前，我在网上看到那里的1月曾经应该也是冰天雪地的。特别是我还在网上看到了一张2008年1月8日的长城站的照片，变化太大了。

但科学家认为的和我们普通人所看到的，还是有所不同。

在长城站时，科学家柴少峰告诉我们：全球气候变化过程和局地、小范围的变化很难联系起来。如果从总的趋势来看，这个地区和全球的趋势是一样的，总体是升温的。一个局地有可能会有突变，全球气候变化一般是30年一次。

我：从照片上看1984年建站的时候站里是被冰雪覆盖的。

柴少峰：雪的多少是波动的，并不见得是一个明确的趋势。但是近年来还是有一个明确的趋势，升温了、冰架退缩了、冰融了，早先这一带全部都是冰，逐步逐步退，现在退到阿根廷站那里了。

2016年一年的平均温度较历年上升了0.7摄氏度，也就是说平均温度比前几十年的温度高了0.7摄氏度。这个速度太快了。这是2016年一年的，而研究是长时间指数才能看得出来。

我：也许今年温度又会下降。

柴少峰：对，升温的速度有可能会下降，但30年平均下来是在逐渐增高的。

二、长城站边的企鹅岛

要想从智利蓬塔阿雷纳斯花3小时飞到南极乔治王岛，飞机飞行条件：能见度差了不行，风超过五级不行，降雪降到一定水平也不行。2017年1月6日，八级风，18米/秒。1月8日4.8米/秒，相当于两级到三级风。虽然空中一直飘着小雪，但能见度看远处的企鹅岛没问题。

今天企鹅岛上的生存环境

高歌

2017年1月8日，我们一行人乘“大力神”号飞机，一来到乔治王岛，就直奔码头，上了两艘橡皮舟，风不大，浪也不大。

长城站旁边这个小岛上的成年企鹅一般60多厘米高，长着鱼鳞状的羽毛。未成年的只有小猫那么大，全身是绒毛。它们的躯体呈流线型，背部黑色，腹部白色，对比很鲜明，走起路来一摇一摆。

岛上最漂亮的是金企鹅，嘴是金红色的，头部有两块白毛，又叫花脸企鹅。还有一种企鹅，颈部有一圈黑毛，好像系着帽子带儿，叫帽带企鹅。它们彬彬有礼，站在远处向我们点头，像欢迎我们似的。最凶猛的是阿德雷企鹅，我刚迈进它们的“领地”，一只企鹅就尖叫着把我驱逐“出境”。它们的叫声很像毛驴，所以又叫驴企鹅。

一只全身灰色、毛茸茸的小企鹅还不能下海捕食，只能吃企鹅妈妈嘴里的食物。果然，我看到有的小企鹅紧紧地追着企鹅妈妈，并用嘴挠它的脖子。挠了几次以后，企鹅妈妈张开嘴，让小企鹅把嘴伸到它嘴里，吃它呕出来的食物。

过几个月，小企鹅就要换毛了，换毛以后才能自己下海捕食，再过几个月第二次换毛，长出鱼鳞状的羽毛，就是成年的企鹅了。

上面这段话是小学语文课本里，一位到过南极站的小学生写的，挺形象的，就抄在这里了。

它们在说什么呢？

在长城站附近偶尔也会出现帝企鹅，但是我们没有看到。

不同种类的企鹅之间是不会杂交的，实际上，不同物种之间极少发生杂交，因为它们的发情期不同，求偶方式也不同。即便偶有杂交，后代也是不育的，有一系列的生殖隔离机制。

在南极最后的一刻，我盖到了南极智利站的邮戳，且上面还有经纬度，太珍贵了。

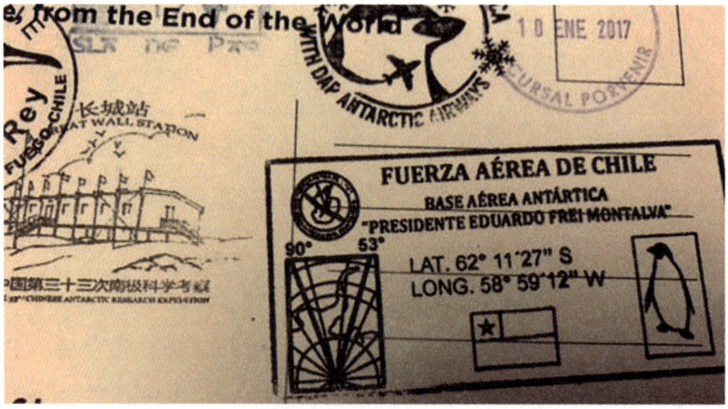

南极智利站的邮戳

在我们飞离南极的飞机上，餐车供应，先是一大盘巧克力随便拿，接着空姐递上来的是从小暖壶里倒出来的浓浓的鸡汤。

三、火地岛上风中的帝企鹅

2017 年 1 月 9 日，我们在蓬塔阿雷纳斯稍加修整，1 月 10 日，又带着无比的憧憬登上一架只飞 15 分钟的小飞机跨越麦哲伦海峡前往火地岛。

高空俯视火地岛

这就是我们乘的小飞机

15 分钟的小飞机除了我们同行的 14 个人，还有两位外国人，两位飞行员。据说岛上有 7 000 常住人口，一天只有 3 个航班。可见上岛的人之少。

火地岛、帝企鹅，这些过去只在书本上、电视、电影中看到的名字，就要成为眼前的所见、亲身的经历时，那份好奇，那份兴奋，让我们中被大家称为汪大哥的老摄影家一直在问同行的、在中国驻智利领馆工作的许可祝：如果真是火地岛，那太不容易了。直到地图高手张丽萍把手机上的 Google 地图展现在他眼前时，他还是那句话：如果是火地岛，那真的是太不容易了，太不容易了！可见梦想成真时的难以置信。

下了飞机，两辆面包车带着我们去看帝企鹅。

最先闯入我们眼前的不是帝企鹅，是大天鹅，它们一对对的在海水与淡水交汇的潟湖中“拍拖”。可惜风太大，我们无法揣住相机拍下它们那相亲相爱的画面。

接着是驼羊，这回轮到我不信了。我问司机：是野生的？司机说：是！我还接着问：是野生的？一群一群的它们，在大风中吃着、玩着。我们和它们的距离如同在动物园里一样近。

火地岛上帝企鹅的伙伴驼羊

黄金之旅

淘金人留了下来

火地岛上的这样两块牌子让我们也拍下来了，因为这可是网上找不到的记载。牌子是这样写的：

> 黄金之旅
>
> 沿着麦哲伦海峡走 115 千米，欣赏海峡美景，参观麦哲伦金矿。
>
> 1881 年，火地岛发现金矿，吸引了大批智利籍和南斯拉夫籍劳工开始来这里淘金。虽然 19 世纪末（淘了没多长时间）金矿淘完了，但这些移民没有离开，而是留在这里开荒定居。

火地岛上帝企鹅的伙伴火烈鸟（摄影/汪永基）

再次让我们兴奋的是眼前火红火红的火烈鸟和翅膀上镶嵌斑驳的大雁。它们即使站着也很优雅，哪怕在飞翔中也保持悠闲的姿势、神态，真美。

火地岛上风中的树

火地岛上的原住民

夏天的火地岛地上虽然没有雪，但风之大，天气变化之无常，让我们在6小时之内，领略了大风、急雨、小雪和子弹般的雹子。特别是那雹子，砸得我在从帝企鹅生活的海边回到休息的小屋里后，差不多10分钟之内只会说一句话：砸死我了！砸死我了！

风好大（摄影/张丽萍）

走近帝企鹅时，我再次不敢相信眼前的就是帝企鹅。向往太久了，好奇心太久了。当时风大的我们几乎站不稳，可风中的它们怎么就站得那么稳？后来知道，这是企鹅爸爸妈妈们在孵化它们的孩子。为了孩子，它们能这么不顾一切。

走近帝企鹅

帝企鹅（学名：*Aptenodytes forsteri*）：也称皇帝企鹅，是企鹅家族中个体最大的物种，一般身高在90厘米以上，最大可达到120厘米，体重可达50千克。

帝企鹅的形态特征是脖子底下有一片橙黄色羽毛，向下逐渐变淡，耳朵后部最深。全身色泽协调。颈部为淡黄色，耳朵的羽毛为鲜黄橘色，腹部为乳白色，背部及鳍状肢则是黑色，鸟喙的下方是鲜橘色。

帝企鹅在南极严寒的冬季冰上繁殖后代，雌帝企鹅每次产 1 枚蛋，雄帝企鹅孵蛋。雄帝企鹅双腿和腹部下方之间有一块布满血管的紫色皮肤的育儿袋，能让蛋在环境温度达零下 40 摄氏度的低温中保持在舒适的 36 摄氏度。

害羞，害羞（摄影/点睛）

南极企鹅具有适应低温的特殊形态结构和特异生理功能。企鹅身披一层羽毛，仔细看这一层羽毛可以分为内外两层，外层为细长的管状结构；内层为纤细的绒毛。它们都是良好的绝缘组织，对外能防止冷空气侵入，对内能阻止热量散失。绒毛层能吸收并贮存微弱的红外线的能量，作为维持体温、抗御风寒之用。

企鹅经常站在寒冷的冰面和雪地上，而企鹅的脚不会冻，完全归功于企鹅精巧的生理构造，企鹅腿部的动脉能够依照脚部温度调节血液流动，让脚部获得足够的血液，进而让脚部温度比冻结点高出几摄氏度。

企鹅体内厚厚的脂肪层有 3～4 厘米，特别是那些大腹便便的帝企鹅，脂肪更厚，脂肪层是企鹅活动、保持体温和抵抗寒冷的主要能源。企鹅怀卵和孵蛋时，不吃不喝，就是靠消耗自己的脂肪层来维持生命。雄帝企鹅孵蛋时，脂肪层消耗约 90%。

遛遛去（摄影/点睛）

南极企鹅喜欢群栖，一群有几百只、几千只、上万只，最多者甚至达 10 万～20 多万只。在南极大陆的冰架上，或在南极周围海面的海冰和浮冰上，经常可以看到成群结队的企鹅聚集的盛况。有时，它们排着整齐的队伍，面朝一个方向齐步走，好像一支训练有素的仪仗队，在等待和欢迎远方的来客；有时它们排成距离、间隔相等的方队，如同团体操表演的运动员，阵势十分整齐壮观。

2016 年 12 月　南极的帝企鹅和它们的孩子们（摄影/梁波）

喜好群居的帝企鹅，无论是觅食和筑巢都聚集成群体。在恶劣天气里企鹅们挤在一起互相保护。全年大部分时间都活跃在筑巢区和海洋的觅食区之间。1—3 月，帝企鹅扩散到海洋，旅游和觅食。据估计，目前至少有 25 万只帝企鹅，分布在多达 40 个独立的南极地区。

帝企鹅游泳速度为每小时 6～9 千米，甚至可以实现高达每小时 19 千米的短距离飞速。要潜到约 50 米的海面下，在那里可以很容易地发现冰海中的鲜鱼，在海洋表面逆流而行。然后，再次潜水和浮出水面呼吸，重复上述步骤。它们还可以在冰的裂缝中吹泡，将隐藏的鱼逼出来。

帝企鹅的天敌主要有海豹、虎鲸等。

在南极的夏季，帝企鹅主要生活在海上，它们在水中捕食、游泳、嬉戏，一方面把身体锻炼得棒棒的；另一方面吃饱喝足，养精蓄锐，迎接冬季繁殖季节的到来。在冬季，帝企鹅每天都有外出“放风”的机会，它们会趁机活动活动筋骨。

我在火地岛上被雹子砸得嗷嗷叫时，我身旁那一大群直直的、站在风中的、正在孵化自己孩子的帝企鹅，却岿然不动。

不过，岛上给我们开车的司机说，过去 5—9 月地上都是白的，现在只有 7—9 月还有雪，甚至只有 9 月才有雪，可见气候变化对全球，甚至“不毛之地”的影响之大。

智利火地岛上的人居环境

火地岛的荒野

离开火地岛，让我们再次感到新鲜的是，上飞机不用安检。机场工作人员的回答是：“你们来时检查过了。”

这么简单的8个字，细想想，能想到的有很多、很多。

四、麦哲伦企鹅岛

2017年1月11日我们的船乘风破浪向生活着麦哲伦企鹅的小岛开去时，浪很大，我问一位在船上给我们介绍企鹅岛的船员：可以到船尾拍照吗？他马上回答：可以，就是别跳下去。

我说：试试吧，要是太激动也没准儿。他马上说：那别今天吧。南美人的幽默是随时随地的。

船靠近企鹅岛时，岛上一群一群的企鹅，走的走，跳的跳，叫的叫，那个“闹”就别提了。还有那像是给大海和企鹅岛之间拉了一道幕布的鸟儿们，一线线、一片片、一团团地飞舞在空中，在海上。

手机、相机、录像机，转换着拍、拍、拍，录、录、录，把我忙得不亦乐乎，以至大家都下船了，我还在船尾折腾呢！

互相提醒：浪来了

那个让我要是跳海别今天跳的船员发现了我，惊讶地尖叫：你不下去？

下了船，我匆匆冲向企鹅和海鸟的家。后面还传来那位船员的嘱咐：一个地方别停留太久，好看的多着呢！

麦哲伦企鹅是群居性动物，经常栖息在一些近海的小岛，它们尤其喜爱选择茂密的草丛或灌木丛做窝，以躲避鸟类天敌的捕杀。此外，在某些气候较为干燥、植被并不茂盛的地带，如果地质较为松软，麦哲伦企鹅也会挖洞做窝。

麦哲伦企鹅可直接饮用海水，并通过体腺将海水中的盐分排出体外。在捕食上它们没有特殊的偏好，捕食鱼、虾和甲壳类动物。

在饲养小企鹅期间，除了猎物严重匮乏的马尔维纳斯群岛附近，成年企鹅的捕食会非常规律地每天进行一次，在白天进行。麦哲伦企鹅一般潜水不超过 50 米，少数情况下，也偶尔达到 100 米的深度。

冬季，它们会扩大捕食范围，向北可到达巴西海域。

爸爸妈妈当着孩子的面就亲嘴！（摄影/点睛）

我们此次南极行，自称点睛的朋友李勇一路上专门有个大包是装他的大“家伙”的。他拍的片子和我的小单反自然不是一个数量级。汪大哥退休前是新华社摄影部高级记者，“家伙”不大，可专业素质在那儿摆着呢。所以，一路上为了让朋友们更好地看到南极，看到南极的企鹅真多样，看到的野生动物更好玩，我发朋友圈的照片用了不少他俩的佳作。

亲不够（摄影/点睛）

智利麦哲伦南极大区马格达莱纳企鹅岛，是麦哲伦小企鹅换毛成长的地方。

当然，这些注释是我的演绎，或许它们就是母子之间的亲昵和喂食呢。对于我们来说，在岛上的时间有多长也是待不够的。如果时间再长点，还不知能拍到多少企鹅们相亲相爱的、好玩的、有意思的照片呢。企鹅相互之间的亲昵动作太多了。有些企鹅估计也和我们人似的，人来疯。

科学家们研究发现，企鹅对伴侣忠贞，每年经长时间分开迁徙后，仍会回到伴侣身边。麦哲伦企鹅的寿命一般为 25 年。

每年的 9 月，成年麦哲伦企鹅便开始着手做窝，大约经历 1 个月，雌企鹅在 10 月中旬开始产蛋，一般每窝会有两枚，前后间隔 4 天产下，每枚蛋在 125 克左右。

麦哲伦企鹅孵化期一般为 39～42 天，最初由雌企鹅进行孵化，雄企鹅会离开繁殖区到 500 千米外的海域觅食，大概经历 15 天的时间，雄企鹅返回接替雌企鹅，改由雌企鹅外出觅食。这样交替进行直至小企鹅出壳。

如果两枚蛋都孵化成功，企鹅夫妇往往会优先饲养首先出世的那只小企鹅，一般后出生的小企鹅死亡率比较高。当然，在食物充足的情况下，两只小企鹅都健康成活的可能性也相当大。

一般每对企鹅夫妇饲养小企鹅的平均成活率会在 1.0‰～1.6‰，但是在某些食物非常匮乏的地区，如马尔维纳斯群岛附近，这个成活率仅为 0.5‰左右。而且在丧失小企鹅之后，在当年，企鹅夫妇也不会再次产蛋孵化。

小企鹅出生后需要每天进食。此时企鹅父母会每天轮流到 30 千米以外的海域进行捕食，早出晚归，共计 1 个月的时间。

1 个月以后，小企鹅已经长出了部分羽毛，此时它们可以偶尔到窝外活动。在这个阶段，它们的样貌和成年企鹅有显著不同，身体上部为棕灰色，下部为乳白色。

此时它们一般仅在窝附近的草丛中活动，以躲避天敌并抵御严寒，因此它们不能像帝企鹅等其他企鹅一样，形成由很多小企鹅聚在一起的“托儿所”。

草丛能够在一定程度上帮助小企鹅抵御大风、严寒等多种恶劣天气，但对于某些地区的暴雨、洪水等，草丛也没有用处。不过小企鹅水性很好，很少有溺亡的现象，只是它们的身体很难抵御潮湿和寒冷。

本来，小企鹅全身的羽毛有一定的防水保温的能力，尤其在干燥季节能够保证体内的水分不会丧失，但它的羽毛却没有成年企鹅那么好的防水能力。在暴雨、洪水等来临时，它们对外部的潮湿寒冷却往往无能为力，体温下降很快，很容易死亡。同时，生活在草丛中，它们的身体也容易生长很多寄生虫。

它们拉着手给我们找吃的去了

再吃一口吧

别抢，都有你们吃的

出门前先讲讲注意事项，心思已经不在这了

出来吧，外面可亮了（摄影/汪永基）

根据食物状况的不同，小企鹅长到羽翼丰满需要 9～17 周的时间，此时小企鹅的样貌会更接近成年企鹅，只是羽毛还是略显灰色，而且没有成年企鹅身上的明显的白色带状羽毛。此时，小企鹅平均体重在 3.3 千克左右，但在个别地区，如马尔维纳斯群岛附近，由于食物的缺乏，小企鹅平均体重仅有 2.7 千克。一般体重低于 3 千克很难存活，目前马尔维纳斯群岛上的小企鹅存活率仅有 20%左右。

要开会？

那天，从我们一上岛，麦哲伦企鹅的叫声就此起彼伏。我们听不懂不同的叫声都是什么意思，但那急的、缓的、拉着长声的、深远悠扬的，还是能让人有不同的想象。

在麦哲伦企鹅岛时，对于我这个曾经的广播记者来说，录音笔是一直开着的，手机的小视频是一直录着的，就等着有了信号后发出去。我知道，这些来自南极大区、来自大自然、来自企鹅歌喉的“音乐”和“歌声”，远方的朋友也会感兴趣，也会喜欢，也会有身临其境之感。

据统计，麦哲伦企鹅的总数量在 180 万对，主要分布在智利、阿根廷和马尔维纳斯群岛三处，其中马尔维纳斯群岛附近约有 10 万对，阿根廷有 90 万对，智利有 80 万对。目前，它们的生存面临多种威胁。在今天的世界自然保护联盟濒危物种红色名录中，麦哲伦企鹅的保护现状为近危。

20 世纪 80 年代和 90 年代，马尔维纳斯群岛的麦哲伦企鹅数量下降速度非常快。给麦哲伦企鹅带来威胁的主要是它们生活的家园商业捕鱼活动大发展。到 2002 年，马尔维纳斯群岛麦哲伦企鹅的数量已减至 90 年代初的 20%，而且总量仍在下降。但是在南美洲其他限制商业捕鱼的智利和阿根廷海域，麦哲伦企鹅数量下降的状况则要好很多。

商业捕鱼使马尔维纳斯群岛附近的鱼资源大量减少，麦哲伦企鹅的捕食非常困难，在智利和阿根廷，成年麦哲伦企鹅在饲养小企鹅期间，每天出海捕食的时间为 16～18 小时，在马尔维纳斯群岛，如果想获取相同数量的食物，这个时间则要达到 35 小时。

目前，在马尔维纳斯群岛的麦哲伦企鹅的栖息地，80%～90%的草丛都在闲置，麦哲伦企鹅可以毫不费力地找到合适的栖息地，甚至在那里可以直接找到很多闲置巢穴，因主人已经死亡或已经搬迁至他处。

在智利，像我们去的马格达莱纳岛（Magdalena），麦哲伦企鹅则遍地都是，它们的巢穴遍布草丛之中，甚至那些不适于坐窝的地方都被占据，直接将窝建在地面上。

麦哲伦企鹅也存在不少的天敌，在海里的主要天敌有海狮、海豹和逆戟鲸。小企鹅和企鹅蛋也会面对一些鸟类天敌，如海鸥和贼鸥，如果在草丛中建窝，这种威胁则会小很多。

此外，由于在智利、阿根廷和马尔维纳斯群岛海域，海上油田众多，原油泄漏事件时有发生。

网上有消息说：1998 年，在马尔维纳斯群岛附近一处油田勘测中，5 个月内共发生了 3 次原油泄漏，直接造成数百只麦哲伦企鹅死亡。在一些油船航线上，由于油船的压舱物普遍采用海水，这些海水进入船体后不可避免地要受到原油的污染，然后又被直接排放到海中，这在一定程度上也威胁着麦哲伦企鹅的生存环境。

据科学家统计，仅在阿根廷海域，每年因原油污染影响到的麦哲伦企鹅数量高达 4 万只。

身强体壮（摄影/汪永基）

本来我们还要再去一个海豚岛，可是麦哲伦海峡的风浪太大了，一船的人晕的晕，吐的吐。我们同行的人有的晕得站在船外任凭风吹浪打，浑身湿透也不敢进船舱。这么大的风浪我们无法再上岛了，只好返程。

我虽然也被晃得晕头转向，可站在来时船员不让我跳海的船尾拍“开了锅”的大海，也是一种精力分散吧。

就在我晃着、拍着时，浪里一头蓝白色的小鲸鱼翻滚着出现在船边的浪里，太漂亮了，这头蓝色的小鲸鱼在大浪里追着我们的船游了好一阵子。

可是，风太大了，浪太急了，我的手根本就无法拿出相机，只有把那浪里的精灵记在了心里，并感叹，它们能在如此波澜壮阔的大海中生存，是勇敢，是享受，还是不容易？

离开企鹅岛，望着带我们乘风破浪的那艘船重新驶向大海，越来越远……我知道，在我的心里从此以后又多了一份牵挂。

五、智利南极大区及南极洲的冰川

南极洲相当于中国和印巴次大陆面积的总和，居世界各洲第五位。

整个南极大陆被一个巨大的冰盖所覆盖，平均海拔为 2 350 米。

我们此次的南极之旅，所到的除南极中国长城站、俄罗斯站、智利站是在南极大陆上以外，其他都是在智利南极大区。

不过，我们从纳塔雷港上船进入冰川后，苹果手机拍出的照片显示的地域是智利麦哲伦南极大区及南极洲。

地球上的冰川自两极到赤道带的高山都有分布，大约覆盖了地球陆地面积的 11%，约占地球上淡水总量的 69%。

据估计，全世界存在多达 70 000～200 000 个冰川。现代冰川面积的 97%、冰量的 99%为南极大陆和格陵兰两大冰盖所占有，特别是南极大陆冰盖面积达到 1 398 万平方千米（包括冰架），最大冰厚度超过 4 000 米。

智利灰冰川、南巴塔哥尼亚冰川原位于智利和阿根廷境内，有数个壮观的大冰川，其中之一就位于智利的百内（Torres del Paine）国家公园，起源于巴塔哥尼亚安第斯山脉，一直绵延向西分成三支至灰湖。

2017 年 1 月的南极之旅，去南极长城站我们是坐飞机前往的，省去了乘船去时海上的颠簸和晕船。进智利南极大区及南极洲的冰川，则是乘坐 Skorpio 邮轮三号。同行的 71 个人来自 9 个国家。

这艘能坐 90 多人的船是这个航线的唯一船只。康斯坦迪诺船长出生于渔民世家，在打鱼时中发现了这条航线的壮美和奇异，也发现了这里的需求与商机。于是就有了 Skorpio 邮轮一号、Skorpio 邮轮二号、Skorpio 邮轮三号。未来的四号他们希望在中国寻找卖家。

2017 年 1 月 14 日，我们一上船，Skorpio 的新闻发言人菲力普就向我们介绍了日程：3 天的时间里，我们每天都有几次换乘冲锋艇和破冰船的机会，可以近距离接触冰川。第一天，仅上午就会出去 3 次，每一次回来，会有喝茶和暖和的时间。介绍时，菲力普诙谐地说，就是没有午休时间了。

穿过冰“相框”看我们的 Skorpio 邮轮（摄影/点睛）

我们是前一天晚上就住在船上的。第二天一大早睁开眼睛，船窗外已能看见让我们梦寐以求的蓝得晶莹剔透的冰川了。而真正靠近冰川，是穿上救生衣，坐了一会儿冲锋艇，再由船员搭上梯子，才走进的。

由 Skorpio 邮轮三号提供，西班牙语翻译人员余霞姐翻译的关于我们走近的第一条冰川的信息是这样的：当船航行到峡湾的时候，我们会看到一些冰川，其中包括阿尔西纳冰川。当到达冰川边上的时候，Skorpio 的船手会通过一个小海峡开进一个港湾。在港湾里，我们可以看到这些威风凛凛的冰川向我们展示它的裂痕。如果足够幸运，我们可以看到冰川的坍塌。

当船手熄灭马达之后，我们可以听到浸没在水里的冰川发出的叮当声。这些声响是冰川内的冰块发出的。

大自然摆出了自己的作品

船上的新闻发言人菲力普告诉我们：阿尔西纳冰川，长 21 千米，宽 2.7 千米，高 80 米。

我们走进这一冰川前，最先看到的是那些散落在冰川前的冰雕。它们对我们来说是奇形怪状，着实让我们兴奋地拍了好半天。大自然有鬼斧有神工，在这样的冰川前，这样的形容应该不过分。

第一次见到极地冰川的人，不激动得大喊大叫“美！美死了的”少。我们此行的人也不例外。冰川前下着小雨，虽然因为降雨和气候变化让冰川随时有可能局部轰然坍塌，我们不能太靠近冰川，但冰川给我们带来的震撼，让再矜持的成年人也会有如同孩童般的激动。

菲力普说：因为上万年前冰川产生的时候压力极高，因而冰中含氧量低，所以颜色特别蓝，让人看了不敢相信自己的眼睛。

冰雕

美国“连线”网站 2009 年 9 月的报道则说：对于地质学家来说，冰川是地球最令人激动的地质特征之一。尽管冰川的移动速度很慢，但是从地质年代上来说，冰川是快速、有力的地貌艺术家，仅仅用几千年的时间就雕刻出了山谷和峡湾。

在南美洲的最南端，安第斯山脉和百内山系之间，跨越智利和阿根廷两国，Campo De Hielo Sur 是世界上现存最大的冰川之一。有人说，这也是世界上最美丽的冰川。

1 月 14 日我们所到的冰川，余霞姐的翻译信息还有这样的介绍：阿米利亚冰川（Glaciar Amalia）位于南冰原的中心地带。它绵长的侧影仿佛披挂于整个山脉，这是此地最令人惊叹的景象。它的冰塔与瑰丽多变的颜色也令每一个看到它的人都激动不已。

此冰川是世界上第三大淡水储备冰原——南部冰原的一部分。阿米利亚冰川宽度大约为 2.7 千米，高 80 米。在这个大自然雕砌的天堂之中，邮轮首先会开到冰川的前面，紧接着会从冰川的南部开向冰川的北部。走近者可以尽情地欣赏这蓝色的冰的世界。此冰川在科考史上有着巨大的意义。

2009 年我到过阿根廷一侧的大冰川，虽然也看到了冰塌的“壮观”，但那儿冰川之大，一眼望不到边，是我觉得最激动人心的。

而今天眼前的这些冰川，我们看到的不是望不到边，而是它们的细节。是它们的“伸胳膊伸腿”，是大自然的精雕细琢。

远看冰“海豚”

再近一点

在船上时，发言人菲力普向我们重点强调的一个是冰川的形成，另一个是全球气候变化对冰川的影响。

菲力普说：我们此行主要目的就是看冰川。看冰川之前我们要知道冰川是怎么形成的，是什么样的一个状态。还有，就是要看看现在的环境、社会及人类给冰川造成的影响。

菲力普对我们所看到的冰川形成经过的描绘，经西班牙语翻译任重翻译后是这样的：冰川形成最基本的一个因素是雪，我们大部分人都见过雪，雪跟棉花一样很软，雪会堆积，当它堆积到50米厚时就会越来越实，越来越有分量，这样就开始往下走了。

这个形成的过程中还会遇到雨或者一些水的因素。当雪遇到水之后再遇到冷空气，它会形成什么呢？它会越来越硬，冻结速度会越来越快。这个时候冰所体现的形式是非常大的，并有往下走的重量和压力。这样的冰形成后像玻璃一样，玻璃遇到压力会碎，冰遇到压力也会碎，所以冰就被压成四分五裂的状态。

菲力普说：我们看冰川的时候，会发现冰川并不是一个整体，它有很多分解、分裂的地方，不是一种完完全全、光光滑滑的状态。它跟水接触形成整个冰川的状态之前，就是一片片雪花从天上飘落。雪花到冰川的过程，大概持续多久呢？80 年。

菲力普说：我们看到的冰川也并不如我们想象的那么洁白。为什么呢？因为冰川的下面是土和一些小碎石组成的冰床。

这一点我在我们中国的长江源姜古迪如冰川前已经领教过了。那是 1998 年，我们走向长江源时，我让随行的记者们在我的话筒前说一下他们想象中的、即将看到的姜古迪如冰川是什么样子。好几位记者想象中的冰川都是洁白的，最初的江水是清澈的。可我们看到的由土和碎石共同“雕塑”出的长江源的姜古迪如冰川及最初的江水，既不洁白，也不清澈，是有土和碎石的痕迹的。

菲力普说：一般来讲，冰川最后延伸的部分都是和水接触的。水会流动，或者会有冲击的力量，水冲击冰川得到什么结果？冰川的掉落。假如有人想在冰川上面行走，那可不是一件很简单的事，必须有设备。

菲力普说：冰川本身不是平的，随着时间的推进，冰川还在逐渐地分裂，形成一个个缝隙，有些缝隙看不到底，最宽的距离我们观察并测量过，大概有 30 米。有些缝隙甚至外面只是被一层薄冰所覆盖，这样的冰川如同陷阱一般。

2017 年 1 月 14 日，在智利南极大区及南极洲内，我们穿行在冰川中。一会儿乘坐冲锋舟近距离走到了冰川前，一会儿直接触摸到千姿百态的冰川，雨水打湿了我们的脸，但即使睁眼都费力，也要用各种方式把冰川留住，在眼里，在心里，在镜头中……我们在冰川前的激情，熊熊地燃烧着每一个站在冰川前、走进冰川中的我们。

不知这里有多少“陷阱”

冰塌，是靠近冰川时，站在冰川前很让人激动的时刻。因为动静太大了，无论是视觉还是听觉，都有很强大的刺激。

菲力普说：这对冰川

来说可不是什么好事。在过去的地质时代，冰川随大自然气候周期变化而移动、变迁。今天，全世界一些冰川正在消融，而全球变暖加剧了这一趋势。

在美国蒙大拿州冰川国家公园，1850 年时有 150 座冰川，如今只剩下 26 座。据估计，如果当前的全球变暖趋势延续下去，仅存的 26 座冰川将会在 2030 年时全部消失。

我于 1999 年和 2013 年两次到过美国阿拉斯加的“出口”冰川。其消融的程度真的让人很难相信眼前的现实。

1999 年的“出口”冰川

2013 年的“出口”冰川

2013 年拿着 15 年前拍摄的照片对比

1996 年，智利灰冰川的面积能够达到 269 平方千米。到了 2007 年，国际空间站宇航员拍摄的照片显示，冰川面积大幅缩小了。

科学家认为，当地温度升高、降水减少，一方面，导致冰川分解成许多自由流动的大冰块；另一方面，又没有足够的冰雪进行补充，这就使得冰川面积大幅缩小。

菲力普告诉我们：由于全球气温的变化，这个冰川不久便会完全坍塌。如果我们保护好地球，防止全球变暖，或许我们的子孙还能像我们一样有幸见识到大自然的鬼斧神工。

2017 年 1 月 14 日我们看到的冰川还有一座叫贝勒纳而冰川。它也是一位即将灭绝的“巨人”，菲力普说。

Skorpio 邮轮三号提供，余霞姐翻译的信息是：贝勒纳而冰川的冰舌并没有在海里，而是位于岩石上。它现在高 600 米，宽 500 米，长 11 千米。

在贝勒纳而冰川融化的过程中，形成了一个小池塘。在这儿，作为一名真正的探险者，我们会和游客一起上岸探索这座冰川。

遗憾的是，我们往那儿走时，雨一直没停，小池塘前的路被水淹了。以致我们只有穿越密林走向冰川的经历，少了抚摸它时的快感。

冰川前的小池塘“长大”了

不过，远远望去的冰川像在迷雾中，那么神秘……

又由于池塘底部冰川的沉淀物和砂石，让这小池塘呈现出一种绿松石的颜色。这就让神秘又增加了几分。

站在冰川前，如同进入了一个户外的大课堂。沿着冰川走，切身感受到冰川的形成和融化。冰川的塌和随之而来的“海哮”，虽然是我们想拍到的震撼的画面，但从现实来看，这样的场景，带来的可就是冰川的消融，淡水资源的减少。

在我们所到的冰川中，还有一座叫 Reclus 的火山。由于此火山独特的地理位置和状态，它成了火山学的一个未解之谜。

火山中的冰川

冰川中的火山岩

1 月 14 日下午，我们乘破冰船在雨中走进了布鲁赫冰川群（Glaciar El Brujo）。

什么叫破冰船？它是用压力来破冰的，而不是释放一些化学药品来破冰。菲力普提醒我们：这个过程船不会很稳，一定要扶好了，以免不必要的伤害。

在布鲁赫冰川群，坐在破冰船上的我们，看到的冰川有 6～7 座，此外还有一座叫菲尔兰妮斯的冰川，也是在破冰船上看到的。

天一直在下雨，冰川在阴雨中灰灰的。而冰川前浮冰多得让我们知道了为什么要乘破冰船才能进入这片冰川群。

我们的破冰船行至这片冰川群时，置身于破冰船上的我，一刻也不敢放下手中的相机。因为，下一分钟你也不知道又会漂来什么样的冰的造型、什么颜色的浮冰。所以，相机、手机、摄像机一个也不能少，不停地拍、拍、拍。

晴天中的冰川群（Skorpio 邮轮三号提供）

越来越多的浮冰

与冰同行

冰川群前

虽然我们也在盼着天晴，可又陶醉于这云蒙蒙、冰蒙蒙的神秘之中。晴了天的冰川，还有这么迷人吗？

在这一大片冰川群中，船员为船上的每一个人准备了一个装有一块冰的杯子。递上后，他会往有冰的杯子里倒上香槟，共同庆祝我们能一起在地球上这一独具特色的大自然前相聚。

Skorpio 邮轮还停在了一个瀑布的前面，船上的摄影师为船上的每一个人拍了一张冰川群旁大瀑布前的家庭照、情侣照、俊男靓女照。这也算是 Skorpio 送给每一位勇闯冰川、热爱大自然的人的礼物吧。

冰川瀑布前

大家排队拍照时，在一旁的菲力普也没闲着。他拿过我们每个人的相机、手机帮忙拍下那一瞬间。摄影师拍的照片是要花钱买的，而菲力普帮着照的，在我们自己的相机里、手机里的那一刻，则成为冰川前不花钱的纪念。Skorpio 邮轮的服务真的很周到，甚至出乎意料。

雨中的冰川、浮冰、冰川前的破冰船、香槟酒、瀑布……这些都让人久久地、久久地不愿说再见。

没有冷、没有雨、没有雪哪有冰川？这是 Skorpio 邮轮老船长说的。可这冷中，这冰川前，还有那么多动物、植物，如果不是亲眼所见，是想象不到的。明天，我们就一起好好地看看冰川前的这些生灵吧！

六、南极冰川前的动植物

整个南极大陆被一个巨大的冰盖所覆盖。不过，千万别以为冷就只有冰天雪地。南极动物截至 2009 年共发现约 150 种，包括我们看到的那么多不同模样的企鹅。

2017 年 1 月 14 日、15 日，在智利麦哲伦南极大区南极洲内，我们穿行在雨中蓝蓝的冰川群中。

就在我们坐冲锋艇去了两趟冰川回到船上暖和时，一刻也不想放弃在冰川前拍照而仍在甲板上的人闹起了一阵小骚动。

原来，一个躺满了海狮的海中礁石出现在我们眼前。这群趴着的、爬着的海狮，在礁石上那叫一个舒服，那叫一个欢实，让我们一船的人不顾还穿着刚刚在冰川前湿透的衣服，还有冻得冰凉的手脚，冲出屋子，跑上甲板，再次拿起相机，美嗒嗒地拍开了。

一通“扫射”后，船继续前行，躺着海狮的礁石慢慢地、慢慢地看不见了。

站在甲板上，我沉浸在镜头里拍到了冰川旁、礁石上那一堆海狮的兴奋中。在冰川前拍野生动物，和在陆地上、在森林里拍它们时的感觉是不一样的。深爱大自然的人和满足于到此一游的人，看到野生动物时的心情，应该也是不一样的吧。

冰川前，海狮看不见了，人们又回到了船舱，雨还在下，风还在刮，船还继续在冰水中前行。在大自然面前永远看也看不够的我，留在了甲板上，继续感悟眼前大自然的自然。

海狮的日常生活

突然，眼前的海水里又有了动静。我屏住呼吸，把镜头瞄准了那里。

这一动静来得太突然，激动得我来不及把相机调到连拍，只是一个劲儿地按快门，直到我的视线里再也没有了它们。

船边的海豚

我兴奋地问旁边的人：拍到了吗？拍到了吗？

有的人说：哎呀，相机刚刚在冰川前淋了雨，关键时怎么也按不动了；有的人说：手机镜头“打”不远，反应没那么快，拍不到呀！

船长室里挂着的海豚图

这次，我的反应和相机都跟上了趟儿，把正在南极海冰中几次冲出水面并排的、前后脚嬉浪的海豚记录在了我的相机中，成了载有 71 位探险者的 Skorpio 三号邮轮上唯一拍到海豚的幸运者。

对于我这个业余生态摄影爱好者来说，平时觉得索尼 6300 相机还行。可真拍野生动物的生活，特别是在冰川前，在雨中拍南极海中狂游着的海豚时，我的相机就显得太不够用了。以至于在甲板上时，我并不能十分肯定我拍到的就是海豚。

举着相机，我冲进了驾驶舱，会讲英文的船上新闻发言人菲力普指着驾驶舱墙上的照片告诉我：“你拍到的是生活在南极的海豚。”

拍到海豚，吃中饭前，我听到船上一帮同行的美国人在传递着这样一个信息：刚才有人拍到海豚了！刚才船上有人拍到海豚了……

碰到有人在说这些时，我会立刻把相机里拍到的海豚找出来，放大，一通“显摆”，与同行人一起看一群海豚跳着浪花与我们的船“并肩”逐浪同行。那一刻，我陶醉在能与人一起分享拍到了海豚的快乐中。

比翼（摄影/汪永基）

南极，四周濒临太平洋、印度洋和大西洋。

南极界包括南极大陆及附近岛屿，位于南纬 50 度到 60 度以南，世界陆栖动物区划中面积最小的一界。此界气候酷寒，常有狂风暴雪，有“世界风极”之称。

我们在那儿时，风大倒没吓着我们，雨密却让我们感受到了冰川与气候的关系。不过，生活在船上的船长妈妈说：我先生生前曾说过，没有南极的雨，哪有冰川呀。

南极界缺少陆栖脊椎动物，只有一些生活于海洋但也见于海岸的种类，种类组成贫乏。哺乳动物中以海豹为主，如象海豹、豹形海豹及海狮等。

南极水中有磷虾、海藻、珊瑚、海星、海绵、鲸、海豚和各种鱼类，陆上有海鸟、海豹、海狗、海狮。

海豹是哺乳动物。有一层厚的皮下脂肪保暖，并提供食物储备，产生浮力。海狮、海象是海豹的近亲。

海豹主要分布在寒冷的两极海域，南极海豹生活在南极冰原。

北极地区的海豹种类（7 种）比南极（4 种）的要多一些。

搂着

在智利南极大区及南极洲时，除了在火地岛和麦哲伦岛上看到的大群大群的企鹅，海狮差不多是我们此行见到的最多的野生动物。而企鹅和海狮各自相互间的亲昵，动作的花样翻新，真的让我们看也看不够。搂着、亲着、背着、抱着，它们能做出的花样真的别提有多少了。

看到这群海狮时，那么多的它们挤在一条岩石缝里。为什么？暖和？亲不够？哺乳？

大自然中的新鲜事，对我们人来说是好玩，是有意思，对它们来说，一定是有意图，有目的。那一刻，真想与它们沟通，问一问。

记得2011年我在秘鲁的亚马孙河里观察亚马孙河豚时，船上的生物学家就能分出水中的亚马孙河豚是在赶路，是在吃食，还是在玩耍。

那次，在3小时里，我们见到的亚马孙河豚数到了60多头。全世界一共有5种淡水豚，除了亚马孙河豚，还有恒河豚、红河豚，在印度和巴基斯坦。再有就是生活在我们长江湖北宜昌到江苏江阴段的白鳍豚。

非常遗憾的是，2006年全世界6个国家的顶级海洋生态学家，在长江里找了38天，用了当时世界上最先进的观测仪器，却一头白鳍豚也没有找到。以至2007年，美国《科学》杂志上有文章断定：白鳍豚作为种群消失了。

海豹除产仔、休息和换毛季节需到冰上、沙滩或岩礁上之外，其余时间都在海中游泳、取食或嬉戏。繁殖期不集群，仔兽出生后，组成家庭群，哺乳期过后，家庭群结束。

海豹食量很大，一头60～70千克重的海豹，一天要吃7～8千克鱼。

海豹游泳的本领很强，速度可达每小时27千米，同时又善潜水，一般可潜100米左右，南极海域中的威德尔海豹则能持续43分钟潜到600多米的深海。

飞过冰川

海豹社会实行“一夫多妻”制。雄海豹拥有妻室的多少，在很大程度上是依据该海豹的体质状况而定的。

在发情期，雄海豹开始追逐雌海豹。战斗结束，胜利者便和母海豹一起下水，在水中交配，而其他海豹只能以失败而告终，继续去寻找属于自己的“妻子”。

它在等待谁，扑向谁（摄影/汪永基）

海豹育儿必须到陆上或冰上来。海豹的发情期在12月，妊娠时间为9个月，幼崽出生在次年11月初，平均每次生产一只小海豹。小海豹生长到4～6周时断奶。雌性、雄性海豹均2～4年性成熟。

南极鸟类已发现80多种，其中10余种是在南极洲繁殖的。最著名的为帝企鹅、南极企鹅等，还有黄蹼洋海燕、蓝眼鸬鹚、南极燕鸥等。

在螨类和无翅昆虫中，有一些极端耐寒的种类出现于海岸的一些避难地中。

在南极发现的鸟中，有36种海鸟在南极地区哺育后代，其中主要是企鹅、信天翁和海燕。这些鸟大部分终生生活在南极地区。

南极贼鸥的“贼性”从小已见端倪。它们通常会一次诞下两枚蛋，先孵出的占有绝对优势。它们从不会“孔融让梨”。

由于贼鸥鸟巢常筑在企鹅鸟巢附近，雏鸟的另一个威胁是误被企鹅踩死。不过，前几天我们在麦哲伦企鹅岛上看、拍麦哲伦企鹅时，它们之间的和平共处，让我们看到的可是一片祥和。

南极地区海洋飞鸟的种类稀少，但数量却相当可观，约有6 500万只，其中南极的信天翁类约有3 900万只；海燕有19种，约1 100万只。如果加上企鹅，海鸟总数更是多得惊人，约1.78亿只。

据世界著名海鸟学家估算，全世界的海鸟有10亿只之多，仅南极地区的海鸟就占世界海鸟总数的18%，因此，南极地区堪称飞鸟天地。

集体出洞（摄影/汪永基）

南极地区的海鸟主要以磷虾为食，也食用乌贼和鱼类等海洋生物，在南大洋海洋生态系统中起着重要作用。每年要消耗约 4 000 万吨海洋生物。由于鸟类在南极海洋食物链中起着重要作用，因此早已成为南极海洋生态系统研究的对象之一。

在南极大陆的绿洲和时有冰雪覆盖的露岩区，甚至在内陆离南极点只有几个纬度的岩石表面上，都有地衣的踪影。其形态各异，有的像金丝菊，有的像松针，有的像海石花……

石头上的地衣

冰川前的黄色

它们的叶面和躯干上长有黑色斑点，整枝有灰白色、褐色、古铜色等，棵枝大的有10～15厘米高，小的仅几毫米；其名称有叶状地衣、枝状地衣、壳状地衣等。地衣与藻类共生，是一种复合植物体。初次看到地衣的人，都以为它是一簇枯枝烂叶，当发现它的生命存在时，又无不感到惊奇。

花在礁石上

虽然地衣只是两种弱小生命的联合体，看上去实在相貌平平，但却具有极为顽强的生命力，有一块在大英博物馆里陈列了15年的地衣标本，偶尔沾了一点水之后，居然又生长了起来！而在实验室里，生物学家们惊奇地发现，即使在零下198摄氏度的超低温条件下，南极地衣也是能够照样生存的。因此，地衣恐怕是地球上最为耐寒的植物，也是地球上生长得最靠南的植物。

苔藓只有在地衣将岩石表面分解后，形成薄薄的土壤上才能生长。但苔藓也有惊人之处。在隆冬季节，它往往变得极其干燥而脆弱，一碰就碎。

南极藻类，广泛分布在绿洲的陆原地面、岩石表面、石缝、冰雪以及时令性溪流或水塘中。特别是企鹅栖息地流出的溪水中，由于含有丰富的氮、磷营养盐，可供藻类进行光合作用，同时经历一系列物理和化学变化，使藻类生长异常繁茂。

冰川前的树

在“百度”上我查到，南极植物区是世界植物地理区之一，包括南纬40度以南的美洲大陆西南以及一些岛屿。

本区植物种类成分贫乏，但特有现象显著。典型植物有羽毛果科、假山毛榉属、鸟毛蕨属以及很多南洋杉属植物等。

经植物学家考察，发现南极洲仅有 850 多种植物，且多数为低等植物，只有 3 种开花植物属于高等植物。在低等植物中，地衣有 350 多种，苔藓有 370 多种，藻类有 130 多种。

南极植物的品种和数量，不仅不能与其他大陆相比，就是同北极地区相比也相差甚远。北极地区虽然也是寒风凛冽，最低气温在零下 60 摄氏度以下，大部分地区属于永久冻土带。但是，北极生长的植物品种及数量都比南极洲多。仅开花植物就有 100 多种，地衣达 2 000 多种，苔藓 500 多种，南极洲还有一些地方完全没有植物。

冰海边如“街市”的瀑布

植被的颜色也是挺丰富的

2017 年 1 月 14 日、15 日，在冰川前，我们赶上的是雨、雨、雨。虽然雨淋雾起给冰川增加了神秘感，但没能拍到阳光下的冰川还是让我们遗憾。

有冰川的地方，有植物，就有鸟，这让沉寂的石头生机盎然。特别是它们涂绿的石头，真的让我们觉得好美，好养眼。

就在我们慢慢离开冰川时，辽阔的天空中，升起了彩虹。南半球的彩虹，我觉得紫色更加清晰，弧度离天际线更近。

彩虹之后的晚霞，更是让看到的朋友们惊呼有魔幻的感觉。

此次冰川行这神秘且辉煌的时刻，我因在船上参加船长举办的告别晚宴错过了。还好汪大哥溜了出去，记录了这一刻。

西餐，对我的中国胃来说一直是天然地拒绝。而在南极冰川的 Skorpio 三号邮轮上，我对每顿西餐竟然有了期待。清香扑鼻的海鲜汤，焦香的烤鱼，不重样的点心，荤的素的，香喷喷的南美大饺子，还有那么丰富多样的水果……

还有，破冰船航行在冰川前的那个特别节目，南极冰加香槟酒。一船的人，在同一时刻、同一地点，大冰川前，高举酒杯，一饮而尽。一辈子都不会忘记那一刻的心情！那一刻的快乐！那一刻的人与自然的和谐相处！

这就是我们此次在智利南极大区及南极洲乘 Skorpio 三号邮轮穿越冰川时的经历。

记者手记

汪永晨

真的不知为什么，在南极我摔了三跤。第一跤是上飞机悬梯时“亲吻”飞机；第二跤是刚一踏上南极大陆“亲吻”南极大地；第三跤是走向乔治王岛最早人类居住点教堂的路上“亲吻”上帝。这三跤无疑丰富了我南极之旅的经历。

在南半球的时候，每天晚上我会把白天看到的写下来发在朋友圈里，因为好多朋友说：“我们在跟你一起走南极。”有时，已经夜深人静了，已经凌晨 5 点多了，我肚子里、脑子里的话们，怎么就还能滚滚地往外冒？

大自然中的生灵是我们的朋友，大自然是我们的家园。在地球的最南端，在大自然的冰川前，我更深地体会着朋友，感慨着家园。而我拍到的它们，将会以手机中保存的照片和网上找到的有关知识一起，伴随在我今后的生活中。

被重新定义的汽车尾气治理

邬启斌[1]

摘　要：2016 年，被雾霾和口罩遮挡住的国人面庞，显得失落与无助。自雾霾概念被广泛认知后，找到雾霾来源以及解决雾霾之道，一直像雾霾中的大气能见度一样模糊不清。经历了环境保护部与中科院的“尾气雾霾贡献比例之争”和央视曝光尾气检测造假之后，2016 年，从政府到民间，无论是否认同尾气是雾霾的重要来源，都在治理尾气污染一定对雾霾减缓有作用上达成了共识。

关键词：大气污染　机动车污染防治　尾气排放　雾霾

如果说 2014 年和 2015 年是机动车尾气排放问题爆发的大年，那么，2016 年，可以称得上是开始针对问题提出解决方案的大年。而问题的解决，依靠的是法制的完善、政府加大管理力度和全社会思想意识的转变。

2016 年 1 月 1 日，新修订的《中华人民共和国大气污染防治法》（以下简称《大气法》）正式实施，这部代号为“中华人民共和国主席令第三十一号”的法律正式生效，代表着我国环保攻坚战从政府层面的帷幕正式拉开。

汽车尾气这一人类文明的副产品的治理，也从原本颇具争议，变为重要的治理对象之一。

---

①邬启斌，《中国汽车报》新媒体中心编辑。

2017年6月，环境保护部发布的《中国机动车环境管理年报（2017）》（以下简称年报）显示，机动车污染已成为我国空气污染的重要来源，是造成细颗粒物、光化学烟雾污染的重要原因，机动车污染防治的紧迫性日益凸显。

据年报统计，我国机动车保有量持续增长。2016年，全国机动车保有量达到2.95亿辆，比2015年增长8.1%，其中，新能源汽车保有量达到101.4万辆。纳入本年报统计的机动车包括汽车（微型客车、小型客车、中型客车、大型客车、微型货车、轻型货车、中型货车、重型货车）、低速汽车、摩托车，不含挂车、上路行驶的拖拉机等，总计27 560.8万辆。其中汽车18 435.8万辆，低速汽车881.0万辆，摩托车8 244.0万辆。

目前，汽车已占主导地位，其构成按车型分类，客车占88.4%，货车占11.6%；按燃料分类，汽油车占88.5%，柴油车占10.2%，燃气车占1.3%；按排放标准分类，国Ⅰ前标准的汽车占1.0%，国Ⅰ标准的汽车占5.4%，国Ⅱ标准的汽车占6.4%，国Ⅲ标准的汽车占24.3%，国Ⅳ标准的汽车占52.4%，国Ⅴ及以上标准的汽车占10.5%。

2016年，全国机动车排放污染物初步核算为4 472.5万吨，比2015年削减1.3%。其中，一氧化碳（CO）3 419.3万吨，碳氢化合物（HC）422.0万吨，氮氧化物（NO_x）577.8万吨，颗粒物（PM）53.4万吨。汽车是污染物排放总量的主要贡献者，其排放的CO和HC超过80%，NO_x和PM超过90%。

按车型分类，全国货车排放的NO_x和PM明显高于客车，其中重型货车是主要贡献者；而客车CO和HC排放量则明显高于货车。按燃料分类，全国柴油车排放的NO_x接近汽车排放总量的70%，PM超过90%；而汽油车CO和HC排放量则较高，CO超过汽车排放总量的80%，HC超过70%。按排放标准分类，国Ⅱ及以前汽车保有量占12.8%，但CO、HC、NO_x、PM排放占比分别达到60.7%、60.6%、43.6%、67.1%。

环境保护部大气环境管理司司长刘炳江说，监测表明，随着机动车保有量的快速增加，我国部分城市空气开始呈现出煤烟和机动车尾气复合污染的特点，直接影响群众健康。北京、天津、上海等15个城市大气细颗粒物（$PM_{2.5}$）源解析工作结果显示，本地排放源中移动源对细颗粒物浓度的贡献范围为13.5%～41.0%。

一、政府多层级加大治理力度　尾气治理从新车提标到在用车管理

长久以来，我国在机动车污染治理方面，以提高新车排放标准为主，同时在重点地区辅以高排放车辆限行措施。例如，2016 年 11 月 21 日，最新修订的《北京市空气重污染应急预案》发布，京津冀统一预警分级，北京发布空气重污染橙色及红色预警时，国Ⅰ、国Ⅱ排放标准轻型汽油车全市禁行。

更为持久的方式则是提升机动车新车排放标准。自 2000 年机动车国Ⅰ排放标准全国正式实施以来，我国机动车排放标准 16 年间快速升级，到 2016 年 4 月，我国东部 11 省已率先实施国Ⅴ标准。

这一过程中，我国仅用 10 余年时间便已追赶上欧洲几十年的升级路径。同时，这 10 余年中，也是我国汽车产销和保有量快速增长的时期。

排放标准升级的过程中，我国汽车产销呈现“井喷”式增长态势，可以说每一个排放标准阶段生产和销售的新车，数量均可以超过前两个阶段所生产销售汽车数量的总和，再加上汽车使用年限通常为 10～15 年，通过新车更替、旧车报废等手段，可以快速提升我国在用汽车排放水平。

然而，这一思路却在两个因素出现时变得并不完美。

第一个因素是标准升级速度超过汽车更替速度。也就是说，平均 3 年一更替的排放标准，导致符合新排放标准的新车还没有完全替代旧阶段排放标准的车辆时就已经进入市场，欧洲汽车工业实行的 5 年排放标准一升级，旧排放标准车型被隔代替换的循环，在我国并没有奏效。当国Ⅴ标准新车上市时，国Ⅱ甚至部分国Ⅰ车型仍在使用年限内，虽然保有量不高，但其排放比重却接近 70%。中国工程院院士、中国环境科学院顾问王文兴就曾在一次会议中指出：“带病车虽然占整体车辆保有量的比例不大，但是其运转造成的污染‘贡献’却很大。”

第二个因素是在用车排放检测标准与新车排放标准升级速度不符。也就是说，当一辆符合最新排放标准的新车正式上路使用后，每年排放检测所使用的标准，仍是“一刀切”的机动车排放标准。按照国家在用车污染物排放标准进行换算，一氧化碳和碳氢化合物每千米排放超过 16.5 克才为不达标汽车，高出国Ⅴ排放标

准限值几十倍。再加上排放检测造假等因素（如2014年央视《焦点访谈》栏目曝光的尾气检测造假事件），我国在用车的排放管理，实际并没有执到“牛耳”。

因此，在2016年《政府工作报告》中，国务院总理李克强指出，（2016年）全面推广车用燃油国Ⅴ标准，淘汰黄标车和老旧车380万辆。

为响应国家号召、贯彻落实新修订的《大气法》，进一步规范机动车排放检验，推进黄标车和老旧车淘汰，加快提升机动车环境监督管理水平。2016年8月，环境保护部、公安部、国家认监委联合发布了《关于进一步规范排放检验加强机动车环境监督管理工作的通知》（国环规大气〔2016〕2号）（以下简称《通知》）。

《通知》明确指出，认真贯彻落实《大气法》，按照简政放权、放管结合、优化服务、便民惠民的要求，以降低机动车污染排放水平、改善环境质量为核心，严格实施国家机动车排放标准，全面推行机动车环保信息公开；严格规范新生产机动车和在用车排放检验，加快推进机动车排放检验信息联网；严格监管执法，加强对高排放车辆的环保达标监管，促进黄标车和老旧车淘汰，加快推进机动车环境管理的系统化、科学化、法治化、精细化和信息化。

《通知》提出，强化机动车排放检验机构监督管理，环保部门可通过现场检查排放检验过程、审查原始检验记录或报告等资料、审核年度工作报告、组织检验能力比对实验、检测过程及数据联网监控等方式加强检验机构监管，推进检验机构规范化运营。认证认可监管部门应加强检验机构资质认定监督管理，重点加强技术能力有效维持以及管理体系有效性的监管，确保检验数据质量。环境保护和认证认可监管部门对排放检验机构实行“双随机、一公开”（随机抽取检查对象、随机选派执法检查人员、及时公开查处结果）的监管方式，依法严肃查处违法的排放检验机构。

同时，强化排放检验机构主体责任。排放检验机构应按照《大气法》要求通过资质认定（计量认证），使用经依法检定或校准合格的设备，定期进行设备维护保养，按照相关规范标准进行机动车排放检验，对检验结果承担法律责任，接受社会监督和责任倒查。排放检验机构应对受检车辆的污染控制装置进行查验，重点加强营运车辆及重型柴油车环保配置查验。对伪造检验结果、出具虚假报告的检验机构，环保部门暂停网络链接和检验报告打印功能，并依照《大气法》有关条款予以处罚；违反资质认定相关规定的，认证认可监管部门依据资质认定有关规定对排放检验机构进行处罚，情节严重的撤销其资质认定证书。省市环保部门应将在用车排放检验机构守法情况纳入企业征信系统，并将有关情况向社会公开。

二、排放检测造假得到遏制　“灰色链条”从地上转入地下

2016年年底，记者在尾气检测调查中发现，在政府重拳整治，法律法规升级的影响下，曾经猖獗一时的机动车尾气检测造假现象得到了有效遏制。

记者调查中发现，曾经在检测场门前手举“验车”纸牌的“车虫”不见了踪影，曾经“资深”的“车虫”虽然已经转入地下，但也在谋求新的生计。其中一位“车虫”在检测厂“请勿相信‘车虫’谎言”的提示牌前，告诉记者，代办验车这个行业不论在哪座城市、哪个检测厂，都已经不如前些年赚得多了。他们以前也曾“辉煌”过，和他一样在这家检测厂“工作”的同行曾经有十几人，但由于现在很多车辆实行6年免检，部分车辆还可享受两年一检的政策，所以他们的生意受到了影响，现在仅剩5个人仍在一线“坚守岗位”。另外，检测厂的客源较几年前也相对少了很多，因为检测标准不像以前卡得那么严，所以来找“车虫”代办验车的客源就更不如前，“这行儿也不好干了”。

事实上，“车虫”所谓的“不好干了”，主要是年检过程中不容易通过的项目少了，难以向车主开口要高价。而原本站在检测厂门口“举牌”的“车虫”，均已转向了地下，在互联网上招揽生意。记者依照“车虫”给出的方向，在百度中搜索“北京代办验车”“上海代办验车”“天津代办验车”等关键词，依然可以搜索出大量相关信息，其中搜索“北京代办验车”关键词，一共搜到约144万条相关结果，其中排在搜索页前5名的代办机构，右下角还打着广告标识。

记者随机点开一个网页，按提示拨通了该公司电话，令人意外的是这家公司显得十分正规，有专职客服人员接听电话，答疑解问。当记者问是否能帮助尾气不合格车辆通过检测时，客服人员表示，只要是尚未在其他检测厂进行过环检的，他们都可以帮检，不过需要到北京顺义区一家指定检测厂进行检测，保证一次就可以通过，并且不需要对车辆进行任何维修。当记者询问价格时，该客服人员表

示，目前收费都是市场统一价，在验车费用基础上再加 200 元服务费。除了车辆状态实在特殊以外，基本都可以通过。

记者随后拨通了多个搜索结果中的代办电话，得到的答案均是“保证一次通过”，服务费也都在 200～300 元不等。而各个代办公司所指定的验车机构，基本覆盖了北京市六环以内的 8 家检测厂。

除北京以外，这种靠代办服务通过机动车环保检测的事情，在全国也随处可见。记者将搜索关键词中的“北京”替换成其他城市，依然可以搜索出大量“车虫”电话。

一位曾经在检测厂高层任职过但不愿具名的“业内人士”向记者道出了“车虫”难以灭绝的实情。该业内人士表示，“车虫”不是谁都能干的，大多数人都与检测厂内部人员有着千丝万缕的联系，“没有内部人员的‘关照’怎么可能让不合格的车辆变合格？”

而且由于检测场之间竞争激烈，环保合格的交易价格甚至变得更加廉价。2014 年 5 月 16 日，公安部与国家质检总局联合发布了《关于加强和改进机动车检验工作的意见》，严格执行政府部门不准经办检验机构等企业的规定，各地质量监督部门不再通过检验机构规划设置来控制检验机构的数量和布局；对符合法定条件的申请人简化审批程序，加快审批工作进度。正是因为此项政策，各地机动车检测机构数量出现“井喷”式增长。同时该政策还提出机动车新车 6 年免检的便民措施，导致检测厂客源下降。在机动车检测厂家数量增加、车源数量没变甚至减少的情况下，检测厂之间的竞争加剧，非正规检测也就成了“无奈之举”。

“一家检测机构的占地、厂房、设备、人员等投资巨大，资金成本非常高。而每辆车的年检收费一年仅为几百元，收回成本的速度完全取决于来年检客源的数量，否则将会长期处于亏损状态，这肯定是投资方不愿看到的。”上述业内人士说，因此，具有集客能力的“车虫”就演变成了检测厂业务经理的角色，甚至有些检测厂直接给“车虫”开出优惠条件，只要他们介绍 3 辆车来年检，就可免掉其中 1 辆车的费用，如此一来，“车虫”的集客方式也从街头拉客转变为与保险等汽车消费捆绑销售的模式。在检测厂的默许甚至助推之下，机动车尾气非正规检测屡禁不绝。

行业专家姚圣卓告诉记者，在重压之下尾气检测造假仍能进行，是因为如今作弊手段已经“升级”到外人根本看不出来的“水平”，即通过调试检测设备的软件直接生成假数据，无论车辆排放状况如何，都能出具想要的数值报告。甚至在他参与的一次检查中，某检测厂的检测设备软件上公然写着“是否出具假数据”的字样。

上述业内人士也向记者证实，为了避免一次检测通过的概率过高而被约谈，检测厂在年检收费上也暗藏玄机。通常的做法是，初检正常收费则复检免费，相对应的，初检时若高排放车不能通过，则在复检时通过设备软件更改数据，为高排放车辆放行。

为了找到给高排放车“抬杆放行”的根源，记者调查了我国汽车尾气环保检测设备销量第一的深圳安车检测股份有限公司（以下简称深圳安车）。这家公司在2016年11月21日发布的《安车检测：首次公开发行股票并在创业板上市招股说明书》第六节第七条资质情况中写道：根据《中华人民共和国计量法》《制造、修理计量器具许可监督管理办法》，对于列入依法管理的计量器具目录（型式批准部分）的计量器具的制造、修理，要办理计量器具许可证、型式批准和进口计量器具检定，且制造、修理计量器具许可属于前置审批事项。但是，在国家依法管理的“计量器具目录”中，2006年5月1日前检测台体中的底盘测功机、汽车制动试验台被列入其中，2006年5月1日后新修订的目录中则不再收入该等器具，即自2006年5月1日起，该等设备不再需要办理计量器具许可证。

依据不在“计量器具目录”无须办理计量器具许可证的规定，深圳安车选择自行生产机动车检测系统和检测行业联网监管系统中的检测台体部分（包括底盘测功机、汽车制动试验台等）、控制系统、管理系统等，其余设备如尾气分析仪、灯光检测仪及声级计等实行对外采购。该公司的保荐机构、发行人律师说，发行人生产的机动车检测系统及行业联网监管系统相关设备不在国家依法管理的“计量器具目录”内，无须取得《制造计量器具许可证》，不存在“未取得从事业务经营活动所需资质证书”的情形。

事实上，没有取得《制造计量器具许可证》便生产汽车检测设备的厂家并不在少数，其依据就是他们生产的设备系统不在国家依法管理的“计量器具目录”内，因此可自行生产。也因此，缺乏监管的机动车检测设备行业便乱象频出。

针对深圳安车的说法，中国政法大学民商经济法学院环境资源法研究所所长王灿发说，根据《中华人民共和国计量法》（以下简称《计量法》）及《中华人民共和国计量法实施细则》（以下简称《计量法实施细则》），《计量法》第 13 条明确规定，制造计量器具的企业、事业单位生产本单位未生产过的计量器具新产品，必须由省级以上人民政府计量行政部门考核样品的计量性能，合格后方可投入生产；《计量法实施细则》第 18 条则规定，凡制造在全国范围内从未生产过的计量器具新产品，必须经过定型鉴定……凡未经型式批准或者未取得样机试验合格证书的计量器具，不准生产。

记者在采访中了解到，深圳安车的说法与《计量法》《计量法实施细则》之间的矛盾，在很大程度上源于国家质检总局的行政不作为与管理疏漏。其中，深圳安车之所以没有取得《制造计量器具许可证》便进行生产的依据，是他们不在国家质检总局“计量器具目录”中。而依据国家质检总局的说法，按照国家简政放权的方针，不在“计量器具目录”中的产品可不进行计量器具认证。

对此，中央民族大学法学院法治政府与地方制度研究中心主任熊文钊认为，在计量管理体制上不能墨守成规，尤其计量管理体制是一个国家的重要基础，不应属于简政放权领域。中国法学会行政法研究会副会长刘莘也认为，《宪法》第 5 条非常明确地规定了立法原则，即法治统一。在法治统一的角度，《计量法》与《大气污染防治法》均提出环保检测设备需进行许可后方能生产的规定，而国家质检总局管理的“计量器具目录”作为下位法，显然没有注意与上位法的衔接。如果下位法没有与上位法保持一致，根据法治统一原则“要么修，要么废”。

三、社会团体提出全新管理思路　尾气排放治理向“以奖代罚”转变

针对国家及社会对机动车尾气排放治理的需求、尾气检测造假行为屡禁难绝的现象，中关村空气污染防控联盟携手 CIC 云检测驾道科技有限公司于 2016 年 9 月 8 日提出“车体检”+“以奖代罚”的新思路。并提出了车辆健康体检的新理念，让“维修车辆我有数，排污减排看得见”，使车主自觉参与减排；改变车主受行驶千米和年限维护车辆的习惯，引导车主可根据车辆实际健康情况进行维护，节约

社会资源和减少车辆维护成本。

所谓的“车体检”，即云检测在北京、山东率先建设的50余家机动车“车体检”将面向公众开放，使车主了解汽车健康与否，及时发现车辆存在的“症状”，尽早“治疗”，降低尾气对空气的污染。同时，云检测将以第三方的立场，用互联网实时监控并公布机动车尾气排放数据，为政府机构科学管理提供数据支撑。

所谓“以奖代罚”，即CIC驾道车体检每月设立“新蓝天贡献奖”，下设“超低排放”和“维修减排奖”两个奖项。超低排放奖为对每月参与车体检的车辆进行排放数据排名，排放数据最低的车辆依次获得特等奖、一等奖、二等奖、三等奖，车主可获得相应的奖金鼓励；维修减排奖按当月体检车辆维修后削减的排放量（CO、HC、NO_x之和）大小进行排名和评奖，削减量较大的获奖。

中关村空气污染防控联盟理事会主席颜梓清表示，“新蓝天贡献奖”是在驾道科技有限公司的支持下，由中关村空气污染防控联盟发起的一项长期公益活动，希望通过此项活动让更多有社会责任感的车主参与对汽车尾气的控制，让广大车主成为保护蓝天的主力军。

环保部中国生态文明杂志社社长兼总编辑杨明森将目前车主对车辆状态的了解总结为“一问三不知”，即“一不知道车有没有毛病，二不知道修车该花多少钱，三不知道自己开的车每天排放了多少污染物”。他认为，云检测的车体检能让车主心中有数，尽早发现问题，防止小问题变成大问题。

环保部机动车排污监控中心原研究员韩应健指出，并不是年限长、行驶里程长的车辆一定排放高，也并不是年限短、行驶里程短的车辆一定排放低，不同车辆使用情况会有不同的排污结果，所以让车主得知自己车辆真实状态是很有必要的。

CIC驾道车体检“维修减排奖”的首位获奖车主用自身的维修减排过程印证了上述说法。该车主表示，在得知自己获奖后十分感慨，由于经常开车去多个省份，油品质量不同，自己车辆状态有问题却并没在意，维修前车辆排污量高达73.920 3克/千米，这让他很吃惊。维修后，仅仅更换了氧传感器和三元催化器，对发动机节气门进行了清洗，排污量立刻削减了99%，达到0.681 3克/千米，这样的变化让他感叹道：“如果我们都身体力行，去把自己的爱车检测一下，这就是对我们的蓝天、对社会、对子孙后代的贡献。”

附 1：

中国汽车排放标准与产销对比表　　单位：万辆

年份	排放标准	汽车产量	汽车销量
2000—2004	国Ⅰ	1 717.76	1 716.125
2005—2007	国Ⅱ	2 195.985	2 176.567
2008—2010	国Ⅲ	4 140.06	4 108.71
2011—2015	国Ⅳ	10 803.37	10 788.24
2016	国Ⅴ	2 811.88	2 802.82

数据来源：中国汽车工业协会。

记者手记

回顾 2016 年，能够排进前十名的“段子”一定有“开着国家检验合格的车，烧着国家认可达标的油，国家却说雾霾主要是我们开车尾气造成的，我就纳闷了，难道是我踩油门的姿势不对吗？”

显然，公众对于以往的“一刀切”政策和重拳之下依然只能依靠限行、限购汽车来缓解雾霾程度的做法颇有微词。

然而，在 2016 年，针对汽车尾气治理的举措，却又给人以希望。正所谓“找到病根好下药”，从 2016 年政府针对汽车尾气治理提出种种方案，到民家机构自发创造的新思路，不难看出，治理机动车尾气污染，从而达到缓解、消除雾霾的社会共识已经形成。

与 20 世纪美国洛杉矶光化学污染事件相比，我国在形成社会共识和立法先行方面显得效率高得多，可以看出，“消除雾霾，还以蓝天”是从政府到民众的共同心愿，笔者不禁憧憬，愿这共同的心愿早日达成。

环保产业：暗流涌动下的狂欢盛宴

马维辉[①]

摘　要：环保产业似乎又走到了当年光伏产业曾经面对的十字路口，同样是一大波政策红利集中释放，同样是政策型市场迅速兴起，同样是野蛮人大量涌入……当风口到来的时候，猪似乎都能够飞得起来。可是，如果有一天大潮退去，谁又能保证自己不是在裸泳？

大量资本涌入环保产业，其结果势必造成整个行业的投资供大于求，导致产能过剩，最终使得行业陷入长期低潮。可以肯定的是，这个过程并不都是鲜花与掌声，也会伴随着痛苦和泪水。春天过后，能够生存下来的才是“剩者为王”。

关键词：环保产业　污水处理　垃圾焚烧　常外事件

2013 年 3 月 20 日，江苏无锡，曾经在光伏行业叱咤风云的无锡尚德太阳能电力有限公司因无法按期偿还 71 亿元银行贷款，应债权银行的要求，被法院宣布进入破产重整阶段，并由当地国资背景企业无锡国联主导此后的资产重组进程。

从顶峰到谷底，尚德的衰落到来得如此迅速。4 年前，2009 年，美国 discovery 频道曾经制作过一部名为《中国梦》的 9 集纪录片，每集以一位当代中国人的奋斗经历作为拍摄主题，时任尚德董事长兼 CEO 的施正荣还作为第 6 集的主角，向

①马维辉，《华夏时报》记者。

全球数以亿计的电视观众讲述了自己创立的新能源企业尚德“为世界和未来充电”“让新能源之光普照世界”的伟大梦想。

尚德的衰落，与其自身扩张过快、决策失误有关，但也离不开光伏产业整体产能过剩的大背景。此前，全球光伏主要市场欧洲经历了爆发性的增长，需求量开始放缓，中国、美国等新兴市场的增速又没有预期那么迅速。原本光伏企业应该收缩战线准备“过冬”，但是，在2009年中国的“4万亿元”和美国复兴计划等诸多刺激政策作用下，尚德的判断出现失误，产能不降反增，施正荣公开表示，“我并不认为中国光伏产能已经过剩，光伏产业是一个能源行业，能源行业是无限大的行业，我看不出来目前产能哪里过剩”。

言犹在耳，一个看似前景远大、风光无限的明星企业轰然倒下了，消失在历史的浪花中，曾经的“光伏教父”施正荣也只能落得个黯然退场的结局。

殷鉴不远，3年过后，环保产业似乎又走到了当年光伏产业曾经面对的十字路口，同样是一大波政策红利集中释放，同样是政策型市场迅速兴起，同样是野蛮人大量涌入……当风口到来的时候，猪似乎都能够飞得起来。可是，如果有一天大潮退去，谁又能保证自己不是在裸泳？

大量资本涌入环保产业，其结果势必造成整个行业的投资供大于求，导致产能过剩，最终使得行业陷入长期低潮。因为，经过近20年的发展，环境基础设施建设投资的高潮已经过去了，污水处理、垃圾焚烧、电厂脱硫脱硝的处理率均已达到90%左右。而大批资本的进入，在规模有限的市场上跑马圈地，最有可能导致的结果就是大打价格战，掀起低价竞标之风，其后果就是扰乱整个环保市场。

过去，人们常说环保产业是“满天星斗、不见月亮”。如今，它正在从“春秋战国”向“秦汉一统”转变。可以肯定的是，这个过程并不都是鲜花与掌声，也会伴随着痛苦和泪水。春天过后，能够生存下来的才是“剩者为王”。

一、从“常外事件”到“土十条”

2016年4月17日，央视新闻频道《新闻直播间》栏目以《不该建的学校》为题报道了江苏常州外国语学校新址污染的事情。报道称，2015年9月，常州外国语学校迁至位于新北区龙虎塘街道的新校区，新校区与常隆污染地块仅一路之隔。当年 12 月，有家长在接送孩子时闻到学校周边有刺激性气味，后得知是常隆污染场地在进行土壤修复施工，该污染场地原址是几十年的农药厂、化工厂。2016 年 3 月下旬，有学生反映，自从 2015 年 9 月搬到这个新校址后，很多学生因为环境污染，出现了各种不适症状。

随后，事件持续发酵，引发媒体关注。国务院教育督导委员会专项督导组、环保部和江苏省政府联合成立调查组，经过 3 个多月的调查，结果显示，常州外国语学校的环境是安全的，但也确实存在未经竣工环保验收违规投入使用等问题。

“常外事件”的爆发，使得起草三年之久的《土壤污染防治行动计划》（以下简称“土十条”）加速出台。此前，这份从 2013 年 5 月就开始起草的文件，先后经历过 5 次征求党中央及国务院有关部门和单位意见，3 次征求各省、区、市人民政府意见，50 易其稿。由于种种原因，一直未能形成最终的文本。不过，在“常外事件”爆发 1 个月后，5 月 31 日，国务院终于将其印发。

“土十条”提出了 10 条 35 款，共 231 项具体措施，概括来讲就是：夯实两大基础（摸清家底、建立健全法规标准体系），突出两大重点（农用地分类管理、建设用地准入管理），推进三大任务（未污染土壤保护、控制污染源、土壤污染治理与修复），强化三大保障措施（科技支撑、治理体系建设、目标责任考核）。

环保部有关负责人表示，“土十条”提出了许多措施，如开展土壤污染状况详查、建立建设用地调查评估制度、严格管控受污染土壤环境风险、开展土壤污染治理与修复试点示范、研发土壤污染防治专用设备和产品等，这些措施将有力推动土壤环境质量监测、调查、评估、治理修复和土壤污染防治咨询服务、装备药剂生产等相关产业的发展，扩大环保产业规模。

“到 2020 年，预计可带动环保产业新增产值约 4 500 亿元。”该人士表示。此外，“土十条”通过淘汰落后产能、推行清洁生产等措施，还将促进经济结构转型升级，预计可拉动 GDP 增长约 2.7 万亿元，可新增就业人口 200 万人以上。

从“常外事件”到“土十条”，再到土壤治理产业的兴起，土壤污染治理走了一个典型的环保逻辑，那就是“污染事件—环保政策—环保产业”。

事实上，2016 年是环保政策密集出台的一年，“土十条”只是其中最亮眼的一个。

2016 年 9 月 22 日，中共中央办公厅、国务院办公厅印发《关于省以下环保机构监测监察执法垂直管理制度改革试点工作的指导意见》，计划在“十三五”期间推进省以下监测机构垂直管理和国家事权上收工作，实现“谁考核，谁监测”，解决地方环保部门“既当运动员，又当裁判员”的问题，防止行政干预。

11 月 10 日，国务院办公厅印发《控制污染物排放许可制实施方案》，这是落实企事业单位环保责任的重要制度。今后，我国将形成以排污许可制为核心的新型环境管理制度体系，实现系统化、科学化、法治化、精细化、信息化的“一证式”管理。

12 月 5 日，经李克强总理签批，国务院印发了《“十三五”生态环境保护规划》，提出了到 2020 年的生态环保约束性和预期性指标。

临近 2016 年年底，12 月 25 日，第十二届全国人大常委会第二十五次会议又以 145 票赞成、1 票反对、4 票弃权，表决通过了《环境保护税法》。财政部税政司司长王建凡表示，实行环境保护费改税，有利于解决排污费制度存在的执法刚性不足、地方政府干预等问题。

各项制度当中，中央环保督察的影响尤其广泛。2016 年 1 月，中央环保督察组在河北小试牛刀，就取得了很大反响；7 月，2016 年第一批中央环保督察工作正式启动，8 个中央环保督察组共立案侦查 207 件，问责 3 287 人，罚款 1.98 亿元；到 11 月，2016 年第二批环保督察工作再次出发，截至 12 月 10 日，7 个督察组已办结案件 1 893 件，问责 687 人，罚款 6 614 万元。

12 月 6 日，环保部副部长赵英民在解读《“十三五”生态环境保护规划》时表示，“十三五”期间要重点推进的生态环境治理基础制度中，目前已印发实施了《关于省以下环保机构监测监察执法垂直管理制度改革试点工作的指导意见》《培育发展农业面源污染治理、农村污水垃圾处理市场主体方案》《生态环境损害鉴定评估技术指南》《生态环境监测网络建设方案实施计划（2016—2020）》和《“十三五”环境影响评价改革实施方案》，对 9 个省份开展环境保护督察，在 7 个省份开展生态环境损害赔偿制度改革试点。此外，还编制完成了《环境保护部门贯彻落实〈党政领导干部生态环境损害责任追究办法（试行）〉实施办法》《控制污染物排放许可制实施方案》《环境污染强制责任保险制度方案》《建设项目环境保护管理条例（修订草案）》，《关于划定并严守生态保护红线的若干意见》也已于 2016 年 11 月 1 日经中央全面深化改革领导小组第 29 次会议审议通过，其他改革举措则在有序推进中。

二、水环境项目爆发

环保产业是典型的政策型市场，政策一旦发力，随之而来的就会是市场的爆发，这在水环境治理领域表现得尤其明显。

2016 年 6 月 1 日，儿童节。环保产业惊爆一枚“炸弹”：正在建设的北京副中心——通州区全境水系连通、污水治理开始招标，此次招标共涉及 8 大片区，总投资达到 279.5 亿元。

作为通过流域治理的系列工程，这八大项目招标文件的项目全生命周期都为 25 年，招标方式都为竞争性磋商，均要求竞标人近六年在中国大陆的累计合同金额不低于 5 亿元，且至少有一个单个合同金额不低于 1 亿元的水环境综合治理项目等。

由于项目投资额巨大，并且地处北京城市副中心这样重要的地理位置，八大项目被业内称为“帝王级”，吸引了众多企业的关注和参与。最终，大部分项目花落北控水务、碧水源、博天环境等传统的环保“大佬”，葛洲坝、中电建等环保“新人”也成功分得一杯羹。

通州的“帝王级”项目并非个案，在这之前的 5 月 4 日，海口市 6 个水环境综合整治 PPP 项目开标，经过激烈竞争，桑德环境和铁汉生态的联合体分别在两个项目上取得第一名，北京排水集团和葛洲坝的联合体则各取得另外两个项目的第一名。

据了解，此次 6 个水环境综合整治 PPP 项目涉及海口市城区 5 个区（含一个经济开发区）31 个水体的水环境整治，包括城区 17 个黑臭水体，治理的总投资约 37 亿元，以 PPP 模式运营，预计年服务费达 5.3 亿元。

伴随着“水十条”的逐步推进，黑臭水体治理开始发力，特别是 PPP 大潮的兴起，大量水环境项目涌现，如黑臭水体、海绵城市、农村污水分散式处理，以及景观等，这些项目的投资额动辄高达几十亿元，通过可用性付费作为长期回报模式，带来了整个市场的冲击和颠覆。

其中，PPP 可以说居功至伟。据 E20 研究院统计，从投资规模分布来看，所有 PPP 项目的总规模为 13.5 万亿元，其中环保项目的规模是 3 万亿元左右，占比约 22%，占到了相当大的份额。在项目数上排第一位，在总规模上排第二位。

除了水环境项目，其他环保治理领域也全面爆发。过去，环保产业主要是污水处理和垃圾处理，如今，则越来越朝着细分化、多样化发展，什么环境监测检测、土壤修复、VOC 治理、农村畜禽养殖污染治理等，呈现出“百花齐放”的格局。

以“土十条”催生的土壤检测市场为例，在苏州，光是苏州工业园区一年就有 30 多块地要做调查，使得承接这些业务的公司忙得做不完，以致周期紧的项目都不敢接。有的公司为此专门成立了土壤实验室，购置新仪器，招聘新人员。

公开数据显示，近年来，环保产业一直保持 15%以上的增长，从 2012 年的 2.99 万亿元增加到 2015 年的 4.55 万亿元，2016 年超过 5 万亿元。而随着“十三五”期间我国生态文明建设的推进以及“美丽中国”战略的实施，预计 2017—2020 年我国节能环保产业将保持 18%左右的增速，到 2020 年前后，环保产业规模将接近 10 万亿元。

三、“野蛮人”如影随形

在环保产业成为风口的同时，“野蛮人”也来了。

数据显示，光是 2016 年上半年，中国环保企业海外并购的交易额就超过了前两年的总和。从地域上看，涵盖了四大洲，并以欧洲（并购数量占比 61%）和北美洲（并购数量占比 25%）为主，尤以德国、美国为代表。从细分领域来看，污水与污泥处理（29%）、环境监测（21%）、固体废物处理处置（21%）成为并购的主要领域。

而此前一年，2015 年环保并购案例也达到了约 120 起，涉及交易金额超过 400

亿元。其中，10 家公司涉及的 11 起并购案金额合计约 147 亿元，占总交易金额的三成。清华控股有限公司旗下启迪科技服务集团并购桑德环境的案例则创下了环保产业的并购纪录，交易金额达到 70 亿元。

“环保题材的并购现在不缺资金。启迪控股收购桑德环境时，以此为由进行融资，原计划融资 100 亿元，结果融到了 130 亿元，即便如此还是推掉了好多。最后，在使用 70 亿元并购了桑德环境后，又‘顺手’用剩下的几十亿元收购了另外一家企业。”一位知情人士如是说。

与启迪控股相似，2015 年的环保并购大潮中，有很多企业都是环保领域的“门外汉”。他们中有中石化、中国中车、中联重科、徐工机械这样的“大鳄”，也有一些餐饮业、服装业的中小企业。

此外，环保并购基金的设立也助长了并购的加速。Wind 统计显示，2015 年环保行业上市公司与各类投资公司纷纷成立产业并购基金，总规模达 200 多亿元，投资领域涉及固体废物、水处理、大气治理等多个领域。

随着大量“外来”企业的涌入，尤其是从制造业、冶金、煤炭等行业跨界过来的，甚至不奢求赚钱，只要不亏或者少亏就能做，结果成了扰乱市场的“野蛮人”。

江苏鹏鹞环保集团有限公司董事长王洪春就曾经表示，现在环保产业的政策环境和市场环境确实比过去好，但是对民营企业的发展也提出了很大的挑战。因为各类央企、国企、上市公司蜂拥而入，跑马圈地，低价血拼，好像又回到几十年前，只不过这次拼的不是技术、产品，是资金成本，是在资本市场的对价。

“以前国企、央企和上市公司都不愿意做环保产业，我们就相当于野兔子，非常活跃。现在这些老虎们来了，很快就把我们这些野兔子吃了。”王洪春说，“当然老虎和兔子还是可以共生的，但我们就只能为它们做一些配套而已，这样的竞争环境有失公平。”

最典型的影响，就是低价竞标。2015 年 12 月 2 日，安徽省安庆市城区污水收集处理厂网一体化 PPP 项目完成招标采购，最终确定北排中选。中标价格为 0.39 元/吨，明显低于其他两家企业——深圳水务的 1.67 元/吨和首创股份的 2.6 元/吨的报价。

随后，2015 年 12 月 18 日，浙江绍兴某处理规模为 2 250 吨/日的垃圾焚烧项目开标，重庆三峰环境产业集团有限公司（以下简称重庆三峰）给出了 18 元/吨的垃圾处理服务费报价，这是垃圾处理项目报价首次进入 20 元内区间，再创行业新低。

垃圾焚烧是低价竞争的“重灾区”。整个 2015 年，各地垃圾焚烧发电项目的中标价格屡创新低。6 月，光大国际以 48 元/吨的价格中标江苏新泰市生活垃圾焚烧发电项目；8 月，绿色动力环保集团股份有限公司以 26.8 元/吨拿下安徽蚌埠垃圾焚烧发电项目；10 月，天津泰达环保有限公司又以 26.5 元/吨的垃圾处理服务费中标江苏高邮生活垃圾焚烧发电项目。

低价竞争，已成为行业“毒瘤”，“拿了一个项目，坏了一个行业，害死同行，累死自己，坑死业主”。

四、业内“大佬”转战新“蓝海”

这边环保企业都在低价拿项目，那边环境监管的力度却在不断加大。

作为环保行业的“老兵”，桑德集团董事长文一波已经嗅到了一丝危险。他公开表示，当前环保部门的监管力度越来越严，环保企业的压力也越来越大，做得不好不但收不到费，还有可能遭到惩罚。

例如，中国几乎所有的垃圾发电厂中飞灰都没有作为危险废物处理，有的会做一点水泥固化，有的连水泥固化都没做就埋掉了。过去大家都习以为常，但万一哪天开始抓了，抓一个就足以让企业“倾家荡产”。

“在国外，垃圾处理费每吨要 200 欧元，而我们才 20 元人民币。未来，中国的垃圾处理费一定会恢复正常，可能比国外便宜，但不会像现在这样只有 20 元人民币。这个过程中，一定会死掉一批企业，会有企业破产，然后大家觉得这样搞不下去了，才会回到 100 元、200 元。”文一波说。

在他看来，环保产业其实已经变成“红海”，整个行业正在逐步进入恶性循环的状态。低价中标后，只有尽可能节省投资，但这样做的结果是对环境造成污染；企业大部分都在“赔本赚吆喝”，有些人赌未来会提价，但从近几年的趋势来看基本不太可能；同时，很多政府也有了预期，觉得价格就应该这么低。

“这样造成的后果是，使像我们这样发展了 20 多年的企业感到困惑，要不要参与，要不要投标？”文一波说，“市场规则被打乱了，对整个行业都是一种伤害。”

目前，桑德集团已经转向“新蓝海”，开始在垃圾分类、环卫等方面进行一些尝试。2015 年 10 月，启迪桑德全资子公司——桑德再生资源投资控股有限公司成立，注册资本 5 亿元，运营资本 50 亿元，主营业务为再生资源回收、电子废弃物拆解、报废汽车及再制造、再生资源深加工、再生资源和危险废物处置等，涵盖资源回收、初加工和深加工等再生资源全产业链。

面对行业的现状，另一家环保领军企业——博天环境的选择则是“出海”。从 2015 年开始，博天环境的海外项目开始加速，到了 2016 年上半年，海外项目的合同额已经超过 5 亿元人民币，业务范围涵盖中欧、中亚、非洲、南美等地，项目规模也是越来越大。

“一带一路”倡议的实施也助推了环保企业“走出去”的步伐。随着越来越多的大型央企“走出去”，在海外遇到了环保的需求，而它们原本出身建筑、道路领域，对于环保知之甚少，所以不得不带队来找博天环境寻求合作。

除了桑德、博天这样的民企，曾经在中国环保产业叱咤风云的外企也正在将目光从传统的市政领域转移到新兴的工业市场。

倒退十年，以威立雅（中国）环境服务有限公司为代表的外资水务企业在中国市政市场高调圈地、风头正劲。2002 年，威立雅以超过净资产 3 倍的溢价收购上海浦东自来水公司 50%的股权。2003 年，联手首创投资公司以 4 亿美元收购深圳水务集团 45%的股份，完成了当时中国水务业最大的并购交易。2007 年 1 月，又以 17.1 亿元的投资承诺收购兰州供水集团净资产 45%的股份，远超同时竞标的中法水务 4.5 亿元和首创股份 2.8 亿元的报价，有人将其评价为“城市公用行业市场化改革中具有历史意义的第一步”。

如今，工业污染第三方治理则成为威立雅的重要战略方向之一。威立雅全球高级执行副总裁兼亚洲区董事长卡迈斯表示，未来，威立雅将通过推动环境污染第三方治理等模式，在工业、循环经济等领域着重发力。2015 年，威立雅中国市场中，市政领域占比 70%，工业领域则占比 30%。他希望 2017 年以后能够达到

“一半一半”的比例。

对此，外界的理解是：市政市场的技术含量太低，在工业领域，威立雅则有一定技术优势，如威立雅运营的燕山石化废水项目。在环保监管趋严的情况下，工业危废企业现在的给废意愿和能力也比较高，而且是特许经营模式，长期运营，比较符合威立雅的理念。

“关注国内的空白领域，还是‘走出去’，这个问题很难有标准答案，重要的是企业一定要善于学习，敢于拥抱变化，及时作出调整，只有这样才能适应商业的丛林法则。”博天环境董事长赵笠钧如是说。

环境保护税：不是增负，而是减负

李　禾[①]

摘　要：环境保护费改税后，征收部门由环保部门改为税务机关，环保部门配合，将开启“企业申报、税务征收、环保监测、信息共享”的税收征管模式。让高污染、高排放企业“死亡”的同时，让清洁生产企业得到重生。这就是国家积极推进环境税改革的关键所在。

关键词：环境保护税　排污费　环保　税务　绿色

酝酿和讨论已久的《中华人民共和国环境保护税法》（以下简称《环境保护税法》）于2016年12月25日由第十二届全国人民代表大会常务委员会第二十五次会议通过。作为我国第18个税收种类，环境保护税于2018年1月1日起施行开征。

法律施行之日起，依照法律规定征收环境保护税，不再征收排污费，这也意味着我国施行了近40年的排污收费制度将退出历史舞台。

在税收征管方面，环境保护费改税后，征收部门由环保部门改为税务机关，环保部门配合，将开启“企业申报、税务征收、环保监测、信息共享”的税收征管模式。为此，税务总局与环境保护部正式签署了《环境保护税征管协作机制备忘录》，建立了部局层面的征管协作机制，进一步强化部门合作，明确职责分工，为环境保护税的顺利开征迈出了坚实的一步。

---

①李禾，《科技日报》记者。

环境保护税作为独立的绿色税种，以排放应税污染物为征税对象，计税依据有别于其他税种，专业性强，征收管理较复杂。

为了保障这一全新税种的顺利开征，财政部、税务总局、环境保护部紧锣密鼓地做了很多准备工作。除签署备忘录外，还联合下发通知，要求各地全面做好环境保护税法实施准备工作。

通知明确了环境保护税开征前各地需做好的五项重点工作：加强组织领导，建立地方人民政府领导下的多部门协作机制；落实税法授权事项，确定本地区应税大气污染物和水污染物具体适用税额，以及应税污染物排放量抽样测算和核定征收方法；摸清税源底数，及时交接档案资料，抓紧建立基础税源数据库；做好信息系统开发建设，实现税务、环保部门涉税信息数据交换共享；做好税法宣传和纳税培训辅导，使基层税务人员熟悉税法、了解政策、把握要求，使纳税人能申报、会申报。

财政、税务、环保三部门还完成了环境保护税法实施条例公开征求意见，实施条例即将上报国务院审议。

一、对接市场机制手段解决环境问题

《环境保护税法》共有五章二十八条，五章分别为总则、计税依据和应纳税额、税收减免、征收管理、附则。该法律是我国 2015 年 3 月确立“税收法定”原则后制定的第一部单行税法，也是作为我国第一部推进生态文明建设的单行税法，显示了政府希望更多运用对接市场机制的手段解决环境问题的决心与制度机制创新中的实际进展。

让高污染、高排放企业“死亡”的同时，让清洁生产企业得到重生。这就是国家积极推进环境税改革的关键所在。

我国的排污费改成环境保护税，即“费改税”经历了 4 个阶段，污染者付费原则确立阶段、试点一制度建立并完善阶段、调整收费标准阶段、环境保护税提出研究一立法阶段。

环境保护税法的总体思路是由“费”改“税”，将“为了保护和改善环境，减少污染物排放，推进生态文明建设”写入立法宗旨，明确“直接向环境排放应税污染物的企业事业单位和其他生产经营者”为纳税人，确定大气污染物、水污染物、固体废物和噪声为应税污染物。

具体来讲，并不是对大气污染物、水污染物、固体废物和噪声四类中所有的污染物都征税，只是对《环境保护税法》所附《环境保护税税目税额表》（附表一）和《应税污染物和当量值表》（附表二）中规定的污染物征税；不是对纳税人排放的每一种大气污染物、水污染物都征税，而是对每一排放口的前 3 项大气污染物，前 5 项第一类水污染物（主要是重金属）、前 3 项其他类水污染物征税。

同时，《环境保护税法》规定，“应税大气污染物和水污染物的具体适用税额的确定和调整，由省、自治区、直辖市人民政府统筹考虑本地区环境承载能力、污染物排放现状和经济社会生态发展目标要求”。也就是说，各省份根据本地区污染物减排的特殊需要，可以增加应税污染物项目数。

环境保护税是将环境污染排放外部性损害“内部化”的一种重要工具，其特点是施加于纳税人、体现以经济利益作引导性调节的“负担”，是法定的、规范的、阳光化的。设计合理的环境保护税，可以反映环境污染的外部成本，进而通过基于纳税人利益预期的“经济杠杆”方式，促进污染排放的减少。这也有利于提高执法刚性，减少地方政府干预，内化环境成本。

在税收征管方面，排污费改为环境保护税后，环境保护税收入全部作为地方税收入，纳入一般公共预算，即在“费改税”之前，企业是按照行政主管部门对其核定的排污种类、数量等排污量计算排污费；在改环境保护税之后，企业需自行核定，并向当地税务部门申报纳税，税务部门不再核定相关数据的真实性，而是在环保部门等协助下，按照一定比例进行抽查，对于申报不属实的单位，进行罚款、补缴、追究偷税漏税的责任。因此，未来所有应税企业和个人在申报环节，都需要对环境保护税提起高度重视。

《环境保护税法》规定，“污染物的应纳税额为污染当量数乘以具体适用税额”。例如，大气污染物每污染当量 1.2～12 元；水污染物每污染当量 1.4～14 元；固体废物按不同种类每吨 5～1 000 元不等，其中危险废物为 1 000 元/吨；工业噪声按超标分贝数，每月按 350～11 200 元缴纳。环境保护税的计税依据方面是将应税污染物的排放量作为计税依据，其中大气污染物、水污染物按照排放量折合的污染当量数确定；固体废物按照固体废物排放量确定；噪声按照超过国家规定标准的分贝数确定。

按照行业细分来估算，大气污染物中，黑色金属冶炼及压延加工业、非金属矿物制品业、有色金属冶炼及压延加工业、化工、电力热力的生产和供应业 5 个行业缴纳的环境保护税，占全部大气污染物环境保护税收入的 88%；水污染物中，化工、造纸、医药、纺织业、黑色金属冶炼及压延加工业、农副食品加工业、发酵和酿造、制革等 8 个行业缴纳的环境保护税，占全部水污染物环境保护税收入的 80%。

二、环保税应成为真正的“死亡税率”

《环境保护税法》的出台在我国极大地提高了环境保护税的法律地位，比原来以行政规章支撑的排污费有更高的法律效力等级，是以法律形式确定“污染者付费”的原则，而且由税务部门而不仅是环保部门征收，会加大征收力度，提高环境保护税征收的规范性和透明度，更有利于按照机制设计意图向排放企业释放减排信号，促进绿色发展。

对于高污染、高排放的企业来说，环境保护税应该成为真正的“死亡税率”。让高污染等企业“死亡”的同时，让清洁生产企业得到重生。从环境保护税改革初衷和征收等设计来说，最终目的并非是要给企业“增负”，而是在帮助企业“减负”。

然而，要达到这样的效果尚需破解实际操作中的几个难题：

税负平移能否堵住排污费“漏洞”？

《环境保护税法》规定，在中华人民共和国领域和中华人民共和国管辖的其他海域，直接向环境排放应税污染物的企业事业单位和其他生产经营者为环境保护税的纳税人，应当依照本法规定缴纳环境保护税。

环境保护税以法律形式确定“污染者付费”原则，也将加大征收力度。然而，从目前的环境保护税设计情况看，还是偏向保守，其明确遵循的原则之一是“将排污费制度向环境保护税制度平稳转移”，包括依据现行排污费收费标准为基础设置税率标准。税负平移原则的核心在于，环境保护税征收规模在初期将维持平稳过渡，不会出现激增情况，不会给企业增加更多负担，这是中央的设想和出发点。从征收预期效果来看，总体“平移”了原排污费的负担，改革力度就显得不足。

以火电厂为例，根据环保部环境规划院的估算，火电厂脱硫成本约为 2 元/千克，脱硝成本约为 5 元/千克，均高于环境保护税 1.26 元/千克的税率水平。如果不调高税率水平，那么开征环境保护税对电厂减排的促进作用将会大打折扣，甚至会落空，而且我国一些省、市已经在执行较高的环境费率。例如，在国家发改委 2014 年上调排污费标准之前，北京市就已经出台了更严格的二氧化硫、氮氧化物等重点污染物的排污费标准：二氧化硫排污费标准为 10 元/千克，这高于国家标准 1.26 元/千克的近 8 倍之多；化学需氧量征收标准调高到 10 元/千克，是国家标准 1.4 元/千克的 7 倍。天津、上海等其他省、市调整执行的排污费标准也高于国家标准。2018 年 1 月 1 日开始，环境保护税率按照国家标准执行时，就需要兼容这些区域性的调节措施。

此外，真正意义上的环境保护税制应该从生产、流通、消费、分配等环节建立起完整的税制，目前要实行的环境保护税法只是针对生产环节的排放污染物征收税款，并且征收手段不够强硬，没有做到“应收尽收”，刺激力度不够，没有按照社会编制成本、污染当量进行收费。不过，由于先前在排污费征收中存在诸多“遗漏”之处，“费改税”后也有可能由于征收严格而出现实际税额剧增的情况。

税率水平能否真正反映环境损失和减排成本？

中国企业的负担较重似乎是不争的事实，但非常有趣的是，中国企业承担这么多的种种“负担”，却偏偏没有承担它们最应该负担的一种成本，那就是“环境成本”。据比较，排污费征收与主要税种规模相比简直“就连一个零头都不到”。相反，由于企业排污所带来的直接环境损失每年少则以千亿元来计，间接环境损失和各种减排成本则多达数万亿元。

原来排污费经常被“诟病”行之无效的原因之一就是征收标准偏低，甚至远低于排放企业的污染治理成本。结果排放企业宁愿缴纳排污费也不愿意治理污染，不利于设立排污费形成经济激励促进企业减排的初衷。

统计数据显示，2003—2015 年，全国累计征收排污费 2 115.99 亿元人民币。其中，2015 年征收排污费 173 亿元，缴费户数 28 万户。其中对气的收费约 160 亿元，水和噪声的收费各约 20 亿元，固体废物在历史上最多的年征收金额为 5 亿元，2015 年、2016 年固体废物排污费的征收数额约在 4 000 万元，相对较少。从行业看，全国排污费的半数来自化工、石油、火电、钢铁、水泥五大行业的缴纳。

根据国家税务总局预测，根据“十二五”减排要求，在对 2015 年污染物排放量预测的基础上（由于数据取得困难，预测结果只包括大气污染物和水污染物，未包括固体废物和噪声），按照征税标准，假设实现 100%征收率，环保税收入为 456.55 亿元。而根据中央财经大学估计，环境保护税开征后，预计每年征收规模可达 500 亿元。这些预估的数字都比较接近。

为什么说，环境保护税的征收被认为不会给企业“增负”，而是帮助企业“减负”？要理解这一点，就要理解环境保护税的本质，它是一种污染的“从量税”。也就是污染排放越多，缴纳税额就越高。从纳税的企业角度来看，缴纳税额越高，则意味着污染排放成本越高。

于是，企业就会面临几种选择，一是继续生产和排污，缴纳相应的环境保护税；二是减少排污和生产规模，降低环境保护税缴纳成本；三是维持生产规模，但采取清洁生产，同样降低环境税成本。如此一来，技术、环保等情况不同的企业所面临的情况就大为不同。

与缴纳排污费相比，生产效率低、污染排放多的企业将需要缴纳更多的环境保护税，但生产效率高、污染排放少的企业只需缴纳比较少的环境保护税，在市场竞争中占据优势。也就是说，环境保护税实则是在对不同的企业进行“甄别”，甚至是“分化”，根据企业污染物排放的水平，将不同企业分成“好企业”“坏企业”。在环保、技术、管理水平上领先的“好企业”减少了排放，它们的税负成本下降了；“坏企业”仍然要缴纳较高的环境保护税负或者减少市场规模。

最终，环境保护税的税负差异造成生产规模的差异或价格差别，导致“好企业”产品的市场占有率提高，“坏企业”成本提高，最终被挤出市场。从长远的趋势看，我国企业的总体环境保护税负成本开始出现下滑。

因此，从整体情况来看，环境保护税可以真正称得上是一种典型的“死亡税率”，它对社会经济的绿色发展而言是有益而无害的。环境保护税的税率设置也应该在现行排污收费基础上适当提高，以促进高污染、高排放企业转型；根据具体排污情况，税率还应该实行差别化，让环境保护税真正发挥应有的作用。

不过，从税法的设计角度看，《环境保护税法》是依据现行地方最高排污费标准，制定了环境保护税的税额“上限”，并没有给地方政府依照自身减排的需求和意愿、设定更高税率的空间。这不利于环境保护税在一些地方发挥更大的促进减排作用，今后还应该考虑在该法的“动态优化”中加入地方“权变”空间，替代或置换原区域性的税外调节。

总之，当前我国将环境与经济放在一个非常重要的位置，坚持可持续发展，虽然还存在很多不足，但是新环境保护税法的发布是重大的突破，“费改税”必将对工业污染防治发挥重大作用。

三、部分行业免征环境保护税会“放过”排放源？

《环境保护税法》规定，非规模化养殖的农业、城镇污水处理厂和生活垃圾处理场“不超过国家和地方规定的排放标准”等排放“相应应税污染物”，“暂予免征环境保护税”。这依旧是“平移”了现有排污费体系中对免征范围的规定。但是“不超过国家和地方规定的排放标准”并非是“零排放”，上述几类排放源已日益成为我国的主要排放源，而且是中长期排放的主要来源。

据统计，2013 年城镇污水处理厂排放的废水占到我国废水排放总量的近七成，并呈逐年上升趋势；2014—2020 年，我国城镇生活垃圾将新增约 3 162 万吨，由此带来生活垃圾处理场的渗滤液中化学需氧量、氨氮、磷等污染物问题都将相当严峻。2014 年农业贡献的化学需氧量、氨氮排放分别占到了 48%、32%，其中来自农业源的化学需氧量排放基本上与来自工业源和生活源的总和相当。

考虑到这些重点领域的巨大排放和污染情况，在今后环境保护税修订过程中，应当寻求突破，对上述重点行业排放开征环境保护税。对于一些大企业来说内部管理比较完善，数据核算申报等工作基础较好，而对于小企业来说，则可能存在一定困难，对小企业要做好征税服务、指导工作。

2018 年 1 月 1 日正式开征的环境保护税，对企业和产业来说，起到了优胜劣汰的作用，但是相对偏于保守的设计，又反映了各方面对增税可能带来的企业压力、经济影响等问题的顾虑。从经济发展和环保双赢来说，设计更加严格、有力度的环境保护税方案和保证经济健康发展，绝不是互不相容的对立关系。在稳定乃至适当降低宏观税负的前提下，可以一方面进行结构性减税，选择一些特定税种削减其税负水平，如增值税和企业所得税等；另一方面通过结构性加税，即开征环境保护税弥补减税带来的税收收入减少，取得“双重红利”，即在不增加甚至降低宏观税负的同时，以更高水平的结构化税收负担调节机制所代表的有效制度供给，来促进实体经济优化结构、提升经济增长质量，实现可持续发展目标。

记者手记

发达国家的“环境保护税”

自 20 世纪 70 年代起，不少国家采取了各种法律和政策手段，保护自然环境和维护生态平衡。其中一些发达国家将税收也作为保护环境的一项重要政策措施，把环境保护税引入其税收制度。目前在部分发达国家征收的环境保护税主要有二氧化硫税、水污染税、噪声税、固体废物税和垃圾税 5 种。

二氧化硫税

1972 年，美国率先开征此税。其税法规定，二氧化硫浓度达一级和二级标准的地区，每排放一磅硫分别课征 15 美分和 10 美分，以促使生产者安装污染控制设备，同时转向使用含硫量低的燃料。1991 年 1 月，瑞典也相继开征了二氧化硫税，该税是根据石油、煤炭的含硫量来征收的。

水污染税

目前，西方一些工业国家都对污染水质的行为进行课税。德国从 1981 年起开始征收水污染税，以废水的“污染单位”为基准，在全国实行统一税率，目前该税年收入在20亿马克以上，税金全部作为地方收入用于改善水质。而荷兰征收的水污染税是政府对向地表水及净化工厂直接或间接排放废弃物、污染物和有毒物质的任何单位和个人征收的一种税。该税由省级政府所属的30个水资源委员会征收，税率根据排放物质的耗氧量和重金属的含量来确定，对不同的水资源保护区实行不同的税率。

噪声税

美国、德国、日本和荷兰等国都征收此税。荷兰的噪声税是政府对民用飞机的使用者（主要是航空公司）在特定地区产生噪声的行为征收的一种税。它的税基是噪声的产生量，征收这种税的主要目的是为政府筹集资金，用于在飞机场附近安装隔噪设施，安置搬迁居民等。

固体废物税

该税主要是根据废弃物的实际体积和类型定额征收。课税对象包括饮料包装物、废纸和纸制品、旧轮胎等。在美国对固体废物实行饮料容器押金法，即顾客在购买饮料时要预先交上一定的押金，在归还空容器时再退还押金。以此减少随意乱扔废饮料包装物现象，达到保护自然环境和节约能源的目的。

垃圾税

荷兰较早开征垃圾税，主要是用于为收集和处理垃圾筹集资金。征收方式是以家庭为征收单位，人口少的可以得到一定的减免。同时，荷兰还根据每个家庭所产生的垃圾数量，开征了政府垃圾收集税（各地的市政府可在两种税之间进行选择）。

重建排放秩序：环保基础制度改革拉开序幕

刘伊曼[1]

摘　要：2016年，中国的环保事业史开启了重要的一页篇章。但是这一略显“高冷”的篇章并未被人们广泛地认识到——它关系着中国的“蓝天保卫战”是否能取得最终的胜利，关系着绿水青山是否能得到长治久安。它不是“因素”之一，而是决定性的因素；它不是制度之一，而是基础的核心制度。这项制度的建立是生态文明体制改革大局中，重建环境管理秩序的必由之路，它既是水、气、土壤污染防治三大“攻坚战”成败的关键，也是2035年“环境质量得到根本性好转”战略目标的实现保障。

这就是控制污染物排放许可制的“革命”。它的革命性与重要意义在这个特殊的历史时期和紧迫的环境污染形势下得到凸显，在推进这场“革命”的过程中有不少先行者在披荆斩棘，负重前行，直到曙光初现。

关键词：排污许可　排污企业　环境管理

2016年11月21日，国务院发布《控制污染物排放许可制实施方案》（国办发〔2016〕81号，以下简称“实施方案”），进一步落实中央关于改革环境治理基础制度的部署，对污染物的排放者和管理者，都提出了新的要求。在这一年接近尾声之际，酝酿多年的排污许可制度终于展现了蓝图。

①刘伊曼，原《新京报》记者。

一、排污许可制度的顶层设计出台

“实施方案”发布后，其中不少“关键词”立即牵引了人们的视线，引发关注和热议——“固定污染源环境管理的核心制度”；“整合”现有制度；“一证式”管理，“减轻企业负担”；企业要建立“排污台账”和申领、核发、监管流程“全程公开”，等等。

“这些措辞完全是颠覆性的，真要成为现实，将重新定义现行的固定污染源管理制度，企业和管理者之间的关系也将发生重大的改变。”一位环境经济学专家兴奋地评价说，同在一个微信讨论群的另外几位学者当即对此表示赞同。

其实，早在2015年国合会的年会上，环保部部长陈吉宁就已经“预告”了许可制改革的最终目标：以排污许可制度为核心，整合各项环境管理制度，建立统一的环境管理平台，实现排污企业在建设、生产、关闭等生命周期不同阶段的全过程管理；实行一企一证；实行“一证式管理”；明晰各方责任，强化监管，落实企业的诚信责任和守法主体责任，推动企业从被动治理转向主动防范……

这之后，排污许可制改革成了环保部承担的重要任务之一，也成了整个环保界和企业界重点关注的话题。2016年1月11日，环保部成立了排污许可证实施领导小组，并设置了综合组、大气组和水组3个工作组，时任环保部总工程师的赵英民负责牵头。

从那时起，领导小组就开始讨论、起草、审议、修改包括“实施方案”草稿在内的所有的改革文件。在参考国际上已有的成熟理论并与30年来的环保管理实践经验相结合的基础上，领导小组又展开了密集的地方调研、行业调研，经历数十轮的专题讨论和多次的征求意见，以“实施方案”为“顶层设计”的排污许可制度改革正式全面启动。

二、直面现实——为什么要改革

“以前我们国内的情况是守法者会吃亏”，山东泉林纸业有限公司副总经理贾明昊说："至少短期内的市场竞争是这样，超标排放、偷排就意味着节约成本，急功近利的恶性竞争会导致产业落后和环境污染的恶性循环，而一个好的制度设计是应该让守法者得到好处，从而自觉自愿守法。"

看起来，我们建立了很多套环境管理制度，有着很多可以约束企业排放行为的条条框框——环评、"三同时"、清洁生产、达标排放、总量控制。可是当真的开始进行"一证式"改革的时候，很多自相矛盾的问题就冒出来了，比如，大量企业的环评批复跟验收的不一致，跟实际建设和运行的情况又不一致；总量的报表跟在线监测的数据不一致；标准的要求跟整个行业实际的污染控制能力不一致。当一些企业需要严格落实达标排放，并且需要签下"承诺书"持续不断提供记录和报告作为证明的时候，人们突然发现，这些标准太严了。而自它颁布之日起，就根本没有得到很好的执行，因此大家也并没有发现原来标准的要求这么严。

有一些重污染行业的排放标准中包含了重金属、挥发性有机物、持久性有机污染物等污染因子，但是人们发现，长久以来企业自己都不知道这些比二氧化硫、氮氧化物、COD、氨氮的毒性大得多的污染物究竟排了多少。基层环保部门也都以主要污染物的减排作为"抓手"，对千差万别的企业实行着雷同的末端管理，对大多数排放标准中要求控制的污染物都既无管理手段，也无监控能力。

"这就是为什么这些年来我们的总量减排任务总是圆满完成，但是环境质量恶化的形势却依然严峻。"一位基层环保管理人员说，"我们需要一场彻底革除陈弊的改革来扭转这一局面"。

环保部原总工程师杨朝飞告诉记者，区别于很多发达国家对企业贯穿全生命周期的"过程式"管理，我们的环境管理是"环节式"的，一个环节，一套人马，手握一项行政权力，负责一个管理的阶段，对企业的要求缺乏逻辑上的一贯性。

例如，环评的就管环评，提了要求就给批了，也不管后面到底能不能落实，总量核查的不管达标排放，执法用不了在线监测数据，有时候会发生重叠——哪些企业、哪些污染物应该管、怎么管，各职能部门都各自有一套逻辑，不同的要求常会发生冲突；有时候又是脱节的，如环评报告批复文件中对企业在某地的排放行为可能提出很多更严格的要求，但是按照现行的法律，只要企业在实际生产活动中的排放不超标，环保部门就算发现了企业没有执行环评的要求，也没有办法落实处罚，导致环评“落空”。看起来干了很多工作，但是管理的实际效果并不好。

他告诉记者，排污许可证制度在国际上早已经是被广泛采用的成熟的制度，是对固定污染源实行“过程管理”即全生命周期“一证式”监管的基础性制度。这项制度的建设也是在第一任环保局局长曲格平时代就提出来了，那个时候许可证是作为环保制度建设的“新五项”之一，也正因为它只是“之一”，而没有明确其基础性，统摄不了其他的管理要求，所以也一直“难产”。不仅如此，过去 30 年，中国的环保一直就没有明确环境质量目标的核心地位，许可证制度实际上也并无大用场，也就成了一个可有可无的残缺摆设。在杨朝飞当环保部政策法规司司长期间，2007—2009 年，国务院曾连续三年把排污许可制度的立法列入立法计划。

“但思路都不清楚，怎么能列入计划呢？过去长久以来，许可证跟其他制度的关系没有理顺，就一直连许可证条例都出不来台。”杨朝飞说，这就是许可证制度虽然提了几十年，却一直未能建立起来的内在原因。

三、什么是排污许可证

成熟而完善的排污许可证并不是我们一般意义上理解的挂在墙上的一张证，它的“真身”通常都有几十页到上百页不等，承载的是政府对一个向环境排放污染物的企事业单位的所有环保要求。

“所有”的环保要求，包括但不限于企业能被允许排放些什么类型的污染物，是直接排河里呢还是排进综合污水厂呢；是通过高烟囱排出去呢还是大面积挥发性排出去的呢；排放污染物的浓度和频率限值是多少；一定时期内的排放量最大是多少；企业自己要做好哪些监测和记录；要多久上报一次排污记录；特殊情况下需要采取什么应急措施保障怎样的排放限制；等等。

“比技术性的载明内容更为重要的是，我们需要回答许可证到底是什么，它扮演什么角色，目的是什么。”环保部排污许可证实施领导小组一位成员说：“这个问题以前一直没有说清楚，但是中共中央十八届五中全会已经明确了方向。目前国家发布的‘实施方案’基本思路是与成熟的国际经验接轨的，它是我们多年来环保管理经验教训的总结，也是按照我们目前的现实基础制定的改革路线图。”

他解释说，根据“实施方案”，排污许可证是“企事业单位在生产运营期接受环境监管和环保部门实施监管应当遵守的主要法律文书”。这里面就包含了两层含义：其一，它是用来约束企业的，企业要“按证排污，自证其行为守法”，其中的重点就在于对排放行为的“许可”怎么定；其二，它也是用来约束政府的，环保部门要“依法发证，依证监管”，重点在于作为一项制度要如何保障执行。而“所有企业都要持证排污，按照所在地改善环境质量的要求承担相应的污染治理责任”则是明确了许可证存在的目的是围绕环境质量改善的中心工作服务，环境质量的改善是唯一目标；“制度统领”和“一证式”管理的定位则描述了许可证制度的基础性地位，对固定污染源的诸项管理制度而言，它既不是附属，也不是并列，更不是取代，而是建立起一个基础平台，其他所有相关的制度、要求，都要进行配套的改革、衔接、融合进来。

四、海南试点初试牛刀

环保部相关负责人告诉记者，《控制污染物排放许可制实施方案》虽然到了年底才发布，但围绕着它所开展的工作贯穿了整个2016年。自1月环保部成立了领导小组之后，除了紧锣密鼓地总结经验教训、组织专家研讨、设计许可证制度建设的框架外，还部署了新一轮的地方试点工作，根据最新的改革精神，通过实践推动和完善排污许可制度的建设。其中，海南试点就是在这样的背景下如火如荼地展开的。

2016年5月26日，在海南省排污许可证改革试点工作会议上，海南省生态环境保护厅厅长邓小刚向前来参会的环保系统官员、企业界代表、高校专家等人宣布：排污许可证的改革试点工作进入实战阶段。

这时候，海南省已经拿到了环保部批复的排污许可证试点工作方案，开始深耕这一片改革的试验田。

邓小刚介绍说，环保部赵英民副部长对试点工作提出了要求——我们要进行的这场改革是固定污染源管理的基础制度改革，牵一发而动全身，虽困难重重却又势在必行。海南试验成熟的技术路线要力争做到可复制、可推广，虽然时间紧迫，但这是环保部交给海南的任务。到年底，第一批许可证就要发下去了。

在邓小刚的思想认识中，这一次的改革意义重大，影响深远，体现的是发展理念和管理方式的彻底转变，是对现有环境管理基础制度的整合和再造。他解释说："除了十八届三中全会《关于全面深化改革若干重大问题的决定》，十八届四中全会《关于全面推进依法治国若干重大问题的决定》，都明确了最严格的环境保护制度之外，去年的两个非常重要的文件：关于加快推进生态文明建设的'意见'，以及生态文明体制改革的'总体方案'，都特别提到了要建立严格监管所有污染物排放的环保管理制度，完善污染物排放许可证制度。"

他柔和的语调里透着坚定和铿锵："我们以前，包括海南，都发过不少'排污许可证'，但我的理解，发和没发没多大区别，发了以后也都是锁到抽屉里。而现在我们要的许可证，内涵跟以前的完全不同，一定要接地气——企业能接受和操作，政府也可以监管和核查，是需要企业、政府、第三方大家共同努力来完成的。我一开始还认为没有那么难，后来越接触，越觉得难度真的很大，真要研究透，需要很长时间。但是现在改革的形势如此紧迫，我们争取年内发出第一张证。发证还只是第一步，这是一个系统改革，牵涉到环境管理全流程的调整，也不可能做到一步到位，第一次发出去的证肯定有不完善的地方，希望大家一起努力来逐步完善吧!"

海南被称为全国人民的"四季花园"和"度假村"，因为工业化起步较晚，没有经历过"遍地开花""遍地排污"的乡镇企业阶段；岛内有限的工业区也相对集中，工业的总量也不大，环境质量的基础维持得较好。作为改革试点来说，有着更显从容的操作空间。然而，经济的相对落后，管理基础和技术力量的薄弱，也是需要克服的困难。在这样的背景下，按照邓小刚的说法，环保厅把自己变成一个提供平台和后勤保障的"服务者"，诚邀各方有识之士组成团队共同"攻关"。前前后后，已经有 11 家单位闻讯而来，自愿加入——有央企的研究所，有熟悉许可证制度的外企，有部委的下属科研机构，还有几所高校的研究团队，就在 5 月的这次会议上，敲定了分工合作的方向。

五、数据“失真”的制度根源待化解

参与海南试点的某央企环保技术人员告诉记者：“因为算法不一样，总量台账和监测收费各是各的账本，一个企业同一段时间内同一种污染物的排放量算出来都是不同的，跟环评批的也还不一样。表面上看，企业被检查得很频繁，但这跟新环保法规定的‘严格执法’又是两回事，严格执法应该是执法从严，违法必究，而过于频繁的检查暴露的却是法律依据不清，守法证据不明，执法效率也就不高。”

那么问题就来了，企业究竟应该排多少，实际又排了多少？该技术人员说：“反正，总量控制是一个要求，排放标准是一个要求，环评时候发现所在地环境质量不达标，或者基于风险控制，可能还有更严的排放要求。就总量一项工作都能算出 3 套数来：企业通常都会自己算一个保守的数上报总部，算一个参照总量指标稍微留一定空间的数上报到环保部，以及最后被总量核查人员修改认定之后的数。这个修改，可能是核查人员不认可你的一些减排手段，也可能是他们觉得你某个减排装置的减排比率定得太高，给你‘酌情’调低一些。总之，企业究竟排了多少污染物，最终是由环保部门来说了算。而说了算的这些人，未必都懂行业的具体技术知识，但却又要在规定时间内完成规定动作。所以，一方面是企业有了造假的空间；另一方面甚至是有了编造数据以应付管理目标的现实需求。由于以前的减排又都是‘一刀切’地考核各地方总量的减排，所以地方政府多多少少都默许甚至‘共谋’了这样的局面，与实际的环境质量要求越离越远。”

对企业而言，所有的环保要求是否得到执行，最后都要落到执法上来保障。可是，“多套制度多张皮”以及“监督者举证”的局面客观上也加剧了执法之难。环监系统一位官员告诉记者，环境监察执法一共有十多项业务职能，包括监督企业达标排放、达总量排放，查处污染案件等，前几年在全国做了一次调查，统计环监执法履责的情况，结果发现，执行得最好的，大家都勾选完成的业务就只有一项：排污收费。

在环保部组织的一次会议上，一位专家说出了“让大家不得不直面”的一个现实：中国环保搞了 30 多年了，天天去企业检查、收费，可是 30 年后的今天，却需要依靠数年一轮的污染源普查，才能知道有多少企业在排污，主要污染物排了有多少——这是活生生的现实啊，中国环保管理的现状也由此可见一斑了。

这位专家说：“我们的环保工作要控制污染，对量大面广的固定污染源的管理肯定是重中之重，我们现在面临的问题却是：首先，企业的治污主体责任未能得到落实，真正排放了多少，企业并不关心。超标排放普遍，违法成常态。其次，政府监管的要求多，但是能力弱，效果差。最后，社会共治的水平低，企业的治污积极性没能调动起来，社会公众就算有监督的热情也缺乏参与的途径，这些问题都有待制度建设来改变。”

六、“一证式”的“归真”

“这次再不给出真实的东西，今后可就没机会了。”海南省环境保护厅总工周学双每次组织企业开会，都会重复念叨这句话：“我不管你以前怎样，不管以前是几套账本几张‘皮’，这一次要拿真实的东西出来，今后管理的依据就都以这次的数据为起点。”

在周学双看来，许可证得以发挥作用的关键，一个是“归一”，一个是“归真”，实际上，管理的“归一”就会促使信息的“归真”。

周学双告诉记者，“归真”的过程源于管理思路的重新构建，不仅仅是让企业重新填报几个真实数据而已，而是要像陈吉宁部长说的那样，重建诚信，责权归位。环保部门不再管自己能力和职权范围之外的事，企业排些什么，怎么排的，排了多少，都由企业自己来负责说清楚。监管和执法的思路也要调整，一方面，企业要自主监测和记录完整的排污台账并定期上报；另一方面，企业的排放信息要在统一的平台上公开接受社会监督，执法人员也不用再跟企业玩“猫捉老鼠”的游戏，更多的时候不用到现场执法，而是对照许可证的要求审查企业上报的排放数据、异常排放的报告等信息。在以诚信为基础，严惩违法的执法环境下，原本就用不着执法人员疲于奔命地“捉老鼠”。“自证清白”的举证方式才更有利于“诚信守法”成为企业排放行为的主流与常态。

在试点工作的筹备阶段，海南省确定了10家许可证改革试点企业，涉及油田、炼油、化工、造纸、火电等行业。按计划，改革的步骤从企业自行申报与产排污相关的所有信息开始，到政府和企业共同商定许可内容的底线、形式，再到制度、法规、地方标准的配套改革，信息平台和管理平台的重建，技术规范和管理流程“服务包”的总结完善。改革按照先易后难的顺序推进，管理基础好的行业和目前有技术条件说得清楚的污染物先纳入许可证管理，五年一个换发周期，逐渐扩展到所有行业和所有污染物。

对守法企业而言，一次性把自己的“家底”上报清楚，把自己排放的证据链保留完整，不仅是当有环境纠纷出现的时候不被动，更是不用疲于应付各种烦琐低效的汇报、检查甚至“找麻烦”。区域所有企业的信息汇总并也“归真”了之后，就能与环境质量改善的规划相印证，企业也能对自己在某一区域未来的发展空间有所预期和把握。说到底，对大家都是好事，除了那些从一开始就抱定决心浑水摸鱼的人，以及只要投入成本做达标排放就一定会死的落后企业。

周学双说，根据“实施方案”的改革理念，排污企业的信息“归真”还有一层重要的含义，就是不再只片面盯着那根烟囱和那几种主要污染物做文章，需要“全面的真实”——所有产排污相关的环节、设备、治理技术、控制措施、设计参数、控制参数、启停计划和非正常排放的应对方案都要清晰地写入申报材料中。许可证的要求必须是基于生产全流程、全要素的考虑，真正体现源头削减与控制、全过程管控和多污染物协同减排的理念，把污染从最容易、最有效的环节减下来，如原料的替代、工艺的改进、设备的更新等，把钱花在刀刃上，不能再搞“头痛医头脚痛医脚”，不能不计代价地只顾最后一根烟囱的排放数据好看，不能搞污染转移，“按下葫芦起来瓢”。

七、重新定位的环保执法

一位环保执法人员告诉记者，我们过去出台很多法规政策的初衷都是好的，但是效果却未能显现，如今到了一个需要反思和调整的时候。

例如，继续以监测制度为例，国家早已出台过不少文件，来赋予国家投资巨大的在线监控系统各种“使命”。2005 年 11 月 1 日开始实施的《污染源自动监控管理办法》就曾规定：自动监控系统经环境保护部门检查合格并正常运行的，其数据作为环境保护部门进行排污申报核定、排污许可证发放、总量控制、环境统计、排污费征收和现场环境执法等环境监督管理的依据。但因为在线监控的数据质量并不高，按期强制检定的环节又因为部门条块分割而难以推进，环保各项制度又是各有一套算法，这些功能迄今并未能得到有效的体现。

但是，排污许可制和排污台账制度完善之后，按照改革目标的说法，企业是要“自主监测”和“自行上报”的。也就是说，包括在线监测在内的很多本该企业自己负责做的事，就该还给企业了。环保部门不再当“保姆”，而是抱着相信企业的初衷，在一个诚信社会的框架之下，有的放矢地监督和执法。

“这就像是报税一样，税务局没有义务去帮每个人算你该缴的个人所得税是多少，但是一旦有人举报，或者我查到你偷漏税，那就严厉追究你的刑责，以此作为守法者能获得公平市场的保证。”他说。

而另一位基层执法人员则叹息说：“为管理排污企业，我们已有的各种法规制度政策要求已经是不可谓不多，不可谓不严，但一个制度就算设计得再好，最后不能在执法环节得到保障，就都是镜花水月一场空。”他认为，对于“普遍性违法”局面的出现，广大基层执法单位固然有能力不足、建设不够、工作尚未能足够到位的问题，也有制度本身千头万绪，要求太多都无法落实，最后只能由领导“拍板定调”的问题。这种局面下，基层政府和环保执法的“自由裁量权”反倒可能会给执法人员“挖坑”。他认为，最近刚刚被起诉的原华北督察中心的一些官员，原本都还有些环保人的理想，并不全然是利欲熏心之徒，就是因为一方面思想上放松了警惕，另一方面客观现实给了他们很多“自由裁量”从而以权力“寻租”的空间，才导致他们一念之差“收了企业钱给企业寻求从轻处置的机会”，这也都是事发多年之后，经人举报才东窗事发。他说：“现在国家的许可证方案已经明确给环监系统提出了要求，今后必须得依证执法了，照章操作，不能再有证外执法的空间。这对执法人员而言既是新的要求，也是一种保护。我觉得我们应该按照中央文件的精神，不折不扣地执行，而这也是许可证制度最终能够得到落实的保障。”

从2014年年底关于排污许可证的第一版“管理办法”出台到2017年15个重点行业全面推开排污许可制度改革，记者全程关注了这一重大事件，尤其是以“体验式”采访的方式全程参与了海南改革试点的工作。

海南改革试点工作有两个层次的重要任务需要完成：

其一，作为国家排污许可制度改革的先行先试地区，海南省要为石化工业排污许可证的设计探索方向，目的是实现高效的监管。

当环保执法人员面对占地几平方千米并密集交错的装置、管线、储罐的时候，他不用去翻阅十大本环评报告书，不用钻研行业的技术要点，他只用凭一本许可证，就一目了然地知道这家企业有些什么，排些什么，需要监管的节点在哪里，依据是什么。而这些内容，必须要结构分明、层次清晰、重点突出、简明且完整地体现在许可证上。要实现“强化排污者责任”的生态文明改革目标，首先就要明确排污者的责任是什么。排污许可证既是作为企事业单位生产运行期排污行为唯一的行政许可，它本身就是法律对排污者的要求具体化、可操作化地呈现出来的载体。这也就意味着，传统的监管模式会因此做出相应的调整，新的许可证会成为环保监管的有效工具。

其二，作为行业许可制改革的试点地区，海南省需要为VOCs的监管找寻途径、确立方法。

显而易见，“在排水口蒯一瓢水，在排气口采一个样”的监管方式，对于COD、SO_2这类污染物的排放还能起到一定的作用，但对于石化行业几十万个无组织排放源来说，就彻底无效了。2015年新修订的《大气污染防治法》从立法层面首次提出了以建立台账来对工业涂装企业的VOCs排放进行管理的要求，还对石油、化工以及其他生产和使用有机溶剂的企业提出了以采取日常维护措施来减少排放的要求。

这就意味着，固定污染源既有的管理思路、管理手段在以VOCs的无组织排放控制为典型代表的领域内，必须做出系统性的改变。环保监管不能再仅仅聚焦于污染物的实测数字，而是要更注重对人的行为进行管理。

例如，企业有没有对泄漏点进行巡检，有没有做好日常维护，有没有采取必要的修复措施，相应的一些控制指标和参数有没有满足……这些日常的管理，哪些是必须要做的，做到什么样的程度就能被判断为满足了法律的底线，符合了行业的标准，正是亟待排污许可证给出答案的难点和重点。排污许可证的设计不仅需要回答这些内容，还要将这些环境管理要求转化成台账制度，让企业通过自主记录台账的方式，将满足了要求的证据存留下来，并且基于台账定期做总结，向环保部门提交执行报告。

台账制度的推行是排污行为主体责任回归企业的重要标志，也是因为这样，试点工作的一个基本原则，就是要唤醒行业的自觉，让企业在一开始就充分认识到“这是我自己的责任”，调动最熟悉行业技术的人们怀着“自证守法”的觉悟参与进来；而监管人员则需要探寻新的监管模式，借助有技术含量的许可证的设计，卡住要害，有所为有所不为。

这一原则的实质，其实也是践行排污许可制度改革本身的精神。

环保部也是怀着这样的考虑，基于海南省的试点，启动了石化工业排污许可申请与核发技术规范的调研和编制工作。2016 年 5 月 19 日，环保部办公厅向海南省环保厅发出“环办大气函〔2016〕922 号”复函，同意海南省开展排污许可证管理制度试点工作，要求海南省环保厅“要切实加强组织领导，尽快组织实施，着力解决石化化工行业挥发性有机物排污许可管理技术难题，探索形成可复制、可推广的经验”，并要求试点期间，要及时报告阶段性工作成果。

除此之外，环保部还将此文件抄送中国石油天然气集团公司办公厅、中国石油化工集团公司办公厅、中国海洋石油总公司办公厅。环保部回复地方环保厅的函件抄送“三桶油”的情况算是史无前例，这也充分传递出了这样一个信号——排污许可制度改革要落实排污单位主体责任并不是一句空话，行业界要建立起充分的认识，调动起主动参与的积极性来。

同理，环保部门要彻底摆脱“保姆式管理”的思维，在这样一个极度专业、复杂的行业的许可制改革中显得尤为重要。环保部门的行政管理人员本身就不可能是行业的全才，即便是学某一行业出身，因为长期脱离生产一线，也不可能像专业人员一样对企业的运行、技术的前沿了如指掌。

换句话说，如果双方不能建立起互信的基础，还处在“你把我当个贼盯着，我把你当外行哄着”这样一种关系角色中，那双方都将在低效甚至无效的监管和应对监管的过程中浪费大量的人力物力成本。

所以，环保部门的发证人员并不需要真的变成某个行业的行家，这其实也是并不现实的。在排污许可证申报材料的审核过程中，只需要对照管理规定和技术规范，对企业的申报材料作合规性的审查。例如，企业提交的资料类别全不全，申请表格在形式上是否规范、完整，填写的适用标准是否正确，等等。而从证后监管的角度来看，环保部门也不用天天跑去企业研究每个装置的泄漏点，更多的是审查企业定期提交的执行报告，抽查企业的环保管理台账，逐一对照许可证上列明的要求，检查企业有没有做到自主履行环保责任，按证运行。

整个许可证和环保管理台账，构建出的是一条让企业“自证守法”的证据链，技术规范的设计，就是要打造这条证据链环环相扣的内在逻辑，关键的工艺参数的记录，必不可少的操作流程的记录，对应着各种污染物合法的排放数字。一方面便于企业规范自身的环保管理，另一方面便于环保部门“四两拨千斤”地对企业进行监管。

也只有这样，排污许可证才能真正体现出它的价值，环保部门也才能从“猫捉老鼠”的低效监管套路中解脱出来。许可证的核发人员甚至并不需要掌握技术规范中所涉及的石化专业技术知识，也不需要通过专业的推理分析来判断企业提交的申报材料是否真实，是否有漏报瞒报。因为说到底，签订了“守法承诺书”的企业自己要对提交材料的真实性、完整性负全责。环保部门只需要做好信息公开，严把执法关，就可以树立起许可证的权威，督促企业从“要我守法”向“我要守法”转变。

严管象牙进口　有序停止商业性加工销售

张一诺[①]

摘　要：2016年3月20日至2019年12月31日，我国临时禁止进口三种象牙及其制品。2016年12月30日，国务院发出《关于有序停止商业性加工销售象牙及制品活动的通知》，要求分期分批停止商业性加工销售象牙及制品活动。

世界自然基金会（WWF）和国际野生物贸易研究组织（TRAFFIC）表示，欢迎中国政府宣布将在2017年12月31日前全面禁止国内象牙贸易，这标志着世界上一大合法象牙市场的终结，同时成为加速国际社会共同遏制非洲大象盗猎危机进程中的重大利好举措。

关键词：进口象牙　商业性加工销售　野生动物保护　公约

2016年3月20日，国家林业局发布2016年第3号公告，对进口象牙及其制品采取更加严格的管控措施。

公告称，为有效管控象牙及其制品进出口，国家林业局决定，2016年3月20日至2019年12月31日，我国临时禁止进口以下三种象牙及其制品：①《濒危野生动植物种国际贸易公约》（以下简称《公约》）生效前所获的象牙及其制品；②《公约》生效后所获的非洲象牙雕刻品；③在非洲进行狩猎后获得的狩猎纪念物象牙。

①张一诺，《中国绿色时报》记者、编辑。

临时禁止进口措施实施期间，国家林业局暂停受理相关行政许可事项。象牙文物回流和科研教学、文化交流、公共展示、执法司法等非商业目的需要进口象牙及其制品的情况，不在此次临时禁止进口范围。

为了支持非洲大象保护，2015 年 2 月 26 日、10 月 15 日，国家林业局先后发布公告，实施为期一年的临时禁止进口《公约》生效后所获的非洲象牙雕刻品、在非洲进行狩猎后获得的狩猎纪念物象牙等两项措施。

临时禁止进口措施实施以来，国家林业局停止了受理相关行政许可事项申请，相关部门加大了查验工作力度，国家林业局还组织评估机构开展了专项评估。

评估结果表明，临时禁止进口措施的实施，有力地强化了国际社会对我国支持非洲象保护立场的认识，提高了我国公民的生态保护意识，受到国内外普遍赞同，同时有效地遏制了我国公民非法携带象牙入境回国的现象，相关案件的案发率明显下降。

国家林业局相关部门负责人表示，国家林业局最新发布的公告，对进口象牙及其制品实施了更加严厉的管控措施：一是延续了 2015 年实施的临时禁止进口《公约》生效后所获的非洲象牙雕刻品、在非洲进行狩猎后获得的狩猎纪念物象牙等两项措施；二是将《公约》生效前所获的象牙及其制品也纳入临时禁止进口的范围，管控范围明显扩大；三是将临时禁止进口的时限统一设定为到 2019 年 12 月 31 日止，即由原来的为期一年延长为将近四年。

这些都进一步表明中国政府为保护非洲大象所采取的措施更为严格、立场更加坚定。

这位负责人解释说，延续去年实施的两项临时禁止进口措施，主要是考虑到禁止进口措施最终对遏制非洲大象盗猎和走私象牙贸易等活动产生明显作用还需要有一个过程，公众保护野生动物意识的巩固也需要一定的时间。

一些不法分子在境外观望我国政策走向伺机而动，如果解除此前的两项禁止进口措施，可能会导致象牙非法贸易活动重新抬头，甚至愈演愈烈，对全球共同保护非洲象行动造成不良影响。我国延续这两项措施，也向国际社会展示中国政府严管象牙进口的行动是严肃认真的，是信守承诺的。

谈到为什么要将《公约》生效前所获的象牙及其制品也纳入临时禁止进口的

范围，这位负责人表示，禁止进口《公约》生效后所获的象牙雕刻品和在非洲进行狩猎后获得的狩猎纪念物象牙，只是阻断了非洲向我国输入象牙及其制品的渠道。

但是，一些西方国家在殖民非洲期间掠夺、囤积的数以千吨计的象牙及其制品，却仍在不断地输入我国。如果不将其列入禁止进口范围，就难以抵制他们继续通过向我国销售象牙及其制品谋取不义之财。

国家林业局决定扩大禁止进口象牙及其制品的范围，把《公约》生效前所获的象牙及其制品也纳入临时禁止进口措施中，并将时限设定为到 2019 年 12 月 31 日止，确保了我国出台的临时禁止进口象牙及其制品多项措施的全面性和协调性，切实阻断了西方国家一些商人靠向我国输出象牙及其制品来获取高额利润的链条，进一步加强和支持保护非洲大象的国际行动。

有关资料显示，1900 年，非洲大陆有大象 1 000 万头，到 1980 年由于人为猎杀已经骤降到 120 万头。目前仅剩 50 万头。当年西方殖民统治者在非洲猎杀了 900 多万头非洲大象，获取了大量的象牙资源。

有人计算过，按每头大象一对牙重量平均 20 千克计算，被猎杀的 900 多万头大象约有 1.8 亿千克（18 万吨）的象牙。保守估算，目前欧美国家当年所获象牙的总储存量至少在几千吨以上。现在仍有一些西方国家没有为当年大肆猎杀大象的行为而反省，更没有为非洲大象资源国开展自然保护进行经济补偿和援助。

2015 年，著名画家袁熙坤曾公开呼吁，禁止党政机关公职人员消费、收受和非法持有象牙、犀牛角和虎骨等濒危物种制品。

“近年来，国际间象牙走私的案件仍处于高发水平，而对于非洲象的盗猎压力远未得到有效缓解。”袁熙坤说。

他在此前的调研中发现，传统市场、开放互联网平台及拍卖市场上销售的非法象牙呈现一定下降趋势。但以象牙为代表的濒危物种的买卖并未真正减弱。“相反，非法濒危物种贸易正在向更加隐蔽和便利的微信和 QQ 等社交网络平台上转移。”

此前，根据我国现行法律，市场上销售、流通的象牙雕刻品均需配备有国家林业局及国家工商行政管理总局批准使用的《象牙制品收藏证》。但实际上，市场

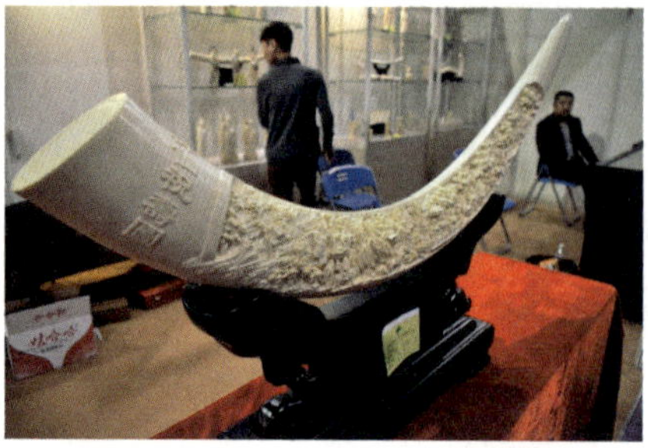

市场中非法象牙销售现象对比合法买卖一度高达6：1

上违规现象时有发生。

袁熙坤说，实际市场中非法象牙销售现象对比合法买卖竟高达6：1，说明我国现有的许可证制度存在严重漏洞。“只有重新全面禁止象牙贸易，才能解决本质问题。”

至于为何建议禁止公职人员持有消费和收受象牙，袁熙坤解释说，在一些大案要案中，有大批象牙等高价值的濒危野生动物制品被查没。“一些西方媒体特别敏感于我国公职人员参与消费象牙的新闻线索，并大肆渲染。作为国家形象的代表，我国公职人员应格外注意其自身责任及对国家的影响。”

“应充分发挥党政机关公职人员表率作用，正面地教育和引导群众。”袁熙坤建议，国家应明确颁布命令，通过调查和统计摸清党政机关政府公职人员拥有象牙、犀牛角、虎骨等濒危动物制品的基本情况，并依法要求上缴其未登记的非法物品。

“这既是法律法规的要求，也是我国新一届政府生态道德规范的要求。”袁熙坤说，这有助于防微杜渐，严防一切奢靡腐化的物品成为官场交流的软通货，严防公职人员在出现生态道德方面的劣迹败坏我国政府执政形象。

2013 年 12 月 12 日，国内 54 家动保机构将联署信递交到了国家林业局、全国人大环境资源委员会和全国政协人口资源环境委员会，希望国家林业局和相关主管部门，销毁中国政府近年来收缴的非法走私象牙。

“既然非法，就应该像毒品一样进行销毁，而非封存。”国际爱护动物基金会（IFAW）项目官员王娟说。

非法象牙贸易促使了盗猎，并在合法象牙贸易下偷偷进行。联署信称，2011 年至今，海关罚没的象牙总数不少于 17 吨，相当于 6 000 多头大象。

“而销毁罚没的走私象牙，可以令非法象牙不会再次流入市场。”联署信称。

中国法律对违法出售、收购、运输、走私野生动物及产品等行为，作出了极为严厉的惩处规定，不仅要没收实物、违法所得并处相当于实物价值10倍以下的罚款，还可判处最高至终身监禁的刑役。

2013年10月，安徽省对2010—2012年从日本向中国走私3.2吨象牙的8名犯罪嫌疑人进行审判，作出分别判处3～15年有期徒刑的判决，并处没收300万元非法所得。

法院审理查明，2010年11月至2012年4月，案犯龚盛和陶利平利用网络从日本购买象牙制品，以虚报的商品名称逃避海关检查，再通过网络寻找国内买家。一年多来，龚盛和陶利平采取上述约定方式通过金光铉、许贵玉走私入境象牙共计3 257.204千克，价值135 717 919.068元人民币。被告人吴瑞文、杨钢、张田峰分别从龚盛处购买象牙100千克、4千克、12千克，季斌从龚盛和张田峰处各购买3千克，共计6千克用于销售。

2011年年初，厦门海关接到举报称有人企图走私大批象牙入境。8月31日凌晨，厦门海关组织专案组展开抓捕行动，抓获该犯罪团伙主要成员陈某、何某。查获其夹藏在进口铜矿砂货柜中的象牙524支（根），重量1 870.61千克，价值约1亿元人民币，加上在陈某经营的工艺品店内查扣的象牙，厦门海关共查扣2 154支（根、段）象牙及制品，合计7.68吨，价值约3.78亿元人民币。

2013年11月8日，广东省高级人民法院支持一审法院的判决，2名走私1.04吨象牙的罪犯被分别判处12年和14年有期徒刑。11月初，在北京一人因从广东省订购2支完整的象牙和168件象牙制品而被判处10年有期徒刑，尽管罪犯声称他订购的目的只是私人收藏。

最高人民法院公开的信息显示，过去10年，我国将近700人因走私野生动物犯罪受到公诉，并被判处3年到无期徒刑不等的徒刑，其中与象牙相关的犯罪占一半以上。

2016年12月30日，国务院发出《关于有序停止商业性加工销售象牙及制品活动的通知》，要求分期分批停止商业性加工销售象牙及制品活动。

通知规定："2017年3月31日前先行停止一批象牙定点加工单位和定点销售场所的加工销售象牙及制品活动，2017年12月31日前全面停止。国家林业局要确定具体单位名录并及时发布公告。相关单位应在规定期限内停止加工销售象牙及制品活动，并到工商行政管理部门申请办理变更、注销登记手续。工商行政管理部门不再受理经营范围涉及商业性加工销售象牙及制品的企业设立或变更登记。”

当日，世界自然基金会（WWF）和国际野生物贸易研究组织（TRAFFIC）公开表示，欢迎中国政府宣布将在 2017 年 12 月 31 日前全面禁止国内象牙贸易，这标志着世界上一大合法象牙市场的终结，同时成为加速国际社会共同遏制非洲大象盗猎危机进程中的重大利好举措。

“WWF 高度赞赏中国决定如此迅速地全面禁止国内象牙贸易，此举强烈表明政府减少象牙需求以拯救非洲大象的决心。”WWF 中国总干事卢思骋说，“关闭当今世界上最主要的合法象牙交易市场将有助于遏制中国及中国以外地区的象牙购买行为，并阻断非法象牙的贩运和供应”。

“如今世界上三大象牙交易市场——中国大陆、中国香港和美国都已经或正逐步取缔境内象牙贸易，我们希望其他国家也能效仿，”卢思骋说，“中国和美国都已向我们证明了这些市场其实可以很快被取缔，而且速度越快对非洲象的保护越有利。”

当年 8 月，WWF 和 TRAFFIC 发布了《中国象牙商业性贸易可行性研究》的主要建议，认为象牙禁贸可在两年内实施完成，这不仅可提升公众的大象保护意识，而且有助于通过有效执法来打击非法贸易。WWF 和 TRAFFIC 还建议禁令应设置为具有永久性，以防止出现投机和囤积象牙的情况。与此同时，也应设立一个合理机制使象牙雕刻技艺得以传承。

国际爱护动物基金会（IFAW）对中国保护大象做出的努力也表示高度赞赏。IFAW 亚洲区总代表葛芮说：“这是给地球上仅存的 40 多万头大象最好的新年礼物！作为对大象保护最有影响力的国家之一，中国态度坚决地关闭国内象牙市场，为大象保护创造了新的历史。”

森林城市：普惠民生的绿色福利

胡利娟[①]

摘　要：“让森林走进城市，让城市拥抱森林”，这是国家森林城市创建活动的永恒主题，自2004年开展以来，它对促进城市可持续发展、增加群众生态福祉产生了巨大而深远的影响。

绿色是生命的颜色，也是城市的底色。而国家森林城市创建不仅是种树，更是一种发展理念的转型。从园林城市到森林城市，可以说，“国家森林城市”是一座城市生态文明建设的最高荣誉，也是对城市生态建设成就的最高评价。

如今，国家森林城市创建活动不仅已成为我国新时期推进城乡生态建设和国土绿化的创新实践，还是提升城市生态功能、改善城乡人居环境、拓展绿色发展空间和推进林业现代化的重要手段，更是森林与民生的融合，森林惠民效应愈加彰显。

关键词：森林城市　增绿惠民　共建共享　生态环境

天蓝、地绿、水净，现已成为建设美丽中国和美好家园的重要标志。

当前，随着我国经济社会快速发展，改善城乡人居生态环境，消除二者的差距，使城乡居民都能“看得见山，望得见水，记得住乡愁”，备受关注。

应时而生的国家森林城市建设这项行动，就是适应中国国情和发展阶段、推

①胡利娟，《科技日报》记者。

进城乡生态建设的一种实践创新，“让森林走进城市，让城市拥抱森林”，正在把人民群众对改善生态环境的期盼变为现实。

一、生态建设的实践创新

眼下，社会上流行的“创森”一词，就是创建国家森林城市的简称。其以森林植被为主体，建设和修复城乡一体化发展的自然生态系统。旨在提高人们的生态意识和生态文明水平，改善城市人居生态环境，提升城市品位和形象，增强城市综合竞争力。

自 2004 年启动森林城市建设以来，13 年间，我国森林城市建设呈现出蓬勃发展势头。截至目前，已有 118 个城市被授予“国家森林城市”称号。

根据对全国 180 多个“创森”城市的统计，近年来，“创森”期间每个城市年均新造林面积 20 万亩左右，大大高于全国同期森林增长的平均水平。

虽然已取得显著成绩，可一提起森林，多数人的直觉却认为，就是在广大农村、荒山原野进行造林绿化，建成的“生态硕果”也远离人居，让城市居民难以直接享受到。

应时而生的国家森林城市建设，恰恰正是为了适应中国国情和发展阶段、推进城乡生态建设的一种大胆创新。

“当时，主要‘围绕一个主题，做好两件大事’积极开展的。”国家林业局局长张建龙介绍，以“让森林走进城市，让城市拥抱森林”为主题，切实做好“大地植绿”和“心中播绿”这两件大事。

与义务植树等社会造林绿化活动相比，它既注重植树造林、强调生态文明理念的宣传教育，也注重政府主导，强调全民参与、共建共享。

一位参加森林城市建设座谈会的市长曾说过，“一个缺少森林的城市，是没有生命力的城市”。

当前，全国各地正在打造自然生态、宜居宜业城市，毫无疑问，发展森林城市已成为各地的通行做法。

在河北省秦皇岛市的“港西绿地”义务植树基地，每天都会吸引大批市民前

来。蓝天、绿荫、飞鸟，构成一幅令人沉醉的美丽画卷。

而山东省潍坊市则坚持“大地植绿”与“心中播绿”相结合，在市、县、乡、村四级实施，扩大国家森林城市建设的影响，使绿色理念深入人心。

“栾树、法国梧桐、白蜡……这些树既美观又净化空气，我们经常来转转，对身体好。”当地居民高兴地说。

不仅如此，这些年，我国许多资源型城市和老工业城市，如辽宁的本溪、鞍山，山东的枣庄等，都通过开展森林城市建设，改变了城市的基本色调，使其面貌焕然一新。

作为山东的“南大门”、一座因煤而建的资源型城市，枣庄市通过推进森林城市建设，修复破损山体20余处，治理塌陷地面积20万亩，关闭30万吨以下小煤矿和采石场、储煤场230余处，实现了天更蓝、水更清、地更绿。

据统计，2015年，枣庄“蓝天白云，繁星闪烁”天数达到172天，全市主要河流水质稳定保持Ⅲ类水标准。

“栽树就是栽生态、栽财富、栽民生、栽发展，植树造林投入再多也不为过!”西安市市长上官吉庆说，“舍得投入”这是西安市开展国家森林城市建设的一个最突出的特色。

据统计，创建国家森林城市期间，西安市财政投入资金达到83.04亿元。同时，还吸纳社会资金投入112.17亿元。2015年正在创建国家森林城市的78个城市，投入森林城市建设的资金近700亿元，其中一半来自社会投入。

“绿，成了人心所向。”在很多城市，日益增加的森林绿地，让市民有了更多休闲游憩去处。现在的山东省青州市王坟镇人，大家感受最深的就是树多绿多，该镇已被称为“森林中的乡镇”。在陕西省宝鸡市，居民出门见绿，推窗赏景。

近5年进行的问卷调查结果显示，市民对开展“国家森林城市”建设的支持率和满意度都在98%以上。

习近平总书记在研究森林生态安全问题时强调的“四个着力”，就是“着力推进国土绿化，着力提高森林质量，着力开展森林城市建设，着力建设国家公园”。国家新型城镇化规划、国家中长期改革实施规划、“十三五”发展规划纲要等都强调了森林城市建设。森林城市建设进入到国家发展战略层面，地位日渐凸显。

正如张建龙所说，森林城市建设，体现了与时俱进的绿色情怀和责任担当，成了展现绿色发展、生态文明理念的生动实践。

据了解，国家林业局已将国家森林城市建设列为林业发展“十三五”规划的重要内容。出台了《关于着力开展森林城市建设的指导意见》，明确提出森林城市建设将以改善城乡生态环境、增进居民生态福利为主要目标，力争到2020年，全国森林覆盖率提高到23.04%，森林蓄积量增加14亿立方米。建成6个国家级森林城市群、200个国家森林城市、1 000个示范森林村镇。

要实现这些目标，任务十分艰巨。而如今，经过13年的努力，我国森林城市建设不仅加快了我国造林绿化和生态建设步伐，而且已经成为各地增加森林面积、保护森林资源的有效手段。

统计显示，近5年，“创森”让每个城市年均增加市域森林覆盖率达1个百分点，是同期全国平均水平的2倍以上。

“创森”不仅得到了党中央、国务院的高度重视和大力支持，还得到了各地党委、政府的积极响应和城乡居民的普遍欢迎。

为推进城市森林建设，许多城市成立了以市长或市委书记为组长，各有关部门单位主要领导为成员的市“创森”工作领导小组，将新增森林绿地面积作为每年承诺为民办实事之一，工作任务完成情况纳入年度目标责任考核。广大市民也以各种形式支持并参与其中。

国家森林城市建设开展以来，13年间，紧紧围绕“让森林走进城市，让城市拥抱森林”这一主题，不断学习借鉴世界城市林业发展经验，在进行有益实践探索和理性总结的同时，形成了一些适合中国国情、具有中国特色的森林城市建设理念和做法。

张建龙称，归纳起来，我国森林城市建设突出了5个方面：在主要目标上，坚持大地植绿，着力打造完备的城乡森林生态系统。通过对山水林田湖进行统筹规划、综合治理，打造出“林在城中、城在林中”的现代城市风貌。

在重点任务上，坚持“心中播绿”，切实增强城乡居民的生态文明意识。通过建设多种多样的参与式体验式生态科普场所，推动生态文明教育进社区、进学校、进机关、进厂矿、进军营，营造处处受教育、时时受熏陶的氛围。

在建设范围上，坚持城乡统筹，大力推进城乡生态建设一体化进程。通过造林绿化和生态建设的统一规划、统一实施、统一管理，改变城乡生态建设二元结构，消除城乡人居环境的差距。

在建设方式上，坚持师法自然，全面提升城乡生态系统的近自然水平。大力推行造林树种选择本地化、森林绿地配置多样化、管护措施近自然化，使城乡生态建设更加科学、更为节约、更有实效。

在结果取向上，坚持以人为本，有效提供公平普惠的生态福祉。通过建设绿道和生态标识系统、无偿开放公园绿地，真正把森林城市建设成果变成最公平的公共产品、最普惠的民生福祉。

二、普惠民生的绿色福利

“森林城市建设，让宝鸡披上绿衣，更加美丽，尤其是像我这样退休的人，天天过来健身游玩。”家住渭河公园旁边、今年69岁的宝鸡市市民魏瑞明高兴地讲，这里绿树成荫、水景如画，瞧着心情舒畅，啥烦恼都没有了。“俺们老年人，幸福感更强，大伙儿闲暇时有了好去处!”

山东省枣庄市薛城区的张金华，是一名骑车爱好者。他介绍说，以前都是在公路上骑行健身，安全没保障。现在新建的环城绿道，景色优美，安全可靠，敢带着儿子一起来了。“这得益于开展森林城市建设，让骑车族们可以自由穿梭于绿色山林间，欢快畅行。”

不只是陕西、山东两省，随着森林城市建设的推进，这股清新的绿色之风已吹向全国各地，让很多居民都深切地感受到了森林给城市带来的巨大变化，同时也给自己的生活品质带来了极大的改善。

“创森”，切实为民造福，提升大家生活福祉。

建设现代化城市，既要有发达的经济、完善的配套功能，也应有良好的自然生态和城市绿化。森林是城市生态的底色，是大家幸福感的基点之一。而“创森”正是顺应人民群众对良好生态环境期待的民生工程。

如果说钢筋水泥构筑了现代城市的骨架，那么，植树造林则为整座城市补充了源源不断的“绿色血液”。

在林业用地占半数的陕西省西安市，不仅城市空地绿起来了，还创造了“空中花园”的奇迹。“大唐西市”项目就是其中的典型代表之一。它利用商场购物中心屋顶进行绿化，种植樱花、玉兰、国槐等10多种近900株植物，灌木面积达2 500平方米，草地面积5 000平方米，水池水系1 000平方米。

“就像是漫步街头花园，根本感觉不到是在楼顶。走进园内，满眼绿色，还设有座椅，对市民免费开放，逛累了可在这儿休息。”当地居民说。

若说“空中花园”是西安市为百姓独创的“绿色福利”。那么，在1.82万平方千米的国土建成一个“生态大花园”，则可谓是宝鸡的“大手笔”。

众所周知，作为黄土地上的宝鸡来讲，其是一个生态环境脆弱地区，年降水量不足500毫米，该如何增加绿色？

“企地共建”就是从实践中创新出的一种成功绿化模式。它既解决了地和钱的问题，更调动了全民义务植树的积极性。

占地600亩的九龙山公园就是“企地共建”的典范，其由渭滨区政府、宝鸡石油钢管公司和谭家村社区共同建设，园内共栽植雪松、桧柏、大叶女贞等各类苗木30余万株，成为附近居民休闲健身的理想之地。

“通过开展国家森林城市建设，不仅改变了城市的基本色调，使城市面貌焕然一新，而且培植了以森林为依托的一批绿色产业。”张建龙指出，绿色就是资源、生态就是财富，要坚持绿色发展、绿色惠民，“绿水青山就是金山银山”。

而在这方面，作为资源型城市“煤城”的山东省枣庄和环渤海经济圈重要节点城市的潍坊，则各有特色，“创”出一条“见绿又生金”的生态致富路。

地处山东省南部、为中国76个四线城市之一的枣庄，因多“枣”树形成村“庄”而得名，更是著名的煤城。

从建市以来，枣庄就形成了以煤炭、水泥“一黑一灰”为主导的产业结构。在煤炭、水泥年产能分别达到3 000万吨的同时，也让这座城市付出了严重的生态代价。作为国务院确定的全国资源枯竭城市转型试点市，尽快转变发展方式、改善生态环境，已成当务之急、民心所盼。

“三年多的创建国家森林城市行动，不仅改善了生态环境，还提升了城市形象。”枣庄市林业局局长龙厚宏称，利用这个平台，枣庄完成了从“灰黑”到“绿美”的华丽转身，从而推动城市与森林相融相生、市民与绿色相依相伴。

蓝天白云，郁郁葱葱。站在总长约 200 千米的环形绿道上，举目眺望全是绿，还有不少骑行爱好者穿梭其中。这就是位于枣庄市中心城区的环城森林公园绿道。

“它将沿线星罗棋布的公园、湿地、古迹、古村等景区，串珠成链，让枣庄佩戴了一条‘翡翠’项链。”龙厚宏介绍说，为使大家畅游绿道时可以小憩，又建了 14 个旅游驿站。

骑行爱好者张金华高兴地讲，在拥抱大自然的同时，尽享骑行带来的快乐。“看着现在的优美景色，难以想象在前几年，这里却是破损山体和荒山众多、杂草丛生的地方。”

该市薛城区在拓展空间增绿上更是大手笔，在黄金地段拿出 2 100 多亩地，放弃 30 多亿元的土地收益，转而投资 2.7 亿元，规划建设了城市森林公园，融合森林景观和人文景观，打造的“天然氧吧”，让市民纷纷点赞。

人均不足一亩田的山区小镇——王坟镇位于青州市西南山区，这个 30 多年来坚持看住山、多栽树的小镇，走出了“绿水青山就是金山银山”的绿色发展之路。

走进王坟镇，起伏蜿蜒、山峦沟壑，均为绿色，就像是一幅绿墨渲染的山水画卷。这儿森林覆盖率高达 61%，地面林草覆盖率为 92%。

“空气纯净、水质甘甜、天空湛蓝，是名副其实的天然‘绿色氧吧’。”当地人高兴地说。

森林，不仅是天然大氧吧、“城市之肺”，还是促民增收致富的“绿色银行”。

枣庄市山亭区植树造林在改善生态环境的同时，也为当地村民铺就了致富之路。每到葡萄成熟季，处在环城绿道上的山亭区北庄镇洪门葡萄专业村，基本上就看不到葡萄了。

“还没下架就被城里的游客摘走了。”洪门村人说，这条环城绿道，不仅是一条生态道，更重要的是一条致富道和幸福道。“路修通，东西好卖价格高，火了农家乐。”

曾是陕西严重地质灾害防治重点区域的宝鸡市西府天地民俗村，依托良好生态发展旅游产业，当地有 160 户村民经营农家乐，户年均收入 10 万元。

在河北省承德市，农民脱贫致富的出路在板栗等林果业上。当地村民每亩产值超 4 000 元。

张建龙表示，森林城市建设实质上是一个生产公共产品、提供公共服务的过程，同时，又是一项改善民生、普惠百姓的公益事业，需要各方面的关心、支持和参与，形成共建森林城市、共享美好家园的生动局面。

三、共建共享的民生工程

以前，我国城市绿化过分注重外观形式、精雕细琢，难以让人亲近，而且城乡绿化分布不均等差异化现象严重。

张建龙强调，要真正把森林城市建设成果，变成最公平的公共产品、最普惠的民生福祉，改变过去那种“只可远观而不可亵玩”的绿地封闭管理模式。

那么，究竟该如何让城乡居民享受到森林城市建设这颗“绿果”？开放、共享，最实惠。

“无偿开放公园绿地，尽可能方便老百姓进入森林、亲近森林、享受森林。”北京平谷区瞄准首都人民休闲旅游这个大市场，加快推动城乡建设，不断完善生态休闲功能，让其成为首都市民登山健体、休闲养生的健康休闲大公园。

“树下山，林进城，人入景”，这通俗、接地气的形容，说的就是森林城市建设。

森林，是建设美丽中国的核心元素和基本色调。美不美，看山和水；只有山青，才能水秀。没有森林，就没有青山绿水，就不会有良好生态，美丽中国便无从谈起。

“而植树造林则是实现天蓝、地绿、水净的重要途径，是最普惠的民生工程。”张建龙表示，当前，拥有更多的森林绿地和良好的生态环境，已经成为城乡居民追求幸福生活的新期待。

这在云南省普洱市尤为凸显。

堪称“大投入”“大手笔”的，就是老百姓津津乐道的“倒生根”“一树春秋”“独树成林”。

为什么呢？普洱市林业局党委书记于成刚的答复：保护古树。

位于该市中心区长青巷的倒生根公园，因有一棵长有倒生根的奇特大榕树而取名，榕村的东边硕果满枝，西边青枝绿叶，呈现出“一树春秋”的景观。

为了给古树营造一个良好的生存环境，其周围的普洱市中级人民法院、检察院和公安局 3 家耗费上千万元搬离“让道”。

据悉，此树为细叶榕树，占地约 300 平方米，已有 300 多年的历史，现已形成 5 棵相连，最大一棵主干需要 6 个人才能相围，最小的也要 3 个人。为保护这棵地标性古树，在其周围规划并建成了公园绿地 6 亩。

“不仅古树生存环境好了，我们也有了休闲、娱乐的好去处。”每天都来健身唱歌、走路 10 多分钟就到倒生根公园的杨家贵和他的搭档乐呵呵地讲。

据统计，普洱现已建成各类综合公园、专类公园的休闲绿地 94 处，森林公园、湿地公园和其他面积 20 公顷以上的郊野公园等大型生态旅游休闲场所 28 处。

于成刚称，大部分免费对公众开放，为城市居民提供了普惠式的生态服务。

近年来，生态文明的春风劲吹神州大地。各地积极践行“创新、绿色、协调、开放、共享”五大发展理念。许多地方坚持绿色发展、绿色惠民，“既要金山银山也要绿水青山”，“绿水青山就是金山银山”，绿色就是资源、生态就是财富等生态观，扎实推进城市森林建设。

作为林业发展“十三五”规划的重要内容，刚刚出台的《关于着力开展森林城市建设的指导意见》中明确要求，森林城市建设必须牢固树立创新、协调、绿色、开放、共享的发展理念，以改善城乡生态环境、增进居民生态福利为主要目标，以“大地植绿”“心中播绿”为重点任务，构建完备的森林生态系统，打造便利的森林服务设施，建设繁荣的生态文化，传播先进的生态理念。

但是，我国本来就缺林少绿，而且森林大多分布在远离城市的山区林区，很难满足城市居民“推窗见绿、出门进林”的要求。

“尤其是城市中心区，经济活动频繁，人口高度密集，是最需要绿又最缺少绿的地方。”张建龙指出，着力开展森林城市建设，就是要在城市居民身边增绿，让居住环境绿树环抱、生活空间绿荫常在，更加便捷地享受造林绿化带来的好处，提升他们的幸福指数。

张建龙说，要利用城市有限的土地最大限度地增加森林绿地面积，特别是利用好街边空地和裸露地块，积极发展以林木为主、便民实用的街心公园、小游园、小绿地，增加市民休闲活动空间。

同时，要开展森林单位、森林家园等形式多样的创建活动，推进森林进单位庭院、进居住区、进学校，实现居民身边增绿。并采取屋顶、墙体、桥体等立体绿化方式，拓展城市绿化空间，增添绿色景观效果。

不仅如此，还要提升城乡居民生态文明意识，建立健全森林博物馆、标本馆、科普长廊、生态标识等生态文化基础设施，广泛开展市树市花评选、植纪念林、树木认养认建等群众参与式、体验式活动，激发人们关注森林、保护森林、发展森林的责任感，让建设森林城市成为老百姓的自觉行动。

为搞好森林城市建设、努力开创新局面，科学编制规划，则是重中之重。

“国家林业局已经启动全国森林城市发展规划编制工作。”张建龙透露，其将结合城市经济社会发展水平实际，着眼人民群众对改善生态的需求，立足现有森林城市的标准要求，科学确定建设目标、任务和措施。

张建龙介绍说，该规划编制不仅注重与国家和区域发展战略相结合，还与城市建设规划、土地利用规划、绿地系统规划、产业发展规划相融合，与交通、水利、市政等专业规划相协调。并以此为基础，进一步编制县级、村镇建设规划和专项规划，将森林城市建设任务分解到位、落实到位。

如果说科学规划为森林城市建设的基础和前提，那么，机制创新可谓是推动它持续健康发展的不竭动力。

张建龙称，在创新资金投入机制上，特别是要探索运用 PPP（公私合营模式）和 BOT（兴建营运后转移模式）等方式，吸引社会资本参与，以及通过认建认养等形式，引导企业、社会团体和个人捐资进行森林城市建设。

在创新造林用地机制，鼓励通过“林苗一体”等方式，把城市的闲置土地、调整结构土地，以及通过划定生态红线，来保证造林绿化用地。并依托高等院校和科研院所，组建森林城市建设的专家咨询、指导队伍，让专业意见融入森林城市建设的各方面和全过程，确保森林城市建设始终沿着科学的道路推进。

另外，还要运用云计算、大数据和移动互联网等新技术，构建互联互通的管理和交流平台，实现森林城市建设管理的精细化、监测的智能化和决策分析的科学化。

“除此之外，森林城市建设要遵循经济规律和自然规律，坚持务求实效、循序推进，反对违背自然规律和群众意愿的形象工程、政绩工程，特别是大搞奇花异草、大树古树进城和非法移栽等行为。”张建龙说。

“让森林走进城市”增强了常州市民的幸福感

浙江义乌城市景观

宝鸡市森林覆盖率为 55.26%，人均公园绿地面积 12.27 平方米，均列关中五市第一位

常州城市园林中的绿道

记者手记

国家森林城市创建活动是由国家林业局和全国绿化委员会共同主办，现已在全国各地如火如荼地展开。统计显示，到目前为止，国家森林城市已有118个。

2016年，推进国土绿化、提高森林质量、开展森林城市建设、构建国家公园等一系列重大举措的提出，均充分表明国家高度重视生态文明建设。而在这其中，“国家森林城市”称号又被国务院批准列为政府内部审批事项，不仅如此，《国家“十三五”规划纲要》《国家新型城镇化规划》《林业发展“十三五”规划》等，都把森林城市建设作为重要内容，书写了浓墨一笔。更为关键的是，全国各地也将森林城市建设纳入政府要件，公众的支持力度热情高涨。

近年来，从东到西、自南向北，科技日报连续采访报道了多个国家森林城市，虽然他们在建设中所取得的成效显著，令人欣慰，但其未来该如何创建、森林惠民之路如何铺设，同样也值得大家深思。

根据对全国180多个“创森”城市的统计，“创森”期间，每座城市年均新造林面积20万亩左右，约占市域面积的1%，大大高于全国同期森林增长的平均水平。

而这，则有利于实现2020年我国森林发展目标，兑现2030年森林蓄积量增长的承诺。

翻看国家森林城市指标体系，40项指标赫然在列。城市森林覆盖率南方城市达到40%以上，北方城市达到30%以上；城市建成区绿化覆盖率达到35%以上，人均公共绿地面积9平方米以上……一个个数字构成现有森林城市评价的硬指标体系。

硬指标重要，但其背后的软指标则更值得关注。从更深更广的层面看，森林城市建设能够给当地民众带来哪些福祉、生态资源如何变为经济资源，这已经远远超出了硬指标划定的范畴。

随着经济发展方式的转变，“生态立市”已成为越来越多城市的发展理念，绿色发展、循环发展、低碳发展也成为越来越多城市的自觉追求。绿色是生命的颜

色，也是城市的底色。从这一意义上看，“创森”不仅是种树，更是一种发展理念的转型。这意味着，追求发展，不仅要金山银山，更要绿水青山；评价发展，不仅要重数字GDP，更要重绿色GDP；考核政绩，不仅要看发展速度，更要看老百姓的幸福指数。

近年来，随着我国做出建设生态文明和“美丽中国”的重大战略部署，森林城市建设上升为一种国家重要实践。可以说，“国家森林城市”是一座城市生态文明建设的最高荣誉，也是对城市生态建设成就的最高评价。从园林城市到森林城市，名称的改变也昭示着，森林与民生的融合更加深入和全面，森林惠民效应更加彰显。

然而从科学角度看，树木的生长有其周期和过程，“创森”的效果也难以立竿见影，大量投入换来的往往是“看不见的政绩”。因此，“创森”不能急功近利，不能为“创森”而“创森”，而要用科学精神与科技手段，提升森林城市建设效果。在“创森”的过程中，不是围着指标转，而是围着民生建。要让森林城市建设成为老百姓自己的事，让公众既成为“创森”的受益者，更成为“创森”的主力军。

绿色是最好的发展，生态是最普惠的民生。要通过实施森林增长工程，增加城市森林绿地面积，使老百姓出门能见绿、游憩在林下、休闲进森林；要大力发展林业产业，带动地方经济，让“创森”红利惠及更多百姓，让林农钱袋子更鼓；要建设“林城一体、林文相融”的城市森林生态体系和繁荣文明的生态文化体系，在全社会传播“绿水青山就是金山银山”、绿色就是资源、生态就是财富的生态观，最终实现“城在林中、林在城中、林水相依”，让百姓实现“诗意般地栖居”，享受高品质生活。这些，才正是国家森林城市建设的出发点和落脚点。

现场直击："环保警察"是如何办案的

章　轲

摘　要：根据汕头市机构编制委员会的批复文件，环保警察主要有七项职能：负责掌握辖区环境犯罪动态，分析、研究环境犯罪信息和规律，研究拟定预防、打击对策；联合环保执法机构开展环境监管执法，查处环境违法行为；独立开展环境违法犯罪案件的侦办和查处；办理环保执法机构移交的涉及环境犯罪的刑事案件；配合环保部门对环境污染突出问题和重点区域开展专项整治；打击环保执法过程的暴力抗法行为，保障环境保护监测、监察执法行为公正、有效；承办上级交办的其他事项。

文件还规定，"环保警察"所需政法专项编制，在市公安局治安巡警支队内部调剂；各区（县）公安（分）局治安部门增设环境保护侦查中队所需政法专项编制，在各区（县）局内部调剂。

关键词：环保警察　环境监管执法　公安　环保

他们穿着一身警察的制服，持有专门的警用器械，隶属地方公安局治安巡警队伍。他们是真正的警察。

但他们在地方环境保护局办公，正常上下班，那里有他们自己的办公室，有办公桌、电脑和文件柜，甚至还有休息泡茶的地方。

他们和地方环保执法人员一起，开展环境监察执法，查处环境违法行为，配合环保部门对环境污染问题集中和重点区域进行专项整治。

有时，他们自己也侦办案件。像其他的警察那样，掌握辖区环境犯罪动态，研判犯罪信息和规律，独立开展环境违法犯罪案件的侦办和查处。

他们属于一个崭新的专业警种：环保警察。

记者近日在广东省采访时了解到，近年来，广东各地“环保警察”风生水起，借助公安机关的强制力，以往“失之于宽、失之于软”的环保执法硬起来了，环保“钢牙”露出锋芒。

一、动用线人和无人机先期介入

“如虎添翼！”11 月 8 日上午，在汕头市环境保护局环境监察分局的一间会议室里，汕头市环保局局长黄腾远在描述环保与公安联合执法时，多次用了这个成语。

让他津津乐道的是，2016 年，4 位环保警察到环保局工作不到两个月，就办了一起汕头市首宗环境污染犯罪重大案件，整个办案过程让环保执法人员也大开眼界。

一位参与办案的环保警察告诉记者，“之前通过线人发现，汕头市龙湖区鸥汀街道郊区有一家工厂无论白天黑夜，经常大门紧闭，但厂内却不断发出机器作业的响声”。

由于涉事厂房位于城郊，周边厂房特别多，地形也比较复杂，于是，环保警察启用无人机进行侦查。8 日上午，这位环保警察给记者播放了当时无人机拍摄的视频。“无人机从 200 米的高度拍摄，可以发现，涉事厂房附近河涌有一条明显的绵延数百米的油污带。”

“通过无人机拍摄，还可以详细了解厂房周边的建筑、道路情况，为警方布控提供依据。”这位环保警察说，“使用无人机在上空观察，人家以为是小孩的玩具，隐蔽性强”。

同时，环保警察还经过实地走访侦察，发现该厂围墙外茂密的草丛中隐藏着一条从厂内通到河涌的暗管，源源不断地将乌黑浑浊的污水直接排进河涌，致使河水发出阵阵恶臭，河内的油污带正是由这一暗管排出的污水形成的。环保警察们确认涉事工厂存在严重环境污染的事实。

9月1日下午，汕头市公安局治安巡警支队环境保护侦查大队联合特警支队和市环保局，出动28名执法人员，对该排污窝点进行突击检查。在现场抓获该厂老板黎某国等4名犯罪嫌疑人，查获镀铬生产线2条、电镀池4个、酸洗池2个，以及企业违规购买储存的盐酸1桶、硫酸若干罐、镀铬成品20件。

经初步查明，涉事的非法电镀厂于2016年6月投产，属无牌无证经营，未取得任何环评文件和排污许可，擅自从事金属表面热处理生产，大量含有铅、铬等重金属的工业废水没有经过任何净化处理便直接排放到场外河涌。经广东省、汕头市两级环保部门检测认定，这些废水总铅超标128倍，总铬超标165倍。目前警方已依法对4名犯罪嫌疑人进行刑拘。

“我们冲进去的时候还有一个小插曲。”一位环保警察对记者说：“看到警察冲进来，犯罪嫌疑人当时很吃惊，还问我们，为什么不是环保局的人来？我对他说：我们就是环保警察，专门打击环境违法犯罪的。”

“此案得益于环保警察联合查处机制的启动。”环保侦查大队负责人蔡炜介绍，环保警察设立后，环境违法案件的查处不再受到环保部门行政执法权的限制。公安机关可以提前介入案件，并与环保部门密切配合。

汕头市环保局副局长王建平介绍，以往，环保部门办理涉环境违法犯罪案件，由环保执法人员先期调查勘验，对外排污染物现场采样、监测，经送广东省环保厅对监测报告认可后，达到涉嫌犯罪的，再按照程序移交到公安机关进行立案侦查。

“这个流程虽然合法合规，但因为环保部门前期的取证过程有一段时间，容易造成犯罪嫌疑人的逃匿或销毁证据，对下一步公安机关对涉刑案件的继续侦办客观上会造成更大的困难。”王建平说，而在现场执法时，环保人员常常被挡在厂子外，企业大门紧锁，不能强行进入，一点办法都没有。只能通过当地政府人员叫门，或是报警，请求公安支援。等到大门打开，人早就跑掉了，违法排污的证据也早已灭失。

“而环保警察不一样，他们有强制力，可以强行破门。”王建平介绍，根据职责分工，进厂后，环保警察控制嫌疑人；环保部门现场勘查、采样监测。双方还联合对违法排污企业生产及排污流程、去向等进行勘验取证。

“查处环境犯罪有一个关键点，就是在进行抓捕的时候，需要人赃并获，即犯罪嫌疑人在进行排污作业的时候进行抓捕，这有相当的难度，联合执法机制就是为了破解这一难题。”蔡炜说。

“在证据鉴定上面也达到提速。环保监测鉴定需要省监测方进行认定才可以作为立案依据，以前环保监测时间就长达 20 天。”蔡炜介绍，“现在只需要 5 天就可以走完所有监测认定流程，在报省部门的同时移送公安机关”。

二、直击现场执法：警方提前布控

11 月 9 日 9 时许，记者跟随环保执法人员在汕头市公安局集合。“要去的这家企业生产规模很大，我们在几个月前就掌握了线索，逐渐摸清了犯罪嫌疑人的活动规律。警方已经在现场布控。”一位环保警察对记者说。

这也是记者在去现场之前，得到的唯一信息。

汕头市环保局环境监察分局局长吴林告诉记者，检查执法行动中严格落实“三不”纪律：不告知执法人员执法对象，不与地方和企业打招呼，不由被检查单位引导检查点，确保行动保密。暗访得到的线索，由现场指挥人员掌握并带队直奔现场，避免走漏消息。

出发前，汕头市公安局治安巡警支队负责人在市公安局三楼会议室召集参战的环保警察、环保执法人员、特警等做动员。这位负责人对大家说：“在行动中要注意自身安全。原本会收缴大家的手机，但我相信大家。要记住，一旦走漏风声，整个行动就有可能前功尽弃。”

这位负责人要求，进入现场后，公安、环保各司其职，“我们的人昨天就在那里蹲守，这家企业晚上还在生产，早上 8 点半又在开工。现场楼层比较多，先把企业的人员都集中到一起看好”。

“第一时间锁定证据，第一时间搞清楚企业的生产规模、工艺和污染物流向。”出发前，吴林嘱咐环保执法人员。

此次行动，包括环保警察、环保执法人员和特警约 50 人。上午 11 时许，执法车队到达汕头市与揭阳市接壤的潮南区司马浦派出所。简短的集结、分工后，车队直奔潮南区陈店镇。

几分钟后，车队在一个村庄的 8 层居民楼前突然停下，特警们立即冲下车，分楼层把口，控制人员。记者紧随进入楼房。进入后发现，这实际上是一个工厂：一楼是接待室和业务洽谈室，堆放着杂物；二楼是企业经营者的住家；三楼是工人宿舍；四楼以上则是生产车间，堆放着几台大型冲压机。该企业主要从事涉重金属首饰品加工等生产。

记者看到，环保监测人员进入现场后，立即寻找废水排放渠道，并在楼旁的小溪里取水样，准备送检。到记者离开时，环保、公安人员仍在现场收集证据。

8 日晚，吴林通过微信告诉本报记者：当日下午，汕头市澄海区环保局会同区环保警察、盐鸿镇政府，对位于盐鸿镇中社路尾莲花山下的两家电镀工厂进行突击检查，其中一家配套镀锌生产线 3 条，单桶镀镍槽 2 条，另外一家配套镀锌生产线 3 条。

吴林介绍，澄海区环境监测站分别在车间排放口和工场总排放口采集水样进行监测。区公安部门分别控制了两家违法生产的在场人员共 7 人，盐鸿镇政府随后对这两家工厂实施断水断电及查封措施。目前，案件正在加紧立案侦查中。

汕头市环保局给记者提供的资料显示，自 2016 年 6 月 13 日在汕头市公安局治安巡警支队组建环境保护侦查大队，并先期派出 4 名环保警察进驻环保局办公以来，汕头市各级环保部门会同公安机关，组织开展环保执法人员与环保警察的联合执法行动，共出动 5 200 多人次，常规排查和利用假日、夜间、下雨天等开展突击检查，检查企业近 200 家，查处涉违法排污环境违法企业 88 家，行政立案处罚 88 宗。

公安方面的统计数据显示，自 8 月 27 日以来，公安机关共侦办涉环境犯罪刑事案件 7 宗，办理行政案件 31 宗（环保部门移送行政拘留案件 14 宗、公安机关自侦案件 17 宗），现场抓获违法嫌疑人 127 人，实施行政拘留 106 人，转刑事拘留 19 人，检察机关批准逮捕 3 人，公安机关提请检察机关批准逮捕 16 人。

“环保、公安联动执法新模式，实现了环保执法、公安侦查手段的强强联合和优势互补。”汕头市公安局党委委员、副局长方志勇对记者说。

三、为什么是经济特区的汕头

汕头是全国主要港口城市、中国最早开放的经济特区之一，但近30年，经济上去了，环境质量不升反降。

广东省环境保护厅2016年10月发布的全省城市环境空气质量状况和排名显示，汕头位于22个城市的第7位。2016年一季度汕头空气质量排名甚至是22个城市中倒数第5。

汕头贵屿早些年就因废旧电子设备拆解“臭名远扬”，一直是汕头市重点环境整治区域。此外，流经汕头的练江同样是“心头之痛”。10月9日上午，记者一行开车途经练江，恶臭立即涌进车窗。放眼望去，练江黑如墨汁，死寂一般。

练江是粤东地区第三大河流和重要的母亲河之一，其污染问题由来已久，污染严重。2016年，广东省人大公布的省内四条河流整治情况中，练江是其中唯一仍呈恶化趋势的河流。

2016年10月，致公党汕头市委一份调研报告认为，练江污染的来源除了沿岸工业污染之外，更重要的还在于因其资源环境条件先天不足和流域基础设施建设滞后所造成的严重的“微容量、重负荷”问题。

数据显示，练江流域常住人口约430万人，人口密度约为广东省平均水平的6倍，而流域人均地表水资源量仅为全省的1/5，水资源十分缺乏，污径比高达5倍以上，生态流量严重透支，枯水期河流中基本是生活污水、工业废水、养殖废水和农田排水，入河污染负荷远超河流自净能力，这是练江水质长期劣于V类和持续恶化的根本原因。

更为严峻的是，练江流域内环保基础设施建设严重滞后，2/3的镇（街）没有生活污水处理设施，大部分河涌未进行沿河截污，流域生活污水日排放量达90多万吨，约占废水排放总量的70%，而生活污水处理率不到20%，远低于广东省83.5%的平均水平，每天约有80万吨的生活污水未经处理直接排放。

此外，练江流域日产生活垃圾约3 600吨，目前却仍未建成一座符合规范的无害化垃圾处理设施，未能形成有效的垃圾收运系统，垃圾基本未得到处理，随处倾倒的垃圾不但污染了环境，还严重阻塞了河道。

“30 多年前，练江流域的人家经常在河边淘米、洗菜。从 1998 年起，练江的水就变成劣V类了。”汕头市环保局一位工作人员对记者说。“我曾经在揭阳市工作，整治练江搞得苦不堪言。”汕头市澄海区委书记刘永铭说。

11 月 8 日，本报记者随汕头市环保执法人员在该市龙湖区鸥汀街道郊区一带走访，看到各类工厂与居民区混杂，居住区内不仅有垃圾堆放场、金属加工厂等小型生产作坊，有的民居内还养着上百只鹅，臭气熏天。许多加工厂的排气扇肆无忌惮地向外排放着刺鼻的气体。记者所见到的街道或居民区之间的河道，无一不是黑臭水体。

“汕头的环境形势十分严峻。要向破坏汕头环境的不法分子开战，向没有汕头心、百姓情、黑良心的所谓企业开战。”2016 年新上任的汕头市委书记陈良贤说。

四、“汕头模式”是如何设计的

根据汕头市机构编制委员会上述批复文件，环保警察主要有七项职能：负责掌握辖区环境犯罪动态，分析、研究环境犯罪信息和规律，研究拟定预防、打击对策；联合环保执法机构开展环境监管执法，查处环境违法行为；独立开展环境违法犯罪案件的侦办和查处；办理环保执法机构移交的涉及环境犯罪的刑事案件；配合环保部门对环境污染突出问题和重点区域开展专项整治；打击环保执法过程的暴力抗法行为，保障环境保护监测、监察执法行为公正、有效；承办上级交办的其他事项。

文件还规定，“环保警察”所需政法专项编制，在市公安局治安巡警支队内部调剂；各区（县）公安（分）局治安部门增设环境保护侦查中队所需政法专项编制，在各区（县）局内部调剂。

此外，文件还规定，各级环境保护侦查机构办公地点设在各级环保部门，环保部门负责环保警察的工作计划安排、业务管理和指挥调度，同时对其工作履责情况进行考核，并按比例提出年度考核等次建议，为公安机关任免、奖惩、调配、交流及确定年度考核等次提供依据。

广东省公安厅等 21 个部门 2014 年出台的《关于公安机关提前介入行政执法机关办理的案件以及联合办案制度的规定》也提出，行政执法机关在自查案件中，有证据表明可能符合刑事追诉标准，应当追究刑事责任的，可以商请公安机关提前介入调查。

涉嫌环境违法企业的人员被警方控制

（摄影/章轲）

公安机关提前介入调查，主要是帮助、协助行政执法机关及时发现、收集、固定证据，对相关产品、物品采取查封、召回、勘验、检验检疫、销毁、公共安全预警信息发布等相关措施提出意见，在制止或者防范危害扩大的同时，为移送公安机关立案侦查提供事实依据。

11 月 8 日，广东省环境保护厅环境监察局副局长洪表明告诉记者，广东省继 2014 年佛山市、汕头市潮南区和顺德区设立“环保警察”（公安机关内设环境犯罪侦查大队）后，2015 年，江门、肇庆、清远、揭阳和韶关 5 市也设立了“环保警察”。2016 年 1 月 11 日，广州市公安局“食品药品与环境犯罪侦查支队”挂牌成立。2016 年，汕头市、潮州市、惠州市的惠阳区也设立了“环保警察”。

但据记者了解，环保警察在执法中也遇到了一些问题。汕头市公安局治安巡警支队队长刘志雄向记者反映，按现行的司法解释，市一级环境检测结果需要送到省环保厅认定，才能作为定案依据，但时间较长。“建议有资格的市级检测机构的检定结果不用送到省里认定。在公安系统，只要有法医结论就行，不管是市级的还是区级的，都一样有法律效力。”

刘志雄还反映，从顶层设计上应加大对环境违法犯罪的处罚力度，“如果是之前拘留过的，出来后再违法，建议直接入刑”。他反映，电镀企业非法排污的可以入刑，但对于印染企业，排放的废水浓度再高，对企业经营者最多是 15 天的拘留，应有入刑标准。“另外，目前只对企业经营者处罚，是否也可以对主要技术人员和长期从事非法生产的工人进行处罚，让他们不敢也不愿意在环境违法企业从业。”

对于各地风生水起的“环保警察”，国务院发展研究中心资源与环境政策研究所副所长、中国社科院法学所研究员常纪文在接受记者采访时认为，设立“环保警察”的好处就是提高了执法效率。专门的事情由专业的警察去做。因为环保警察的专业性很强，包括取证、监测等都是有专业性的。

汕头市环保监测人员在办案现场取水样

（摄影/章轲）

那么，在环保垂直管理体制改革之下，县一级的环保分局与环保警察之间的关系如何处理？常纪文认为，可以让环保警察成为一个相对独立的部门，把目前县级环保部门的大部分执法权力交给环保警察。

“还有处罚权，也可以由环保警察来行使。不能说环保警察只管抓人拘留，那是不对的。”常纪文对记者说，“环保警察”的职责不应仅仅局限于对污染的查处，还可以借助现有的林业公安模式，以林业公安为基础来组建“大环保警察”，既为林业部门服务，也为环保、海洋、国土部门服务，整合力量。

中国政法大学教授王灿发对本报记者表示，当前，环保部门执法遇到的很大问题，就是查封扣押之后，有的企业就把封条给撕了，环保部门一点办法没有。如果被查企业撕了封条或转移了设备资产，在这种情况下，可以动员警察的力量，这才是警察所应该做的事情。

警察将犯罪嫌疑人带离现场（摄影/章轲）

“但如果什么都让环保警察去干，那可能管不了。”王灿发说，从东部地区来看，每年都有几百起的环境刑事案件，需要有一批专业的警察对环境案件侦查，以及对刑事拘留案件调查。

在“环保警察”办公室里，汕头市环境保护局领导和汕头市公安局领导正在交流情况

（摄影/章轲）

“环保警察”们在研究案情（摄影/章轲）

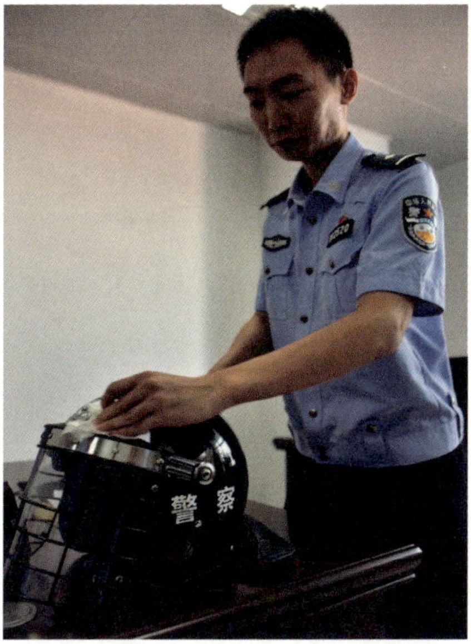

“环保警察”在擦拭警用装备（摄影/章轲）

11 月 9 日上午，汕头市环境监察人员和“环保警察”在执法现场（摄影/章轲）

“健康中国”需迈过气、水、土三大污染高槛

章　轲

摘　要：中共中央、国务院印发的《“健康中国2030”规划纲要》提出：“以提高环境质量为核心，推进联防联控和流域共治，实行环境质量目标考核，实施最严格的环境保护制度，切实解决影响广大人民群众健康的突出环境问题。”

有关“健康中国”的最新调研结果显示：总体上看，在医疗条件、人均投入和预期寿命等方面，呈现的是“东高西低”的局面，即东南沿海城市水平较高，西部内陆城市水平较低；而在空气质量、健康环境等自然因素方面，呈现的是“南优北劣”的局面，即南方城市生态环境较优，而北方城市生态环境较劣。

关键词：健康中国　大气污染　水污染　土壤污染　环境保护

大气污染、水污染、土壤污染，这三大污染已经成为影响人民群众身心健康的重要因素，成为实现健康中国目标的巨大阻力。

2016年10月，中共中央、国务院印发的《“健康中国2030”规划纲要》提出：“以提高环境质量为核心，推进联防联控和流域共治，实行环境质量目标考核，实施最严格的环境保护制度，切实解决影响广大人民群众健康的突出环境问题。”

“我们的环境压力比世界上其他国家都大，污染治理和环境质量改善的任务十

分艰巨，难度前所未有。”环境保护部部长陈吉宁说。

10 年前，“雾霾”二字在绝大多数国人的概念中是空白的。但 10 年后的今天，雾霾成了中国亿万民众的心肺之痛。

雾霾长时间、大范围发生时，将近 1/3 的国土之上，昏灰污浊的气体弥漫在空中，人们视线模糊，呼吸困难。

经合组织（OECD）在国际交通论坛 2014 年度峰会上发布的一份报告称，中国因空气污染每年损失 1.4 万亿美元。

报告称，2005—2010 年，中国的室外空气污染死亡人数增加了约 5%（2005 年 1 215 180 人，2010 年 1 278 890 人）。中国人口占世界总人口的 1/5，但这一死亡比例却接近 2/5，值得高度警惕。

煤炭在我国能源结构中占有重要地位，占一次能源生产和消费量的比重接近 70%，远高于发达国家 20%左右的均值。2013 年，我国的煤炭消费量已占到全球煤炭消费总量的 50.3%，分别是美国和欧盟的 4.2 倍和 6.7 倍。

“煤是高污染、高碳的能源品种。”自然资源保护协会能源、环境与气候变化高级顾问杨富强对记者说，我国以煤为主的能源结构带来了日益严重的环境污染、公众健康和温室气体问题。

在中国大中城市，机动车污染日益严重，已成为我国空气污染的重要来源，是造成灰霾、光化学烟雾污染的重要原因。北京市环境保护局 2015 年发布的一项 $PM_{2.5}$ 来源解析结果证实，机动车对北京市大气污染造成影响最大，约占 60%。

随着机动车保有量的快速增长，我国城市空气开始呈现出煤烟和机动车尾气复合污染的特点。中关村空气污染防控联盟理事会主席颜梓清告诉记者，机动车尾气排放一般距离地面 1～1.5 米，其所产生的“呼吸带”污染物极易影响人们的身体健康，特别容易对孩子造成危害。

国家机动车污染防治专业委员会、中科院和清华大学等机构的研究结果显示，机动车污染已成为我国空气污染的重要来源，排放的氮氧化物（NO_x）和颗粒物（PM）超过 90%，碳氢化合物（HC）和一氧化碳（CO）超过 70%，是污染物总量的主要贡献者。

饮用水安全是人民群众普遍关心的问题。环境保护部此前发布的公开消息称，全国有2.8亿居民使用不安全饮用水。近年来，从水源地水质保护、取水、输水、水处理、配水到终端用水，中国的水质安全问题在每一个环节都开始集中爆发。

土壤是构成生态系统的基本要素，是人类赖以生存的物质基础，是社会经济可持续发展不可缺少的战略资源。土壤污染与食品安全、人居健康息息相关，相对于大气污染和水污染，土壤污染更为隐蔽、更容易被忽视，也最难治理。

中国环境与发展国际合作委员会土壤污染管理专题政策研究项目组中方组长、上海财经大学环境法研究中心主任王树义介绍，我国土壤环境状况正日趋严重，总体上不容乐观。

王树义列举了三组数据：2014年4月全国污染状况调查公报显示，全国土壤总超标率为16.1%，污染以无机型为主，占超标点位的82.8%，耕地土壤点位超标率为19.4%，部分地区土壤污染比较重，耕地土壤环境质量堪忧，工矿废弃地突出一些，南方土壤污染重于北方地区。

另一组数据来自国土资源部地质调查局发布的《中国耕地地球化学调查报告》，调查面积150.7万平方千米，调查耕地将近14亿亩，占20亿亩耕地的68%。调查结果显示，8%的耕地是受到污染的。

第三组数据来自地球化学探索杂志的调查报告，该调查报告认为中国目前清洁土壤为60%，次清洁土壤近30%，污染土壤为2.6%。

王树义说，土壤资源是人类食物的主要来源，有研究表明95%的食物全部来自土壤。中国是13亿人口大国，同时意味着它是粮食消费大国，目前土壤生产和生态服务功能正不断下降。

中国土壤环境修复产业技术创新战略联盟2016年公布的最新测算结果显示，目前全国污染场地数量在100万～200万块。

研究发现，一年数季生产、一亩数吨产量的蔬菜大棚，亩施化肥和有机肥数吨至数十吨，使土壤不再能自然休养生息，盐碱化、酸化、硝酸盐、重金属、农药和激素残留大量积累于土壤。

环境保护部环境规划院一份报告称："无论是直接的土壤污染，还是由土壤污染导致的大气、地表水和地下水污染，最终都会对动物和人造成危害。"陈吉宁表示，“打好大气、水、土壤污染防治三大战役”，需要严格环境执法。

有关“健康中国”的最新调研结果显示：

> 总体上看，在医疗条件、人均投入和预期寿命等方面，呈现的是“东高西低”的局面，即东南沿海城市水平较高，西部内陆城市水平较低；而在空气质量、健康环境等自然因素方面，呈现的是“南优北劣”的局面，即南方城市生态环境较优，而北方城市生态环境较劣。

“这里，经济发展和环境保护呈现了一种矛盾和对峙的关系。”教育部重点学科研究基地上海师范大学都市文化研究中心主任孙逊教授说。

由教育部重点研究基地上海师范大学都市文化研究中心和上海华夏社会发展研究院合作完成的“健康中国指数2015”和“中国健康城市指数2016”在京发布。

排序结果显示，在预期寿命上，上海、北京、天津名列三甲，在空气质量排序方面，三亚、海口、玉溪分获前三。

上海华夏社会发展研究院院长鲍宗豪告诉记者，研究人员围绕健康设施、健康服务、健康管理、健康环境等几个维度，通过对每万人口医疗卫生机构数和床位数、人均卫生费用、病床使用率、老年人口养老床位数、死亡率、空气质量、预期寿命等数十个核心指标的收集与分析，分别排出了全国31个省（市、自治区）、4个直辖市、31个省会和计划单列市、43个地级城市的健康指数排序。

其中，2015年中国31个省（市、自治区）健康中国建设指数得分排在前五位的是：上海88.20分、北京87.26分、浙江84.68分、江苏83.88分、山东80.62分；排在第一位的上海与最低的贵州69.68分相差18.52分。

此外，4个直辖市排名先后为上海、北京、天津、重庆；深圳、宁波、福州为31个省会和计划单列市前三；九江、温州、桂林为43个地级城市前三。

研究人员还对部分核心指标进行了分析排序，其中31个省（市、自治区）预期寿命排序，前五名是上海、北京、天津、浙江、江苏，后五名为甘肃、贵州、青海、云南、西藏；人均卫生费用排序，前五名为北京、上海、天津、浙江、新疆，后五名为云南、广西、河南、江西、贵州。

74个地级以上城市（包括省会和计划单列市在内）空气质量排序，前五名是三亚、海口、玉溪、福州、泉州，后五名是荆州、宜昌、淄博、唐山、石家庄；每万人口医疗卫生机构床位数排序，前五名为九江、曲靖、遵义、玉溪、桂林，后五名是厦门、克拉玛依、铜川、三亚、汕头。

孙逊主持了该项研究，他说，研究结果大致符合我国目前经济发展和自然环境的客观情况。“所以，遵循科学发展观，在保障环境质量的基础上发展经济，是建设‘健康中国’所面临和必须应对的首要问题。”

鲍宗豪对记者说，考察健康建设指数排名第一的上海，会发现不仅要重视健康资源数量，更要关心利用效率。例如，上海的“每万人口医疗卫生机构数”排在全国最后一位，“每万人口医疗卫生机构床位数”也仅排在全国第 17 位。尽管如此，由于上海“公立和民营医院病床使用率”排在全国第一位，显示出上海在医疗卫生资源方面具有较高的资源利用率。

鲍宗豪说，在直接表征健康水平的指标上，如“预期寿命”上海排在全国第一位；“肺结核发病率”上海排在全国第二位，这与上海医疗资源的整体优势相关，也反映了上海的健康资源向健康成果的转化效率高。

“真实数据的采集是保证研究科学性的重要前提。”孙逊对记者说，目前，很多城市没有及时统计和公布数据，国家层面也缺少一个权威部门每年负责数据上报和核实其真实性的工作，因此这次研究报告中有很多城市空缺，这不能不说是一个很大的缺憾。

孙逊呼吁，由国家主管部门牵头，加快建设覆盖全国的、真实可信的“健康中国”大数据库，为落实和推进“健康中国”战略提供直观可靠的数据参照。

《“健康中国 2030”规划纲要》提出，需要深化区域大气污染联防联控，建立常态化区域协作机制。完善重度及以上污染天气的区域联合预警机制。全面实施城市空气质量达标管理，促进全国城市环境空气质量明显改善。推进饮用水水源地安全达标建设。强化地下水管理和保护，推进地下水超采区治理与污染综合防治。开展国家土壤环境质量监测网络建设，建立建设用地土壤环境质量调查评估制度，开展土壤污染治理与修复。

2012 年 5 月，内蒙古包头市，像这种 20 世纪六七十年代的大生产景象如今在中国的城市中已不多见了（摄影/章轲）

《“健康中国 2030”规划纲要》也提出，以提高环境质量为核心，推进联防联控和流域共治，实行环境质量目标考核，实施最严格的环境保护制度，切实解决影响广大人民群众健康的突出环境问题。深入推进产业园区、新城、新区等开发建设规划环评，严格建设项目环评审批，强化源头预防。深化区域大气污染联防联控，建立常态化区域协作机制。完善重度及以上污染天气的区域联合预警机制。全面实施城市空气质量达标管理，促进全国城市环境空气质量明显改善。

在我国一些地区，由于长期工业污染、大量粉尘堆积，耕地表层灰化、沙化严重，造成粮食连年减产（摄影/章轲）

同时推进饮用水水源地安全达标建设。强化地下水管理和保护，推进地下水超采区治理与污染综合防治。开展国家土壤环境质量监测网络建设，建立建设用地土壤环境质量调查评估制度，开展土壤污染治理与修复。以耕地为重点，实施农用地分类管理。全面加强农业面源污染防治，有效保护生态系统和遗传多样性。加强噪声污染防控。

河北省唐山市甘雨沟村，发电燃煤产生的粉煤灰污染了饮用水水源地。村民于晓凡说，“水里总是有一层粉煤灰沉淀物”（摄影/章轲）

记者注意到，根据《“健康中国 2030”规划纲要》加强影响健康的环境问题治理的要求，我国将实施工业污染源全面达标排放计划，全面实施工业污染源排污许可管理。

同时，我国还将建立健全环境与健康监测、调查和风险评估制度，开展重点区域、流域、行业环境与健康调查，建立覆盖污染源监测、环境质量监测、人群暴露监测和健康效应监测的环境与健康综合监测网络及风险评估体系，并实施环境与健康风险管理。

《“健康中国 2030”规划纲要》要求，划定环境健康高风险区域，开展环境污染对人群健康影响的评价，探索建立高风险区域重点项目健康风险评估制度。建立环境健康风险沟通机制。建立统一的环境信息公开平台，全面推进环境信息公开。推进县级及以上城市空气质量监测和信息发布。

环境监测人员正在邯郸漳河上取水样（摄影/章轲）

先进标准能否倒逼“中国制造”升级？

司建楠[1]

摘　要：“工匠精神”“质量提升”已经成为攸关中国制造业命运的大事。国务院总理李克强指出：“质量发展是强国之基、立业之本和转型之要”“把提升质量作为推动供给结构、需求结构升级的重要抓手”“强化监督管理，健全质量标准，严厉打击各类质量违法行为”“弘扬工匠精神，勇攀质量高峰”。制造业整体特别是核心技术的落后，根源在于制造业标准化水平不高。提升中国制造的产品质量，标准是一方面，但在标准还没有达到的地方，良好的工业文化是关键。

关键词：中国制造 2025　工匠精神　质量　标准化

大到船舶、车辆，小到自行车、马桶、手机，低标准甚至无标准的“粗制滥造”产品在日常生活中并不少见。

飞船能上天，蛟龙可深潜，但马桶漏水的问题始终都解决不了。中国消费者跑到日本爆买“马桶盖”的事件一度引发热议，原因则是所谓中国制造的马桶质量低劣，丧失了消费者的信任；

不少市民可能有过这样的体验，有些城市的公交车，上车后竟找不到平稳的立足之处。坐在靠窗的位置上竟然需要歪着头，不然就撞上突起的车顶；

公共场所的电梯总是在维修、服装穿不了多久就开线、自行车除了铃不响到

①司建楠，《中国工业报》记者。

处都在响、手机用了不到半天就要找地方充电……

“其实，这些产品不是做不好，而是没有认真做，缺乏精益求精的工匠精神和良好的工业文化。”机械工业信息研究院院长王文斌说。

2016年4月6日，国务院总理李克强主持召开国务院常务会议，决定实施《装备制造业标准化和质量提升规划》（以下简称《提升规划》），打一场制造业“攻坚战”，用先进标准倒逼“中国制造”升级。

国家标准委主任田世宏2016年4月8日在国务院新闻办举行的政策例行吹风会上对记者表示：“需要提升装备制造企业管理人员和技术人员的标准化和质量意识水平。加快培养高素质的标准化和质量技术工人，培育其精益求精的工匠精神。”

一、质量提升攸关“中国制造”命运

“工匠精神不是一句口号，而是全球最聪明、最勤奋的一群科技精英几十年如一日地打造出来的。”华为集团消费者业务CEO余承东说。

华为集团在一次手机运输过程中，运输车辆发生轮胎起火，导致集装箱内部分手机受到影响。按生产检验标准不良率仅有1.4%，良品达到98.6%。事实上，这些1.4%的手机仍然是正常使用的好手机，只是有可能用过一两年后出现问题。但华为依旧果断地选择了将价值2 000万元的好手机全部销毁，不留隐患，为消费者负责。

如今，在许多华为高管的办公室里，还留着华为创始人任正非送给他们的不合格的电路板。任正非的目的很明确，就是激发这些高管们对质量不合格产品的强烈羞耻感。

“工匠精神”“质量提升”已经成为攸关中国制造业命运的大事。

2016年3月29日，在第二届中国质量奖颁奖大会召开之际，李克强总理作出重要批示指出：“质量发展是强国之基、立业之本和转型之要”“把提升质量作为推动供给结构、需求结构升级的重要抓手”“强化监督管理，健全质量标准，严厉打击各类质量违法行为”“弘扬工匠精神，勇攀质量高峰”。

装备制造业是经济社会发展的支柱性、基础性产业，是提升我国综合国力的基石。“全球制造新竞争格局正在重塑之中，制造业已重新成为全球经济竞争的制高点。”机械工业信息研究院副院长石勇说。

石勇举例说，有预测2022年第二十四届冬季奥林匹克运动会后，中国有3亿人会从事滑雪运动。但目前中国的造雪机几乎全部依赖进口。“其实，中国的造雪机在零下10℃时，性能不比国外差，但零上时，就变成了浇花机。在零下10℃时，还需要你来造雪吗？而以色列的造雪机，零上30℃都能造出雪。”

石勇告诉记者，中国拥有世界上最为完整的制造业体系，包括39个工业大类、191个中类、525个小类，成为全世界唯一拥有联合国产业分类中全部工业门类的国家。美国的完整程度也仅仅为中国的94%左右，日本更是不足中国的90%。相对完整的产业链为中国装备制造业提供了系统性的竞争力，中国有超过14万家机械供应商、7.5万家通信和设备制造商、10.4万家交通运输设备制造商，供应商网络规模超过日本的5倍。

但同时，中国在制造业自动化方面起步较晚。机械工业信息研究院中国自动化发展问题研究课题组负责人、副研究员张燕说，世界机器人协会的统计显示，中国大陆地区的工业机器人渗透率不到日本的1/15，是美国和中国台湾地区的1/6。

据野村证券的数据，就机床的数控化率而言，中国生产的机床数控化率仅为25%，接近日本1988年的水平，而日本2012年的机床数控化率已达到88%。中国设备的数控化率仅为日本20世纪80年代末期的水平。

制造业整体特别是核心技术的落后，根源在于制造业标准化水平不高。“标准是装备制造业质量技术基础的核心要素，是行业管理的重要手段。”田世宏对记者说，要推动中国经济迈向中高端水平，提高产品和服务标准是关键。要坚持标准引领，加快完善国家技术标准体系，不断提升标准的先进性、有效性和适用性。

田世宏介绍，根据《提升规划》，以5年为周期，提出两个阶段的目标：到2020年，工业基础、智能制造、绿色制造等标准体系基本完善，质量安全标准与国际标准加快接轨，重点领域国际标准转化率力争达到90%以上，重点装备质量达到或接近国际先进水平；到2025年，系统配套、服务产业跨界融合的装备制造业标准体系基本健全，装备制造业标准和质量的国际影响力和竞争力大幅提升，推动我国从制造大国向质量强国、制造强国转变。

二、提升战略基于多方面考虑

有调查发现，早在2003年，国家质检总局有关官员就曾对外表示，今后5年，国际标准转化为国内标准的转化率要达到70%，重要行业主要工业产品采标率要达到75%～80%。

也就是说，2003年设定2008年要达到的目标，到2015年仍然没有实现。国内标准迟迟无法全面与国际标准对接，装备制造业标准化一直难以实现的原因是什么？

据记者了解，除了前些年制造业整体标准意识低下，制造成本低也是重要原因，较大的利润空间使得一些企业急功近利，粗制滥造，“先赚了钱再说”。

但制造成本“三十年河东，三十年河西”。目前，中国制造业成本不仅高于东南亚、南亚、东欧，而且达到了美国制造业成本的90%以上，其中珠三角、长三角达到美国制造业成本的95%，中国制造业成本竞争力正面临压力。

机械工业信息研究院的研究结果显示，2004—2014年，中国的年均工资增长率一直处于10%～20%；工业电价高于发达国家平均水平。2014年OECD成员国工业平均电价为123.88美元/（兆瓦·时），而中国工商业平均电价折合139.43美元/（兆瓦·时），中国工商业电价是美国平均电价的2倍。

“虽然美国装备制造业的工资是中国的6～7倍，但美国装备制造业的劳动生产率也是中国的6倍以上，两者相抵，中国装备制造业在综合成本上并不具备太大优势。”机械工业信息研究院美国再工业化对全球及我国装备制造业影响课题组负责人、研究员鞠思民说。

工信部科技司副司长沙南生认为，提出质量为先，应该基于3个方面考虑。

第一，突破中国制造业质量的“瓶颈”。近年来，中国制造业产品的质量应该是向好的，但同时也应该看到存在不少问题。例如，在基础领域的一些关键材料、关键零部件和核心系统，质量和可靠性不是太高，长期依赖于进口，受制于人。另外，在一些高端产品的设计制造方面也存在问题。要改变低水平、低附加值的制造业状况，必须从质量入手。

第二，支撑我国制造业持续稳定的发展。提质、增效、转型是我国制造业追求的目标。无论是提升需求、刺激消费，还是扩大供需，保持产品竞争力，必须提高产品的附加值，提高产品质量和可靠性。

第三，提出以质量为先是实现从制造大国向强国转变的需要。有专家表示，在中国 5 000 年的传统文化中，不乏榫卯、都江堰水利工程等饱含工匠精神的产品。在德国、瑞士等制造业发达的国家，工匠精神是制造业的灵魂。一辆奔驰轿车、一把瑞士军刀，无论价值多少都会被匠人们精雕细琢，不会容忍出现质量瑕疵。

田世宏对记者表示，根据《提升规划》，实施工业基础、智能制造、绿色制造三大标准化和质量提升工程。“重点是加强标准试验验证和数据积累，提升产品标准的可靠性和寿命指标，解决高端配套标准缺失问题。”

《提升规划》还围绕新一代信息技术、高档数控机床和机器人、航空航天装备、海洋工程装备及高技术船舶、先进轨道交通装备、节能与新能源汽车、电力装备、农业机械装备、新材料、高性能医疗器械十大重点领域，提出标准化和质量提升的要求。

三、企业产品标准备案将取消

2015 年，我国提出《中国制造 2025》，这是我国实现制造强国梦的一个纲领性文件。《提升规划》如何与《中国制造 2025》对接？

田世宏对此表示，要实现或者有效地实施《中国制造 2025》所设定的各项目标任务，就需要从相关一些领域来做好专项工作规划，相互支撑。“《提升规划》实际上就是紧贴《中国制造 2025》相关要求来制定的有关装备制造业在标准化和质量工作方面怎么进行提升的专项规划。”

他举例说，在工作重点领域上，《中国制造 2025》提出了十大领域，《提升规划》针对十大领域都做了安排。例如，在新一代信息技术领域，《提升规划》提出加快完善集成电路标准体系，加强智能终端可穿戴设备等关键技术标准的研究；

在高档数控机床和机器人的领域，主要围绕产业上下游，开展高档数控机床和关键功能部件的标准研制，加快制定机器人标准化规划。

在航空航天装备领域，《提升规划》提出开展航空装备领域的智能制造标准与国际对接工作，建成满足航天国际合作需要的中国航天标准体系。

“航天标准，大家也都很关注。就航天标准体系建设来说，中国还是比较先进的，我们也在跟国际上逐步接轨。”田世宏说。《提升规划》还提出在海洋工程装备及高技术船舶领域，加快一些核心关键技术标准制定；在先进轨道交通装备领域，提出要进一步完善铁路技术标准体系，完善城市的轨道交通安全设备和安全防范系统标准体系。在节能与新能源汽车领域，提出开展智能网联汽车的标准化；电力装备领域，加强高温气冷堆等第四代核电技术标准体系研究。

《中国制造 2025》里涉及农业机械装备领域，《提升规划》提出适应新农艺的要求，促进农业机械装备的推广应用；在新材料领域，推进标准体系规划和军民之间的标准化协作；高性能医疗器械领域，提高新兴、高性能医疗器械产业的国际竞争力等。

据记者了解，未来，我国也将创新标准化和质量管理的模式，推进企业标准管理制度的改革。

田世宏透露，我国将大力推进企业标准管理制度改革，逐步取消企业产品标准的备案。“从已有试点情况看，取消备案为中小微企业带来了很大便利。”田世宏表示，取消企业产品标准备案，让企业根据自我需要公开其在生产制造过程中所涉及的相关产品、服务的性能标准，从“门槛设置”变为了“提供服务”。目前全国 18 个省份开始了试点工作，13 个行业领域，如建材、家用电器、旅游、电梯维保服务等正在进行试点。

田世宏表示，将在国家和省两级建设企业标准信息公共服务平台。企业可以利用这一平台来公示所执行的产品标准和服务标准。田世宏介绍，这一平台已于 2015 年 1 月起试运行。截至 2016 年 4 月 7 日，已有 25 000 多家企业进行标准自我公开声明，公开的标准量达到 8 万多项，平台访问量突破 1 300 多万次。

“此外，国家标准委还将鼓励各个地方、各个部门开展企业标准化和质量管理的技能培训和技术服务，为企业提供标准化和质量方面的技术咨询。”田世宏说。

提升中国制造的产品质量，标准是一方面，但在标准还没有到达的地方，良好的工业文化是关键。“现代化的推进需要提倡工业精神，现代化绝不仅仅是物质器物层面的变化，更重要的是精神层面的更新。”王文斌认为，需下大力气培育工业文化，使行业所有的参与者都能认真严格、善始善尽地做好每一个细节，快速地提高装备产品的质量和可靠性，真正让用户放心地使用我们的产品。

记者手记

中国“一带一路”上的制造业“朋友圈”

“一带一路”，横贯欧亚。

有人将“一带一路”画成两条曲线，有人则将“一带一路”画成两个同心圆圈，叫作“一带一路”上的“朋友圈”。

“从装备制造业规模看，中国‘一带一路’上的‘朋友圈’分为4个等级，分别是土豪、高产、中产和低产；从装备制造产品进口占比看，中国‘一带一路’上的‘朋友圈’又可分为3个等级，分别是深交、一般和浅交。”2016年3月23日，国务院国资委所属机械工业信息研究院发布的一项最新研究成果称。

“中国应该精准合作，构建网络，开展‘装备外交’。”该院装备制造业参与“一带一路”倡议研究课题组负责人赵奉杰说。

中国社会科学院工业经济研究所所长黄群慧此前在发布《“一带一路”沿线国家工业化进程报告》时也表示，“一带一路”沿线65个国家之间工业化水平差距较大，涵盖了工业化进程的各个阶段，不同工业化阶段的国家在产能合作进程中可以寻找到不同的角色定位，共同培育以“互补合作”为主导的产能合作“新雁阵”模式。

一、沿线多国处工业化中后期

工业化是指一个国家和地区的经济结构，由农业占统治地位向工业占统治地位转变的整个发展过程，也被认为是一个国家和地区的经济现代化过程。

工业化水平是一个综合的经济发展阶段，五项指标包括人均 GDP、三次产业产值结构、制造业增加值占商品增加值的比重、人口城市化率和第一产业就业人员占比。依据这五项指标，划分为前工业化阶段、工业化实现阶段（初期、中期和后期）以及后工业化阶段。

中国社会科学院工业经济研究所的研究发现，在“一带一路”沿线国家中，处于前工业化阶段的国家有 1 个，处于工业化初期阶段的国家有 14 个，处于工业化中期阶段的国家有 16 个，处于工业化后期阶段的国家有 32 个，而处于后工业化阶段的国家有 2 个。

“这说明‘一带一路’沿线国家总体上仍处于工业化进程中，且大多数国家处于工业化中后期阶段，大体呈现‘倒梯形’的结构特征。”黄群慧说。

评价结果显示，工业化水平最低的是位于南亚的尼泊尔，工业化综合指数为 0，且各项指标评价均为最低。尼泊尔人均 GDP 为 1 345 美元，仅仅比位于 GDP 倒数第一的阿富汗多 200 美元；第一产业占比 34.3%，居 65 个国家的首位；制造业增加值占总商品生产部门增加值比重为 12.8%，居倒数第六位；人口城镇化率为 18.2%，处于 65 个国家的末位；第一产业就业占比 66.5%，居 65 个国家的首位。

工业化水平最高的是东南亚的新加坡和中东的以色列，工业化综合指数均为 100。新加坡人均 GDP 为 58 523 美元，居 65 个国家的第二位，仅次于卡塔尔，以色列人均 GDP 为 27 860 美元，居第八位；新加坡第一产业占比仅为 0.03%，是 65 个国家中第一产业占比最小的国家，以色列第一产业占比 1.4%；新加坡制造业增加值占总商品生产部门增加值比重为 74.6%，居首位，以色列该比重为 63%。

其他国家的工业化水平分布在各个不同的阶段，除了处于后工业化阶段的 2 个国家，工业化综合指数最高的几个国家中有 1 个位于东南亚，9 个位于中东欧，2 个位于西亚、中东。

按照指数大小依次为黎巴嫩、斯洛伐克、波兰、马来西亚、土耳其、爱沙尼亚、斯洛文尼亚、白俄罗斯、立陶宛、拉脱维亚、匈牙利及捷克。而除了处于前工业化阶段的尼泊尔，工业化水平最低的几个国家分别为位于中亚的塔吉克斯坦，位于东南亚的缅甸、柬埔寨、东帝汶以及位于南亚的阿富汗。

研究发现，与中国处于同一工业化阶段的国家有俄罗斯，中东欧的克罗地亚、塞尔维亚及罗马尼亚，西亚、中东的巴林和约旦。有14个国家的工业化水平高于中国，有44个国家的工业化水平低于中国，中国在“一带一路”沿线国家中工业化水平处于上游的位置。

二、装备业“走出去”五大优势

赵奉杰认为，中国装备制造业参与“一带一路”有着诸多的条件和机遇。“首先是中国具备了装备制造业‘走出去’的五大优势。”她说。

规模优势。中国已经成为全球最大的装备制造业国家，且规模比重不断扩大，稳居世界第一位。

出口优势。近年来，中国装备制造业出口增长平稳，出口规模占全球比重由1980年的0.16%攀升到2000年的3.14%，2014年的17.54%。据牛津经济研究院预测：中国装备产品将长期保持第一大出口商品类别地位。

中高端产业优势。近年来，高端装备正成为我国对外宣传的“名片”。据亚洲开发银行统计，2014年中国出口的医疗设备、航空和通信器材等高科技产品占亚洲高科技产品总出口额的比例已经从2000年的9.4%上升至43.7%。系统方案解决优势逐步显现。

工业门类齐全。中国成为全世界唯一拥有联合国产业分类中全部工业门类的国家。美国的完整程度为中国的94%左右，日本不足中国的90%。产业链相对完整，为装备“走出去”提供了系统竞争力。中国有超过14万家机械供应商、7.5万家通信和设备制造商、10.4万家交通运输设备制造商，供应商网络规模超过日本的5倍。

生态系统较为完善，具有成本、市场响应速度、服务等比较优势。例如，在深圳的两个小时车程范围内，拥有1 000多家电气制造商、300多家服装制造商、2 000多家电子制造商、1 300多家材料制造商，近1 000万名劳动力，数量级的优势和完善的生态系统，使得深圳的手机制造商在制造普通的功能手机的原型开发成本降低1/6～1/4，原型开发时间降低1/7～1/5。

“除了庞大的产业规模，相对完整的产业链也为中国装备制造业“走出去”提供了系统性的竞争力。”赵奉杰说，“一带一路”倡议的实施，有助于对接我国优势产能与相关国家开发需求，消化一批出口产品，转移一批优势产能。“一带一路”是化解装备制造业结构性产能过剩的重要通路。

该课题组的研究显示，“一带一路”沿线国家和地区对于装备制造业存在巨大市场需求。未来对铁路、管线、机场、港口、核电、电信等能源装备和基础设施的需求量将持续增长。此外，基础设施建设、配套设施及装备、相关产业设备和民生设备需求也十分巨大。

三、精准布局装备制造业产能

“‘一带一路’倡议实施将会对全球产业布局产生重大影响，可能打破现有的以发达国家为主导的全球价值链布局。通过全产业链输出，紧密对接供需，逐步形成以中国为核心的全球制造业价值网络。”赵奉杰说。

课题组认为，在“一带一路”上，中国装备制造业在国际合作应“精准释放产业链优势”“分区域精准布局”“分水平精准对接”“分朋友精准合作”。

在东南亚，重视东南亚地区的产能合作新市场，抓住其产业深化重要机遇，推动装备制造业渗透式输出；在中亚，重视中亚地区基础设施开发，加大金融对装备制造企业“走出去”的支持，打造装备制造业产能输出样板工程；在中东及北非，深化与中东及北非地区能源资源勘探开发合作，依托西部工业能力，构建能源勘探、采掘、服务价值链条；在中东欧，注重与优质资源的深度合作，共建研究院和培训机构，推动中欧中高端装备产业合作创新，建设中高端装备进军西欧的桥头堡。

赵奉杰举例说，如马来西亚的交通运输制造业发展需要进口大量机床，近年来中国所占的比重逐渐增多，并在2013年成为马来西亚最大的进口来源国。因此，中国应继续加强和东南亚地区的产业链合作，注意各个国家产业升级的梯次性，实现装备制造业产品和产能的精准输入。

在“分朋友精准合作”方面，课题组研究显示，从装备制造业规模上看，中国“一带一路”上的“朋友圈”分为4个等级：进口额大于100亿美元的国家属于中国“朋友圈”的“土豪”级，包括俄罗斯、印度、新加坡、泰国等10个国家；进口额在10亿～100亿美元的国家属于“高产”级，包括波兰、沙特阿拉伯、匈牙利、伊朗等19个国家；进口额在1亿～10亿美元的国家属于“中产”级，包括蒙古国、爱沙尼亚、乌兹别克斯坦、土库曼斯坦等30个国家；进口额小于1亿美元的国家属于“低产”级，包括黑山、东帝汶等5个国家。

赵奉杰说，对于“土豪”和“高产”朋友，找准产业链短板，开展密切合作，提升对中国需求的依存度，可通过共建产业区、打造经济走廊等新型合作模式实现价值链衍生。

课题组研究显示，从装备制造产品进口占比看，中国“一带一路”上的“朋友圈”又分为3个等级：进口占比大于30%的国家属于中国“朋友圈”的“深交”级，包括塔吉克斯坦、缅甸、柬埔寨、老挝、越南等9个国家；进口占比在10%～30%的国家属于“一般”级，包括伊朗、印度、吉尔吉斯斯坦、土库曼斯坦等38个国家；进口占比小于10%的国家属于“浅交”级，包括格鲁吉亚、东帝汶、阿塞拜疆等17个国家。

赵奉杰说，根据进口国家对中国装备制造业需求的依存度，对于“深交”朋友，维护良好合作关系，扩大出口规模，构建“产品+服务+技术”立体化出口模式。对于“浅交”和“低产”朋友，以资金链牵引产业链，以投资带动贸易，以工程带动企业和产品“走出去”。

黄群慧也认为，“新雁阵”模式的建立需要中国充分挖掘与“一带一路”沿线国家经济的互补性，建立双赢、合理的国际分工体系，打造欧亚区域经济一体化新格局，而这也正是“一带一路”倡议提出的主旨。

新疆阿拉山口口岸，中国制造的大型机械正在准备通过中欧铁路出境（摄影/章轲）

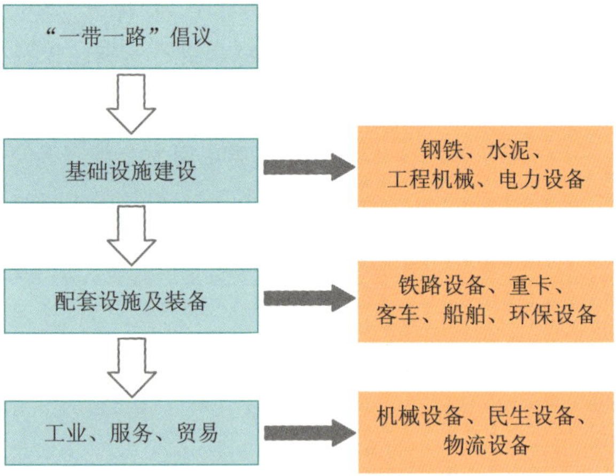

“一带一路”上的需求与供给

资料来源：机械工业信息研究院。

中方货车正在从越南老街口岸返回（摄影/章轲）

2016 年值得记住的环保人物

章　轲/整理

李干杰

现任环境保护部部长。

1964 年 11 月生，湖南望城人，1984 年 12 月加入中国共产党，1989 年 7 月参加工作，清华大学核反应堆工程与安全专业毕业，研究生学历，工学硕士学位，高级工程师。

李干杰给记者的印象正如其名：干练、杰出。

李干杰 1981 年 9 月在清华大学核反应堆工程专业学习，1986 年 7 月在清华大学攻读核反应堆工程与安全专业硕士研究生。1989 年 7 月研究生毕业后在国家核安全局北京核安全中心工作，历任国家环境保护总局核安全与辐射环境管理司副司长，国家环境保护总局核安全中心主任、党委副书记（正局级），国家环境保护总局核安全司司长等职务。2006 年 12 月任国家环境保护总局副局长、党组成员、国家核安全局局长。2008 年 3 月任环境保护部副部长、党组成员、国家核安全局局长。2016 年 10 月任河北省委副书记，省委党校校长。2017 年 5 月任环境保护部党组书记，2017 年 6 月任环境保护部部长。

李干杰走路很快，说话也很快，干脆利落。

接任环境保护部党组书记一职后，李干杰当天就主持召开部党组（扩大）会议。他表示，在快速发展中积累了大量生态环境问题，成为明显的“短板”，成为人民群众反映强烈的突出问题。环保人必须清醒地认识到保护生态环境、治理环境污染的紧迫性和艰巨性，本着对人民群众、对子孙后代高度负责的态度，全力打好环境治理攻坚战和持久战，为人民群众创造良好的生产生活环境。

“火车跑得快，全靠车头带。担当起党中央、国务院赋予我们的光荣使命，推动环保事业发展迈上新台阶、达到新水平、实现新跨越，首要的是把我们环境保护部领导班子建好建强。这方面，我作为主要领导，一定会身体力行，大家也要共同努力。”李干杰说。

他表示，环保部将始终着力深化改革，持续为推动环保事业发展提供强劲动力。面对新形势、新任务、新要求，要牢固树立和贯彻落实新发展理念，在已有工作的基础上，继续深入推进环境保护领域改革，建立健全体制机制，进一步完善环保工作制度，为推动环保工作增加新动力、释放新红利。要聚焦重点问题，以改善环境质量为核心，以解决制约环保事业发展的体制机制问题为导向，以强化地方党委政府、有关部门环境保护责任和企业环保守法责任为主线，将中央全面深化改革顶层设计转化为具体方案，抓紧完善环境保护制度体系，构建好环保工作的“四梁八柱”。

他说，对已经出台的改革方案，要加大落实力度，尽快落地见效；对正在制定的改革方案，要加快工作进度，尽早拿出管用可行的送审方案。我们班子的每个人都要把分管领域、分管单位的改革紧紧抓在手上，努力以改革求突破、以改革解难题、以改革出亮点，以更大的决心、更强的担当、更有力的措施，加快推进各项改革任务，加快补齐生态环境“短板”，不断把各项工作提高到新水平。

刘晓光

阿拉善 SEE 创始会长，首都创业集团有限公司原党委书记、董事长。

刘晓光，河北定州人，1974 年 2 月入党，1970 年 12 月参加工作，北京商学院国民经济计划与管理专业大学毕业，高级经济师。2017 年 1 月 16 日，刘晓光去世，终年 62 岁。

6 年多前，数百位环保界人士唱着《送别》，含泪送走了国内首个民间环保组织“自然之友”主要发起人梁从诫先生。而刘晓光在中国环保界，同样是一位旗帜性的人物。

北京万通实业股份有限公司董事长冯仑曾说，“刘晓光只做了一件事，就是做了阿拉善”。

2003 年 10 月，一个偶然的机会，刘晓光来到了阿拉善沙漠。面对着一望无际的黄沙滔天，他顿时心觉悲凉。“人类怎么会这样呢？”那一刻，他跪倒在沙漠里，“感觉心灵受到洗礼和震撼，开始思考企业家在环境保护上的作为”。

事后，他告诉朋友：“老实说，我在反思我的过去，反思我做过什么坏事。”

刘晓光说：“我在想，怎么把中国企业家作为一个阶层，带领到环保领域中去。”

2004 年 6 月 5 日“世界环境日”之际，刘晓光召集了 80 余名企业家到了阿拉善。

那天深夜，茫茫沙漠中，企业家们挤在一个木质结构的蒙古包中，争得面红耳赤，场面一度陷入混乱。

刘晓光显得非常着急。因为第二天，“阿拉善 SEE 生态协会”就要宣告成立，内蒙古自治区主席也要到场，而此时，连协会的章程和选举办法都还没有最终确定。

但坐在一旁的万科董事长王石感觉却非常好。“因为我突然发现，我们企业家坐到一起来，是为了同一个目标：关心自然，关心环保，而不是关心自己的命运和自己的企业，没有功利性。”王石相信。

在之后的阿拉善宣言中，企业家们有这样一句话：“因为我们心中有希望和梦想……我们希望中华大地山清水秀，一片生机勃勃。”

“为什么我们要选择从阿拉善开始？因为阿拉善是中国最大的沙尘暴发源地，2000 年中国华北地区 9 次沙尘暴，有 8 次源于阿拉善。阿拉善位于内蒙古西部，境内有三大沙漠——巴丹吉林、腾格里、乌兰布和，三大沙漠中的两大沙漠即将握手连片，沙漠已经蔓延到贺兰山脚下，生态灾难正呈现不可逆的趋势。”刘晓光说。

刘晓光承认，是广袤的沙漠净化了他的灵魂。而他要做的事，正是个人情感的释放，这种情感归结为两个字就是：行善。

阿拉善 SEE 生态协会其最初目标就是改善和恢复阿拉善地区的生态环境，减缓或防止阿拉善地区的荒漠化，从而减缓或遏制沙尘暴的发生。

刘晓光对《第一财经》的记者说，阿拉善生态的根本问题，是自然生态承载不了社会发展过程中人为的扩张。人与生态的矛盾，只能通过“四减”（减少农牧业人口、减少牲畜数量、减少灌木林砍伐、减少地下水消耗）来实现。而这“四减”，是人为的努力可以逐步实现的。

“阿拉善地方政府和阿拉善公益机构已做的工作缓解了阿拉善生态恶化的进程，证明了阿拉善生态是可以保护和治理的，尚没有达到不可逆的恶劣状态。”刘晓光说。

阿拉善的养殖业、中药材产业中，由于肉苁蓉、锁阳、甘草和麻黄，以及沙葱、沙蒿、沙芥、苦豆等可成为药材或食品的植物极具市场前景，在阿拉善的产量也比较可观，完全可模拟野生状态进行大面积人工增产或人工培植。

“这些植物的生产与阿拉善生态息息相关，相互促进。这些植物虽非阿拉善所独有，但阿拉善是最具生产优势的。”刘晓光认为，阿拉善的沙产业也具有无限广阔的开发前景，但并不意味着这是一个简单的绿色神话。

在一次徒步穿越沙漠后，刘晓光曾充满激情地写道：美丽的大厦不能建在沙滩上，要固沙就要种树种草。这是涉及子孙万代的大事，否则，大自然就要对人类进行惩罚，好像整个世界都沙化了，人类在玩最后的沙盘。中国的企业家们站出来吧，为母亲、为人类，献出我们的财富和才华。

“我一生中最高兴的一次就是我被民选为会长，这是我一生中最光荣的事情。”在2014年6月5日阿拉善SEE十周年环保公益论坛上，刘晓光感慨地说。

在刘晓光所作的《阿拉善之歌》中，他写道：逝去的终将逝去，逝去的多是尘烟。我们拒绝迷途，诺亚方舟不会搁浅！这个地球需要改变，我们的生存环境需要美丽的容颜。做一个无名英雄吧，大地用青翠为我们加冕。

16日晚，阿拉善SEE公益机构的公告称：“12年，阿拉善SEE是大家人生中最有意义的大事件和对社会的公益贡献！它不仅唤起了我们这一代企业家的公益意识和责任感，也号召和凝聚了未来几代青年企业家的追求梦想。”“请您把没走完的路指给我，让我从您的终点出发。请您把刚写完的歌交给我，我要一路播种火花。谢谢您，我们的领路人！”

经济学者马光远悼念刘晓光：晓光是北京企业家里少有的思想者，一路走好；李铁悼念刘晓光：惊闻晓光兄去世，一个让人敬佩的企业家，有学者风范的兄长，愿他在天之灵安息；中国金融博物馆理事长王巍亦发文怀念：刘晓光兄走了，昨天飞达沃斯之前专门去医院探望，今天刚刚落地瑞士，惊闻噩耗。相识20年，亦师亦友，突然撒手，悲痛不已。

牛文元

河南焦作人，中国科学院可持续发展战略研究组组长、首席科学家。获得国家发明奖一项，中科院科技进步一等奖一项，中科院科技进步三等奖两项，洛克菲勒基金会杰出科学家奖。代表作品有《自然资源开发原理》《持续发展导论》等。因病医治无效，于 2016 年 9 月 28 日上午 11 时许在北京逝世，享年 77 岁。

牛文元 1939 年出生，1966 年 9 月在中科院地理研究所参加工作，1988 年 9 月调入中国科学院生态环境研究中心工作，1992 年 3 月起在中国科学院科技政策与管理科学研究所（现为中国科学院科技战略咨询研究院）工作至退休。2001 年当选为发展中国家科学院院士，2003—2014 年受聘为国务院参事，历任第九届、第十届、第十一届全国政协委员。曾任国家规划专家委员会委员、国家环境咨询委员会委员、国务院应急管理中心专家组成员、美国耶鲁大学 SDLP 讲席教授、美国弗吉尼亚大学 Fulbright 教授等职。

牛文元从事研究工作 50 年，治学严谨，著述颇丰。他是中国可持续发展研究的奠基者之一，对中国可持续发展战略研究做了大量开创性工作。1994 年，他出版了我国第一部可持续发展理论专著《持续发展导论》。1999 年倡导并主持《中国可持续发展战略报告》（至今已连续出版 17 部），在国内外持续产生重大影响。近年来，他在社会治理、社会物理学、新型城市化、绿色设计、智库建设等领域也建树颇丰。他累计出版专著 40 余部、公开发表论文 200 多篇，向中央提交的政策建议多次得到中央领导的肯定性批示。

2013 年 10 月，牛文元研究员向中央提交的决策咨询建议“消解当前我国产能过剩的四条出路”分别获得时任中央政治局常委、全国政协主席俞正声同志，时行中央政治局常委、国务院副总理张高丽同志的重要批示，并转国家发改委、工信部会同有关部门研究落实相关建议。

牛文元的政策建议围绕国家当前产能过剩的突出问题，结合打造中国经济升级版的现实需求，聚焦如何通过紧急抑制产能过剩，将过剩产能合理消化并转变为提升国力和民力的经济正能量，对助力中国经济转型与升级，促进中国绿色发展和可持续发展具有十分重要的决策参考价值和现实意义。

该建议从 4 个方面考虑消解当前我国产能过剩问题：其一，建议紧急制订“国家产能输出计划”，利用发展能级和市场分工的差异，提请相关部门研提具体政策措施，将资本援助和商品输出转化为产能输出，积极拓展和占领新兴市场。其二，建议全力实施“城市地下工程”，加快推进地下管道网、地下交通网、地下停车场、地下储备库、地下避难所及相关城市基础设施建设，以利于全面缓解城市土地扩张，综合整治交通拥堵等城市病，有效消解过剩传统产能。其三，建议积极开展与周边国家的区域开发和经济合作，主动推进“丝绸之路经济带”等国际合作项目，以中亚、中巴、中蒙、中朝、中缅及周边国家的区域合作为重点，通过深度参与相关国家的开发计划开发过剩产能。其四，建议进一步加强我国中西部能源基地建设、交通设施建设、通信工程建设、民生工程建设、生态防护建设、国防后备建设等，以充分利用相关过剩产能，推动中西部地区社会经济发展。

同时，牛文元就中国可持续发展的“绿色生存”生命线、“绿色生产”生命线和“绿色生态”生命线，从思路、格局和战略上提出了总体空间布局的顶层设计方案。

牛文元认为，中国经济高速发展了 30 多年，现在已经全面进入了经济发展的新常态，也就是说我国经济由高速增长到中高速增长，档次要进入中高端，这种形势下，在发展的整个系列谱上，对应着一些非常显著的特点，这个特点围绕人和自然的关系，人和人的关系表达出来。这两大关系都进入了一个值得我们十分关注的时期，表现为几句话。一是经济容易失调；二是社会容易失序，容易产生各种各样的矛盾；三是心理容易失衡，容易产生各种易冲动的因素；四是效率与公平必须做出相应的调整，同时我们整个经济发展的新常态，也必须转入以提升质量和效益、以转型升级和全面创新为基本标志的轨道上。所以说，可持续发展本身的任务对于中国应当说既是一个必须要走的，也是比较坚定的。

陈飞

1975 年 1 月生，籍贯山东潍坊，出生地山东济南，在职研究生，法学博士，1997 年 7 月参加工作，1996 年 12 月加入中国共产党。现任山东省德州市委副书记，市人民政府市长、党组书记。

2000 年 12 月任共青团青岛市委副书记；2001 年 10 月任共青团青岛市委副书

记、市少工委主任；2003 年 3 月任共青团青岛市委副书记、市青联副主席；2006 年 8 月任共青团青岛市委副书记、市青联主席；2007 年 12 月任共青团青岛市委书记、党组书记；2012 年 2 月任青岛市委常委、统战部部长，共青团青岛市委书记，青岛高新区党工委书记；2012 年 5 月兼任青岛红岛经济区管委会主任、党工委书记；2013 年 2 月任青岛市委常委，青岛红岛经济区（青岛高新区）管委会主任、党工委书记；2015 年 4 月任德州市委副书记，市人民政府副市长、代市长、党组书记；2015 年 8 月任德州市委副书记，市人民政府市长、党组书记。

2015 年 12 月 10 日，德州市因重污染天气应急存在问题被环境保护部约谈。2017 年 2 月，德州市又被环保部列为“2017 年第一季度空气质量专项督察”的 18 个城市之一。

陈飞表示，“德州在环保方面底子薄、基础差、总量大、问题多的现状没有根本改变。2016 年德州市 $PM_{2.5}$ 浓度改善了 19.8%，这非常不容易，但还是全省最高”。

“做好生态环境治理工作，既要拿出治标的非常规手段，更要完善治本的治理体系。”陈飞说，环保问题实质上是城市治理能力问题。在城市规划建设上，将环境容量和城市综合承载能力作为确定城市定位和规模的基本依据，统筹生产、生活、生态三大布局。

在德州，陈飞提出的一些新的环保理念和提法，已经在官员中“生根”，并且朗朗上口。例如，环保工作看似是与污染物做斗争，实际上是三场“博弈”：一是与传统思维习惯的博弈。环境保护不是发展的包袱，而是推动经济转型升级的动力。二是与既得利益的博弈。通过法治思维和方式，倒逼企业和企业家履行社会责任；通过严纪律守规矩，打造忠诚、干净、担当的执法队伍。三是与慵懒作风的博弈。将治污与治庸有机结合，治庸提能力，治懒振精神，治散正风气。

例如，在工作重心上实现“三个转移”：一是由面上工作向点上精准转移。紧盯重点企业、信访案件、薄弱环节，逐项分析、逐一解决。二是由突出整治大气污染向环保整体工作转移。协调推进大气、水、土壤治理，加大生态修复力度。三是由单项业务工作向政府综合性工作转移。

据记者了解，德州市委、市政府将成立生态环保委员会，整合现有议事协调机构，发挥牵头抓总作用。抓好县市区环保工作大格局建设，健全体系机制，形成齐抓共管的工作局面。

再如，德州在环境监管执法上要求着力提高“三个率”：一是提高处罚率。伤其十指不如断其一指，企业守法是底线而不是高要求。坚持铁腕治污、重拳打击，通过严厉处罚，坚决纠正环保处罚过软的问题，让环保守法成为常态。二是提高媒体曝光率。在电视台等新闻媒体开办专栏，对问题整改不到位、污染问题突出、环境质量恶化的，敢于曝光，保持高压态势。三是提高问责率。以网格化为基础，厘清各级各部门环境保护责任，研究督察、监察联动工作机制，对不作为、慢作为等行为严肃问责。

在问题解决上，陈飞提出做到“三个饱和式”：“饱和式”检查、“饱和式”整改和“饱和式”曝光。做到“两个实”：一要真实。直面问题，正视差距，补齐“短板”，寻求突破。二要扎实。抓铁有痕、踏石留印，以钉钉子精神抓好落实，不达目的决不罢休。

“环保问题都是人为造成的，只要是人为造成的问题，我们就可以通过人的工作、靠大家一起干来解决。”陈飞说，德州市的工业总量还没远没有达到烟囱林立、乌烟瘴气的程度，工业化还没有到“饱和式”发展的地步，下一步关键是工作要精准，执行要到位，真正把环保工作放在心上、抓在手上。

作为一市之长，陈飞在2017年的《政府工作报告》中提到，今后五年，德州“不片面追求发展速度的增长，更着重于发展质量、发展效益和城市综合竞争力的提升”“以最大的决心、最大的力度持续推进生态环境建设”“不断改善能源结构，降低工业排放，大规模植树造林，持续优化空气质量”。

胡建森

1963年4月出生，山东沂南人，1983年8月参加工作，1987年6月入党，硕士研究生。现任新乡市环境保护局党组书记、局长。

1983年8月—1989年9月任新乡市司法局科员、团委副书记；1989年9月—1997年12月任新乡市政法委干事、组干科科长；1997年12月—2002年8月任新乡市司法局党委委员、副局长；2002年8月—2006年4月任新乡县委副书记、纪委书记；2006年4月—2011年3月任新乡经济开发区党委书记、主任；2011

年 3 月—2014 年 5 月任新乡市南水北调办公室党组书记、主任；2014 年 5 月至今任新乡市环境保护局党组书记、局长。

背着“行政警告”的处分，胡建森迈入了 2017 年。“在这个岗位上，工作没做好，这也算给自己、给别人一次教训。”他说：“就像打仗负了伤一样，身上没个枪眼，还算打过仗吗？还得照样往前冲。”“这个（处分）还得背下去。但你放心，2017 年，我一定给新乡人民交出一份满意的治污成绩单。”2016 年的最后一晚，胡建森说。

截至 2016 年 12 月 31 日，新乡在河南省 18 个省辖市空气质量综合指数的 2016 年排名中排在第 16 位；全年在全国 367 个城市中，排在倒数第 9 名。

“压力很大。”2016 年 12 月 29 日晚，胡建森与记者刚一见面就说，“也确实感到责任重大”。

由于头发稀疏，胡建森总是调侃自己是“光明村村长”。

胡建森告诉记者，在新乡，齐抓共管的大环保格局基本形成，建立了“党政同责、一岗双责、部门主责、失职追责”的责任体系，挂牌督战、挂图作战、挂帅出征和台账的“三挂一台账”制度已经建立，“管生产必须管环保、管业务必须管环保、管行业必须管环保”的局面也已形成。

“这一年，上上下下、方方面面付出太多了。”胡建森告诉记者，仅环保系统在 2016 年就“送走”了三位同志：年仅 40 岁的新乡市环境保护监测站监测室二室主任、环保专业工程师李海波，去年 5 月 31 日，因连续加班，劳累过度，突发脑溢血去世。

“还有两位同志是在夜查返城途中遭遇车祸，不幸去世。”胡建森说，“我一个人关在办公室里，热泪长流。打电话向省厅汇报时，话都说不出”。

采访时，胡建森表示，新乡市的大气污染防治仍需“精细化”，“下一步会明确哪一级管控停产哪类企业，几级预警限产哪类企业，做到分类管理、精细管控”。

“有人问，你们干环保的为什么总在加班。我回答：我们干环保的就没有下过班！”胡建森用浓重的河南话大声地说。

2016年十大绿色公众号

“千篇一绿”：《南方周末》新媒体矩阵的巨大影响力

《福建农民在屋顶种太阳赚发电的钱来养家，你想不想？》，2016 年 8 月 23 日，这是“千篇一绿”公众号的一篇文章。

屋顶房前的空闲地带能做什么？利用 17 张照片和少量文字，报道了国内家庭太阳能屋顶的实践。

这个公众号大量文章都注明：原创作品，谢绝转载。如需转载，请与后台联系。

在《南方周末》，“千篇一绿”被昵称为“小千”，专注环境，意为：每天成千上万篇的文章，唯此为关注“绿色”，万紫千红中，有此一绿！

与“健言”公众号，两个细分领域的微信公号，构成了《南方周末》绿色新闻在新媒体平台上的左右手。

在人民网、千龙网、北京市环保局等机构发起的“首届绿色环保主题十大微信公众号评选”中，“千篇一绿”，拔得头筹。

2009 年 10 月，《南方周末》“绿版”创立被寄托了求变求新的期待。环境新闻尽管重要，但仍不免处于“叫好难叫座”的境地。

“绿版”在初创期就曾尝试过借力做法，例如，和门户合作内容栏目（与腾讯共建绿色对话，与新浪共建绿版专区等），但效果一般，且对接不畅，加之受报社

版权规范的约束。待到2013年年底，自设平台成为唯一之选，开辟微信公号，就显得顺其自然。

“千篇一绿”和“健言”在2013年年底，成为《南方周末》旗下业务部门主导的第一批微信公号，各司其职。可想而知，“健言”与“保健”联系起来，起码能吸引35岁以上人的关注。

来自《南方周末》的朱红军说：取“千篇一律”的谐音，既延续纸版“报道一切绿色新闻”的宗旨，更暗含着另外一重考量：拒绝照搬《南方周末》绿色新闻部的名字，立志打造一个《南方周末》母品牌下的绿色子品牌。

他还说：

1. 加法——内容为王，用户至上
2. 减法——定位聚焦，领域专一
3. 乘法——唯快不破，互动方法
4. 除法——孵化产品，构建矩阵

2015年3月，“千篇一绿”建立了覆盖500多个绿色公号的排行榜，每周发布，包括政务、媒体、企业、NGO、高校和文章阅读量六大类，是目前绿色领域最为全面的榜单。

这为新媒体搞老牌的品牌活动，试水。

榜单是工具，以之为基础的绿色自媒体联盟，打造线下智库，这些都属于“四平一通”的基础建设。“千篇一绿”弥补了《南方周末》新闻版块的不足，同时又成为具有鲜明特色的环境新闻与信息编辑平台。文章的可读性、使用图片的契合性，关注环保问题的深刻性，在环保类微信平台中胜出。

打造环境微信平台联盟，评估这方面的媒介特点，“千篇一绿”又走在了前列。

“蔚蓝地图”：“互联网+环保”的能量在手机端释放

北京城市遭遇“霾伏”，空气污染严重甚至数据“爆表”，成为困扰不少中国城市居民的问题。

环保组织“公众环境研究中心”的马军主持研发的手机APP“蔚蓝地图”，就致力于提供一种公众实时了解污染情况，并参与污染源举报的可能性。马军和“公众环境研究中心”近年来频获国内外大奖，在环保界令人高看。

“蔚蓝地图”APP 起点不低。

2014 年 6 月，基于百度地图运行的“污染地图”，来自“公众环境研究中心”。“污染地图”精确地标注各种污染源信息，使公众有可能关注身边的污染源，从而倒逼企业达标排放。

“污染地图”密密麻麻的彩色斑点分成红绿两色，绿色代表达标，红色则是排放超标。如果点击一个红色斑点，地图还会进一步显示出具体的排放超标项目。

无论是新事物还是新思路，都引起舆论的关注。手机基站定位的功能，公众只需要浏览这种特殊的电子地图，就可以将身边的污染源信息和危险程度了解得一清二楚。同时，还能实时分享到社交媒体平台，提醒其他人一同关注污染源情况及个人的安全健康。

2015 年春天，“污染地图”更名为功能更强大的“蔚蓝地图”。不仅可以查询污染源监测数据，还能显示空气质量指数（AQI）、水源质量监控、生活服务指数等关键的环境信息。打开 APP，系统首先会进行定位，找到用户所在的区域，而后便是显示各种信息。

微信平台持续增量，使这个 APP 发挥到极致。显示各类服务信息，如建议佩戴口罩、不适宜开窗、减少运动等。继续点击空气模块，看到各种颜色标注的空气质量指数。

家乡的水质也成为越来越多人关注的话题，这是“蔚蓝地图”的服务亮点。APP 的水质模块可以满足公众及时查询和获知各地水质情况的需求。

“分享”功能，为公众参与环境监督，促使环保问题更快得到解决提供了可能。得益于“蔚蓝地图”提供的丰富数据，以及移动互联网时代便捷的信息发布渠道，人们可以通过 APP 将家乡的污染信息转发到微博、微信朋友圈等自媒体平台上，也形成了“环保+政府+企业+公众”的全新模式，让治理污染的效率得以提高。

2016 年，“蔚蓝地图”再一次升级，推出了 3.0 版本：与环保部、水利部等公开举报环境违法平台直接连通，提供了一条社会公众参与环境治理的最便捷通道。

“环保部发布”：一步赶上各大部委的权威声音

2016年11月24日，第二批中央环境保护督察工作全面启动的消息，在环保部官方新闻发布平台“环保部发布”首发。

11月23日下午5时许，“环保部发布”微博发布一条状态，环保部官方新闻发布平台“环保部发布”微博、微信公众号低调上线，被网友大量评论、转发，两天内粉丝数已超过2万人。

“各位亲，初来乍到，请多关照。感谢对‘环保部发布’的关注和支持。”得到3 000多条网友评论、转发。部分网友表示，“环保部冬季开微博勇气可嘉”；也有网友鼓励称，“勇于迈出这一步真不错，刚开始谨慎呆板一点没关系，慢慢来”。

环保部宣传教育司巡视员刘友宾说，“双微”主要用于信息公开，发布与环保部有关的重要活动、政策、法规、标准以及工作进展，并通过关注网友的评论，了解环境舆情，对热点问题集中回应。

环保部的“双微”来得有点晚。

教育部的微博“微言教育”此时已经有接近1万篇文章，粉丝数量600多万人。它是2013年12月开通微信公众号，早于环保部3年多。

国家林业局的微信开通是2014年11月，到2016年粉丝3万多人，而其微博粉丝数量2016年年底已经300多万人，发布篇数约1.5万篇。

后来居上，也显示了巨大的需求。“环保部发布”，微博作为媒体的属性，运行不到一年，收获粉丝50多万人，发布2 000多条信息。

微信每天发布1～5篇，以环保部公告、内部司局重大活动、环保督察行动、环保部重要大会等内容为主，辅之各大媒体报道环保部活动的深度报道。即使如通知、通告等很一般的文章，阅读数也超过2 000，电视报道文字稿和新华社等报道的转载都在1万～2万的阅读数。

不过，微信公众平台的专题分类架构，还有很长的路要走。

还是看老大哥：国家林业局微信平台，同样3个专题分设更多子专题，而链接通达的内容，接近了一个微型官网的容量，而且能直通官网“中国林业网”。

“环保部发布”，则还是以主页面的发布文章图片为主，分“空气质量”“中央督察”和“污染举报”3个专题，其中的内容都十分有限，时效性与互动性一般。

同样，与微信平台关联的微博内容，国家林业局则能快速与社会舆论互动，如社会关注的某个发酵事件，如上海游客追逐藏羚羊事件，微博、微信均能实现人际互动，督促要求相关局立即调查，还能对及时说明国家林业局态度。即使是双休日，即使大众传媒还没报道，林业局微信竟然有一条互动。

而对社会热点更紧密的环保部，则需要在亲民互动与把握微信、微博属性方面再下功夫。

当然，“环保部发布”的权威性自不待言，但同样发布一个通知，在微信、微博发布和网站发布，其权威性与可信度，粉丝和受众的期待是完全不同的，系统内外的需求也是不同的。因此，未来“两微”之间的区别，“两微”与网站区别和共同点，以及布局微平台的内容分配方面，需要诸多完善之处。

“中国绿发会”：新式基金组织全媒体化的探索

中国生物多样性保护与绿色发展基金会（以下简称“中国绿发会”）是由中国科学技术协会主管，全国性公益公募基金会，起源于中国麋鹿基金会，1997年更名为“中国生物多样性保护基金会”，挂在“中国科协”。2009年由胡德平、胡昭广提议将“中国生物多样性保护基金会”更名为“中国生物多样性保护与绿色发展基金会”。

过长的名字，报纸与网站使用，不算什么，简称“中国绿发会”，就比较迎合新媒体。

中国众多的民间环保组织和新型基金组织，能够生存壮大，互联网的平台作用功不可没。

众所周知，老式基金会往往隶属某个部委，不需要过多宣传。办公室与人员均为该部委工作人员，行政级别与各项待遇，与该部委的其他事业单位无异，自然利用该部委的报纸、杂志或文件，就能“活得好好的”。

而民间组织与机构则不同。如果没有网站，便没有舞台。网站不仅具有宣传自己、联系业务的舞台作用，还能有很大的认证功能。没有一定实力财力和人马，网站是难以维护的，网站就是对外形象的“西装革履”。

有一定募集资金的支持，“中国绿发会”的网站内容建构，高于其他环保NGO，高大上的感觉，没有一点“民间”感。而作为一种环保类基金，是典型的公益类事业，其起点也好于如福利残疾文化等基金组织的网站。因此，成熟的一套人马运行微信公众号，无疑在手机互联网上又创造了新的成长空间。

2016年11月，《南方周末》在青岛发布“中国绿色公众号2016年报”，对表现优异的绿色公众号进行“年度致敬”颁奖。“中国绿发会”公众号被评为最具行动力绿色公众号。

“南方周末”评奖认为，“中国绿发会”317天发布2 196篇文章，是发布文章数和提及环境公益诉讼最多的公众号。

当然与其迎合媒体的公益行动也有很大关系。不仅诉破坏生态环境的大企业、诉臭名昭著的危废倾倒，还多次拔头筹，发起了首例大气污染公益诉讼；紧跟热点，发起了腾格里沙漠污染公益诉讼、毒跑道公益诉讼、破坏古柽柳公益诉讼、与自然之友诉常州“毒地”……可谓线上是劳模，线下最积极。

“中国绿发会”副秘书长马勇分享三点理念，代表了其微信传播的思路。

（1）不懈怠。我国生物多样性保护与绿色发展形势严峻，“中国绿发会”作为生物多样性保护与绿色发展的专门机构，有太多的工作需要去推进，公众号每天的信息都是更新和充实的，要求自己再勤奋、努力一些，扎扎实实地推进工作。

（2）不等待。“中国绿发会”作为社会组织，资金来源于公众支持，使公众的捐赠效益最大化，持续开展环境公益诉讼，遏制环境违法行为，公众号就是进行时态，必须及时公布各项进展。

（3）不独行。专家学者、社会志愿者、各环保组织、媒体等，都是联系最广泛的支持，公众号关注者，粉丝，都在支持着。

公众号成为“中国绿发会”的发声者，也是其有力的监督者和促进者。

《环境保护》：最老牌学术杂志的新媒体表达

《环境保护》创刊于1973年，这份杂志的悠久历史还包含着难以匹敌的积淀：

全国中文核心期刊、CSSCI 来源期刊、中国人文社会科学核心期刊。我国环境保护领域最具权威性和影响力的综合性期刊。

2000 年以后，一方面，互联网的冲击，《环境保护》等纯学术期刊都转型为半学术半社会的杂志；另一方面，也在网站方面完善纸质平台不具备的功能，如宣传环保方针、政策、法规，宣传各地区、各部门、各单位在环境保护工作中的成就、经验和做法。

这促使老牌学术期刊成为引导各级政府、企事业单位、研究机构、高校、NGO 组织等参与环境保护的杂志之一，成为一个综合媒体。通过网站与杂志均有的一些栏目如资讯快递、政策导航、特别关注、国际瞭望、环保漫笔、一线来风等，可见一斑。

“环境保护”，40 年前，作为区分森林、建设、卫生等领域的一个新领域，是一个涵盖面有限的领域，甚至一份杂志就能总结全年环保的基本信息。

今天“环境保护”是一个广泛而深远的话题，牵涉几十个子领域，这个名词在综合性与专业性方面充满了矛盾。

同样，“HJBHZZ”作为杂志的微信公众号，虽然介绍中说：“这是环境保护部工作指导刊”所创办的，但是到底传播什么样的内容，以什么样的姿态存在于碎片化、通俗化的微信平台，都是极大的挑战。

“重返森林”：老牌林业基金会的新锐表达

猛一看，“重返森林”像是户外运动或者环境 NGO 的活动名称，其实是中国绿化基金会面向当下社会，创建的一个新而有趣的微平台。

中国绿化基金会是 1985 年成立的筹集民间绿化资金的重要组织，在林业发展中发挥着筹集民间绿化资金主渠道的作用。这是具有浓厚官方背景的基金会，其网站内容除了捐款和公益活动等内容，链接了当下最流行的支付平台。官方但是不死板。

它也是国家林业局属下实力强大的事业单位之网站，其形式内容的厚重，更新速度，以及每年多个公益活动的策划与发布，在网站上可见一斑，非常接地气。

不差钱！依托国家林业局这棵大树，自然在微信公众平台的投入上，照样十分大气。

每篇文章都不是凑合的。风格一致，内容原创，均贴合森林、自然、生态内容。国内、国外、影像、图片，既充满文艺范儿，又相当大气。

连自己的广告都十分傲娇："我们想带你重返森林，那是我们最初的家园。回归本真，是我们每个人的梦想，不是吗？"

微信运营主要内容：保护自然、网络植树、网护森林、网治荒漠、网救湿地、网爱生灵、网生文明等独立项目内容包装及传播；自然及生态保护科普内容；中国绿化基金会重大活动发布、项目信息、在线捐款等内容等。

背后运行的团队，实力雄厚，通过任选标题，就能读出其中的玄机。

"厉害了，他是植物科普届的网红，边拍花、讲段子，边秀恩爱，边带娃"，点开之后，多个植物的照片，特写角度不一般，背景不一般，让人惊艳如何拍摄到的，而且文字都经过锤炼。

文章普遍在5 000左右的点击量，而且评论不少，看来，黏住了关注林业的粉丝。

最主要的是，"重返森林"公众号，作为动态，高频率地发布着。基金会和各企业、组织的合作活动，特别是组织的志愿者进行的各种公益活动，又起到了重要的吸纳忠诚粉丝的作用。

关键的一点，这成为国家林业局属下一个新媒体的平台。目前起码与传统的《中国绿色时报》《绿色时空栏目》《森林经济》《绿色中国》等媒体，不相上下，甚至影响力有后来居上的架势。

"京环之声"：环保宣教系统内容多样而亲民的互动平台

这是由北京市环保宣教中心主办的，相当于"北京环保公众网"的手机版。"环保北京""环境监测""京环之声""京环微信"，成为北京市环保局的四大"微平台"。这些平台基本上由环保宣教中心在维护。

"京环之声"网站的内容丰富多彩，成为一个比较贴近年轻人的环保教育网站。

首页，视频、新闻、活动、芝麻科学汇、我来拍、科普、人物故事、P 在囧途、绿色出行、清空计划等，应有尽有，版面十分活泼有趣。

网站内容太丰富了，“京环之声”微信公众平台不得不精简浓缩。只留下了“空气质量”“芝麻科学汇”“文化周”3 个内容。即便这样，这 3 个通道，又连接出海量的信息。

一个是“空气质量”，不仅显示当天的空气质量，而且通过 APP 可以看到更深广的内容。

一个是“芝麻科学汇”，点开之后，14 项子内容，不仅包括“我关心的内容”（标题）与“我信任的专家”（名单），还有“视频”“音频”“环保相册”“我想参加”等，手指点开，又是无限通道与内容。

最后一个“文化周”，可不是上届文化周信息总结与下届文化周预告那么简单，而是包含着摄影比赛、论坛、教育基地等，多项动态与静态的内容，用绿色和蓝色，把北京环保宣教中心的品牌活动等全部排列出来。

“京环之声”是了解身边的北京环保情况的科普常识的趣平台，也是广大中小学生参与环保了解北京环境的校外课堂。参与性、互动性、亲民性，在省级环境教育平台中，无人能敌。

中国环境新闻：“国”字头的环境新闻总汇

《中国环境报》、中国环境网、“中国环境新闻”微信公众号、“中国环境 APP”“四位一体”，实至名归。

中国北京环保新闻与环保权威信息的集大成者，在手机互联网时代，“中国环境新闻”首屈一指。可以说，在行业（专业）报范围内，特别是指直接依托挂靠对口部委的机关报中，《中国环境报》发行量之大，不是“前三”也该是“前五”。

日报（周五报），八版，环境新闻的信息量和权威性，新闻信息采集与加工的专业性与指导性，在业内业外，无人能敌。

报纸在衰落吗？《中国环境报》一定是例外，逆袭专业报阅读数量下滑的颓势。它拥有雄厚的采编队伍，200 多名员工和 30 个地方记者站，拥有最专业的环境新闻工作者。文字与摄影记者，消息编辑、专版编辑与环保文化编辑，招聘门槛向来不低。它丰富的表达途径，有杂志、协会、APP、活动部、广告部。

纸媒专版涉及的环保领域之全面没有媒介超越。法治、生态、企业、市场、绿色、城市、全球、产业等多个专版专刊，全方位、多角度报道国内外环保新闻，宣传生态文化。

这样的实力，微信公众号，自然是轻车熟路，小菜一碟。在“权威发布”里，有大练兵、强化督察、热点回应；在“中央督察”里，包含督察手机、督察新闻、督察整改；在“环保矩阵”里，有中国环境网、微博、“12369”举报平台、号内搜等。

“中外对话”：打开窗口看国外环保事业

“中外对话”是一个独立的非营利性组织，以伦敦、北京、旧金山为中心开展工作。

“中外对话”最早与人“见面”的是一本杂志，国内杂志很难申请刊号与正式出版物编码，因此只能办类似册页和信息汇总的印刷品，是一部内部交流刊物。

《中外对话》，每期邮寄至 1 500 名左右中国读者，主要包括教育机构（大学图书馆）、相关领域学者、民间环保组织管理者、企业管理者和各主要城市环境部门政府官员等。

《中外对话》双语网站其实早于杂志，通过发表精辟、原创的中外文章、评论和分析，促进世界理解中国崛起带来的全球性生态环境影响，进而共同寻求公平可行的全球环境问题解决之道。

很多年，国外风格的网站页面，往往版面风格清秀高雅，留白多，而令国内网民总有距离，冰冷孤傲的感觉。只有那些“有中国特色”的网站存活了下来。

微信平台，圈定了“中外对话”文章的模式。每期文章，虽然可读性可能不高，在专业与通俗之间的拿捏，不如其他微信号的文章，但是有 4 个特点，超越了同行：带有《参考消息》视角的叙述；精美的《国家地理》风格的配图；国外报纸媒介关注的话题，有时国人很少想到；每个标题下，一两句中心思想的话，引起读者兴趣。

《电动车蓄电池报废：中国回收行业面临考验》中国新能源汽车产业的井喷很快将留下几十万吨报废蓄电池，这对回收处置行业是负担还是机遇？

《大型邮轮：汽笛声背后的空气污染巨兽》，一艘大型邮轮造成的空气污染相当于 100 万辆汽车，为何邮轮公司迟迟不愿采取行动？

《南极旅游：探索世界尽头，请带上责任》随着中国政府成为南极治理的重要力量，南极作为旅游目的地的人气也在国内迅速增加。

《粮食问题不可化繁为简》粮食系统的改革者往往低估了其改革对象的复杂性。

很多文章的原创性（翻译）、独家性，超过了其他环保微信平台。

“外国人的环保视角”，是中外对话微信平台的定位。如果说网站和杂志还比较静态，这个平台达到了每天推送与粉丝互动，内容与形式的无可替代。

“比较”是人的天性之一。喜欢进行中外比较，又是高端人士的思维方式。从这个意义上讲，“中外对话”微信公众号的基础稳固，而且是部分忠诚人士的刚需。

“环保之家”：环保产业人的家园或“餐桌”

它的微信公众号是“EP-HOME”。之所以要把它的公众号赫然标明，是因为“环保之家”这个名称在手机互联网之前，就有好几个这样的网站。

PC 端网络时代，环保类网站大致分三类：环保新闻类、环保教育科普类、环保产业类。其中，被媒体最容易忽略，也是领域细分最广泛的，就是环保产业类。

“环保之家”微信公众号，就是脱胎于环保产业网站的。显然，对于粉丝细分领域极限的微信平台，如果不走专业细分之路，粉丝很难维护。不要说吸引关注了。“环保之家”又是个大而广之的名称，似乎通吃一切。如何再细分？

它却做到了，而且成了奇葩。一个环保产业的平台，每篇文章都是 5 000 以上，大部分在 20 000 左右的阅读量，令人称奇。远远高于其他类型的平台，把环保科普、教育、信息等平台甩出几条大街。

其网站频道包括“快捷导航”“论坛首页”“招聘求职”“会员任务”“访问推广”“企业之家”“环保超市”“公告公示”。其微信平台的定位是做环保行业知名公众号，分享环境咨询、环保设计、工程运营等相关信息，交流环境保护类考试资料。

显然，它确切地说应该是“环保产业之家”。拉粉丝的竞争对手应该是环保人才网、环境工程、水博网、化工网、环保水圈、保护产业协会网以及工业水处理等平台。

看其文章的目录，不得不佩服其包罗万象，又十分耐看。不仅能吸引环保产业内的人员，而且足以让环保教育与新闻内的人耳目一新。柴静的《穹顶之下》对环境类专业有些什么影响呢？拨打“12369”环保热线管用吗？环保部的地位如何？在实际环保工作中起到怎样的作用？你为什么选择/放弃从事环境影响评价工作？环评制度改革，我也说说；环评改革手段：简政，非放权；简繁，非取消；另一种声音：环评将死；小伙伴们，看看环保部都因啥不予审批环评？等等。

不难明白其中的因素，它的粉丝是怎么轻松过万的，每篇文章 1 万～3 万的阅读量，这才是内容为王。有了稳固的阅读量，其他服务还远吗？

2016“黄河十年行”

汪永晨

摘　要：民间环保组织从2010年发起了以媒体视角记录黄河的“黄河十年行”，2016年是第7年。黄河源头的高原生态，黄河中游人与自然的关系，黄河入海口的新增国土是多了还是少了，都是走黄河在关注，在记录着的。

今年，草原生态学家更加着急地要告诉记者们的是：从生物学的角度来研究，成千上万年来，草跟牲畜是协同进化、共同生长的。如果牛羊吃了，会刺激草长得更快，更生机勃勃。青藏高原草场有退化的，但不是牛羊吃的退化的。

关键词：青藏高原　黄河源头　高原的动植物　黄河渭河交汇　黄河大峡谷　腾格里沙漠　黄河入海口

一、来自高原生态学家的忠告

民间环保组织绿家园发起的、以媒体的视角记录黄河的生态及黄河两岸人家的“黄河十年行”，到2016年已经是第7年。7年来，在“黄河十年行”的记录中，有黄河源头受全球气候变化的影响所发生的变化；有腾格里沙漠的污染在媒体的曝光后，引起了国家主席习近平的重视并批示；也有入海口山东东营黄河对大地母亲最后的吻别。

2016年8月10日，第7年的“黄河十年行”从西宁出发，8月26日到达黄河入海口，历时 17 天。行程近 8 000 千米。黄河的生态现状及两岸人民今天的生活，我们用镜头、用录音机、用手机、用笔一一记了下来。

2016 年　吴玉虎

2016 年 8 月 10 日，第 7 年“黄河十年行”的第一天，一到西宁，我们就到了中国科学院西北高原生物研究所。从 2010 年“黄河十年行”第一年起，我们每年都要采访的人中，有西北高原生物研究所的研究员吴玉虎。今天吴玉虎告诉我们的不是好消息。

2010 年采访吴玉虎先生时，他就告诉我们他在青海省同德县考察野生植物资源时，发现了一片甘蒙柽柳古树的原始野生林地。这一发现，从根本上颠覆了以往关于“柽柳属植物的野生植株多为灌木，且绝少直径超过 30 厘米的小乔木”的定论，成为人类新发现的一个野生乔木新类型新物种。

吴玉虎告诉我们，同德境内发现的这些野生柽柳树，树高都在 6～8 米，最高达到 16.8 米，最大的一棵，胸围竟达 376 厘米。这是迄今为止考察人员见过的最大、最古老的野生柽柳树。

古柽柳（吴玉虎提供）

吴玉虎说，直径在 100 厘米以上的野生红柳，单株已属罕见，何况连片成林，这在世界范围内也从未有过报道。

遗憾的是，2010 年“黄河十年行”采访吴玉虎时他说：这片罕见的甚至是国内仅存唯一的原始柽柳林，将在未来几年内被正在规划的水电站库区淹没。

在库水淹没之前，作为宝贵的自

然遗产，这些历经数百年的柽柳树王，没有因数百年的环境变迁而死亡，也没有因数度的战乱而毁灭。

可今天，它们以顽强的生命幸存的结果，或许将在科学家尚未来得及对其研究之前，甚至许多人未看到之前，就要被砍伐用作薪柴了。

作为高原生态学家的吴玉虎说这番话时，脸上的表情全是不忍。

如果真是如此，这些柽柳“树王”本身的形态，及其所携带的大量信息，将永久丧失。这将不仅是生物学家和相关学科研究者的悲哀，也将是我们现如今极力提倡生物多样性保护的时代的悲哀，更是我们已经认识到不仅要农业文明、工业文明，还要生态文明的中华民族的悲哀，更将是人类的悲哀。

吴玉虎在接受“黄河十年行”采访时说：2011 年 9 月 30 日上午，由青海省林业厅牵头召开了基于“论证报告”的论证会。参加会议的除了 16 位特邀专家，还有青海省人大环境资源保护委员会、青海省政协人口资源环境委员会、青海省政府办公厅、青海省发改委能源厅、青海省经委、青海省环保厅、青海省林业局、青海省海南州人民政府、中国科学院西北高原生物研究所、黄河水电公司、国家林业局西北林业调查规划设计院等部门和单位的代表以及相关媒体，足以证明青海省对于这次论证会的重视程度。

会议论证结论 1：羊曲水电站淹没区柽柳资源的淹没，对甘蒙柽柳种群、柽柳属植物生境、生态系统与景观多样性以及对当地野生动植物资源有一定的影响。

参加了这次会议的吴玉虎先生则认为：“有一定的影响，对于世界罕见的古柽柳树来说，太轻描淡写了。况且我们呼吁保护的不是这个种，而是这些奇特的一棵棵大树。这一结论或许是由于认识问题，从主观上抹杀了这些大树所具有的独特的生物多样性价值和无可替代的景观价值、生态价值、科研价值，而这些本都是值得付出大代价来保护的。”

会议论证结论 2：经过对当地甘蒙柽柳生长特性分析，淹没区甘蒙柽柳林龄在 100 年以内。据此判断淹没区大径阶甘蒙柽柳树木未达到国家规定的古树名木标准。

吴玉虎对此的态度是：“首先，我对最大树龄存疑。若退一步来说，即便如此，

古柽柳（摄影/吴玉虎）

青海野生古柽柳也还是目前发现的世界上最高、最粗、最古老和分布海拔最高的甘蒙柽柳，绝无仅有，无可替代。而这一结论非常牵强地提出了淹没合法、毁树有理的法律依据。可我们最初提出保护，是源于这些完全有资格称王的古柽柳的世界罕见性，是它们具有世界自然遗产价值及其对人类认识的改写等方面的独特价值。”

面对“论证报告”会的这些结论，在会上，吴玉虎站起来说话了：“我想问一下，当地的植物区系是否真的调查清楚了？植物区系调查是什么人搞的，采集了多少标本，鉴定出了多少种类，有无凭证标本，鉴定者是谁？（无回答）说没有国家保护植物，是否有证据支持，否则就显得草率。”

那么多专家参加的会，又有了那么明确的结论，可对吴玉虎先生的这些问题，却没有一个人给予回答。

吴玉虎说，据他的调查，青海野生古柽柳林不仅是青海，而且是世界独特生物多样性的自然遗产。它们不仅有着“高、大、奇”的景观和个体形态，而且集4个“世界之最”：最高、最大、最古老、最大片的野生柽柳树于一身。它们是侥幸遗存下来的植物界的世界奇迹。

吴玉虎说，我们中国两个柽柳科专家——兰州大学教授张要家和新疆生地研究所刘明亭研究员，都是八九十岁的人了，搞了一辈子的柽柳研究。他们听说这样的古柽柳都特别惊奇。他们是走了20多个国家的专家，都说全世界的柽柳就没有见过这么大的野生的种群。

更重要的还有，这些外部现象背后深层次的生物学系统发育和形成机制，更是不可多得的生物多样性研究资源。拥有这些资源，应该是中国生物界的荣幸和骄傲。

吴玉虎说，几位老专家都说，这样的树就叫作“树王”。他后来又去了几次“树王”所在地，在《中国科学报》上，一连发了 3 篇文章呼吁保护这些古树。同时给青海省政府、省长、书记们都写了呼吁信，希望他们出来保护。他们也都批了，批给林业局，说这片古树很重要，应该进一步调查，促进保护。

吴玉虎说：青海可修水电站的地方不少，少建一个水电站，还可以在其他地方再建。况且少建或多建一个水电站，不仅不会造成青海经济和社会发展的天壤之别，还会给青海留下一张可向世界展示的名片。

如果这片野生古柽柳林在我们手中毁灭，则不仅我们，而且我们的子孙万代将永远失去它们整体的景观生态和个体形态及其宝贵的自然资源。这将使学界蒙羞，也将会是当今社会和后世子孙，特别是学界心中永远的痛。这是区区经济利益所永远无法相比的。

“黄河十年行”2010 年采访吴玉虎先生后，我们为这位有良知的科学家给青海省父母官写过信，在“两会”上请代表们提过议案。

可是，2016 年“黄河十年行”采访吴玉虎时，他很遗憾地对我们说：如果学界一直没有发现也就没辙了。既然发现了，也已经报道出来了，大家都在纷纷发表意见，网上也有，领导也有了批示……

2016 年 8 月 10 日，吴玉虎先生非常无奈地告诉我们，羊曲水电站 2016 年或 2017 年将蓄水发电。这就意味着这片集 4 个世界第一于一身的古柽柳林，将沉默于水下。

这是我们的失败吗？这仅仅是决策部门的事吗？吴玉虎先生问采访他的我们。

2010 年“黄河十年行”采访吴玉虎时，我们还问了他另外几个问题：作为一个在青藏高原上工作的科学家，您最想说的话是什么？

吴玉虎说：我想说，恨不能一夜间拆光三江源的所有网围栏。

作为研究了一辈子高原生态的科学家吴玉虎认为：现在要把网围栏拆掉，把没有利用的草场利用起来。

吴玉虎认为：网围栏干扰了野生动物活动，也干扰了草场的正常演替。

在“黄河十年行”几次采访中国科学院西北高原生物研究所研究员吴玉虎中，他一直在强调，与大自然相比，人类的力量太渺小了。

2012 年 “黄河十年行”路上

这个观点表面看起来与 2010 年参加“黄河十年行”的人类学家罗康隆主张的不应忽略人类对自然的影响，似乎有点相悖，实际上并不矛盾。只是两者观察问题的尺度不一样。吴玉虎是从大的时空尺度看，自然界的冷暖、干湿、沧海桑田有其自身的规律，并不会以人的意志为转移。罗康隆是从较小的时空尺度看，人类活动确实对自然界产生了比较大的影响。具体到青藏高原的生态退化问题，要了解人类活动对生态的变化起了多大作用，这需要大量的调查和采访。

但不管人类活动对生态的变化起了明显的作用，还是微不足道的作用，我们都要客观地记录下这里所发生的变化。这就是“黄河十年行”要做的事。当“黄河十年行”结束的时候，我们要拿出一份人类对草原的变迁到底产生了什么影响的记录。

2016 年 8 月 10 日，“黄河十年行”采访吴玉虎时，他还是坚持自己的观点：所有的网围栏都应该拆除。要保护大自然，要保护生态环境的原貌这是其一；其二，从现实的情况来说，当初的意思是草场围起来其他牲畜不去乱吃，我们家的草场你们家的牛别进来，这个方面确实起到了好的作用。

可是，牧民们带我去他们的草山，扒开来看牛羊没有吃过的草山，已经是 6 月了，草早就应该返青了，应该是一片绿了，可那座草山还是一片黄，最高的草我们量了，有 4 厘米。这个高度跟外面的比，围栏外面是一片绿色，围栏里是一片黄色，有的上半截是绿的，中间已经烂了。

为什么？是因为草丛太密了。从生物学的角度来研究，成千上万年来，草跟牲畜是协同进化、共同生长的。如果牛羊吃了，会刺激草长得更快，更生机勃勃。如果一直没有牛羊去吃，这里的环境不像其他地方，放牧牛羊就是散养的。

吴玉虎说：其他地方我不知道，我在玛多待的时间长，青藏高原草场有退化的，但不是牛羊吃的退化的。自然界本来应该是这个样子，海拔那么高，气温又低，风沙又大，植物的生长季非常短，植被就是稀疏的，植物就是矮小的。内地随便去一个地方，草可以长到 1 米多高；青藏高原的草 5 厘米的、10 厘米的、20 厘米的、30 厘米的，了不得了，稀稀拉拉的有些草可以长到四五十厘米，而且必须是在特定的环境下。例如，河边、河滩那样有水的地方，土壤、土层厚的地方。高寒草甸本身就是低矮的草本，长不高。

整个青藏高原的原貌就应该是这个样子，不能像有些报道里说我们这里是不毛之地啊，不长草的地方都是牛羊吃的结果，不是这么回事。特别是天然草场，一直围着不吃的话，起到的作用也不是好作用。

吴玉虎一再强调：不让牛羊吃高原上的草，实际上是一种破坏。保护并不见得就是用围栏围起来，还是要叫牛羊或者是野生动物进去吃。年年吃，当年长出来的，叫牛羊吃掉，这才是真正的保护，这才是符合自然规律，符合人类与自然的协同影响。

有关网围栏，吴玉虎告诉我们：有些牧民开玩笑说，我们现在养的羊是给狼养着呢。羊在围栏里跑不掉，狼进来一咬就是 100 多只。

此外，还有一些羊，甚至牦牛，撞到了网围栏上，挂在上面勒死了。这样的事也时有发生。

2015 年　网围栏上勒死的羊

作为高原生态学家，吴玉虎对现在高原上的灭鼠，也持有强烈的不同意见：“说草场的破坏都是因为老鼠，也就是鼠兔的泛滥。可通过我们多年的考察和研究，觉得并不是我们以前认识的那么一回事。

“任何事都有一个前因后果，到底谁是因谁是果，好多地方你看着光秃秃的，成了沙滩了，老鼠多得很，草都没有了，特别是牲畜能吃的草都没有了。实际上如果追查原因的话，这儿老鼠多，因为这儿没草，没草了老鼠才进来，真正有草，草长得好的地方，老鼠是不进去的。

“为什么？老鼠也有它的视野范围和安全范围。鼠兔最少要在 30 米视线之内，它能看得见的地方之内活动。如果看不见天，看不见地，看不见前头，它觉得安全没有保障，它是不会去的。

“为什么我这么说，我们第一年把老鼠洞填了，第二年老鼠的安全感就没有了。以至于第二年草很快就长起来，长得有五六十厘米高，而且密密麻麻的，这样一来老鼠就搬家了，走了。对于老鼠来说。它要咬开一片视野，咬开它的安全感，这样它跑起来才比较安全。

“所以，通过考察研究我们认为，并不是老鼠把草吃了后成的黑土滩、沙滩。我们应该给老鼠‘平反’。

“现在的灭鼠，可能残留大量毒药，这对草原生态有很大的破坏。我在下面时，有一年灭鼠，我带着 180 多个民工。我们上午撒了加上药的麦子、青稞，下午天上的鸟就直接朝下掉了。黄鼠狼死在了地上，被毒死的甚至还有狼。因为它们也都吃了老鼠药。”

吴玉虎说：牧民几千年来的生活方式是从来没有灭过鼠的。藏传佛教不允许他们杀生，他们也不会去灭鼠。他们也没有见把草吃成光秃秃的，草山还是草山。为什么我们现在成了越灭越多？

老鼠行为学专家说，这也是刺激、生殖的问题。种群到了一定的数量，如果太多了，自然界会平衡它的，包括旱灾、水灾等。如果太少了，它就刺激它，繁殖力强得很。人灭鼠可能就起到这个作用。

这些年来，政府给了三江源很多钱。先是 70 多亿元，后来又给了 170 亿元。我们“黄河十年行”在青海共和县就看到了巨大的变化。“黄河十年行”开始几年去得晚了，找个大点的餐馆吃饭都不容易。现在到处是高楼大厦，是霓虹灯。这种高速发展，是因为把钱放在这些上面了吗？作为一个高原的生态学家怎么看这个问题，我们问了吴玉虎。

吴玉虎说：那么快的发展，是不是用了这部分钱我不知道。包括工程在内，包括移民，要建房子。现在城镇周围有很多牧民新村，把乡里一家一户全部迁到城镇来了，这些不是我所关心的。我所关心的，是作为专业人士考虑的，草山怎么了，草山围起来不好，因为这是资源。我就觉得花那么多钱做网围栏不光是浪费，起到的还是相反的作用。

我们问吴玉虎，那修路呢？从西宁到玛多，原来草原都是自然的，现在到处都是修路的工程，这些对草山破坏也挺大吧？

吴玉虎说：按说这个破坏应该是挺大的，从草山的情况来说，包括森林，破坏都是大得很。但这个恐怕是趋势，谁也挡不住。理由很充分，为了改变牧区的生活状态。我们现在直接的感觉就是比以前方便多了，路比以前宽了，比以前也直了，比以前好走得多了。

我们还问了吴玉虎这样一个问题：这些年，我们看到修路时，会把挖出来的草皮堆起来，路修好了再重铺上，这样的作用好吗？

吴玉虎告诉我们：能起作用，但是作用还是有限。另外，路修好了种草，如果种当地的草还是可以的。如果是从天南海北拉过来的草籽，那可能就要考虑了，因为这有一个生物入侵的问题，原生态会有被改变的可能。

2016 年“黄河十年行”第一天采访完吴玉虎后，他又像往常一样带我们走进了也是归他管的高原生物所的标本馆。在那里，我们通过标签认识了在高原生活着的动物和植物。

二、从青海湖走向黄河源

青藏高原的主体部分，既有举世无双的高原雪域风光，也有妩媚迷人的南国绮丽风光；既有雪山高原，也有莽莽林海。

青藏高原是野生动物的天堂，藏羚羊、藏野驴、野牦牛、藏雪鸡、藏黄羊等活跃在这片广大的高原上。

藏雪鸡是高原上较古老的动物之一。它们并不是真正生活在雪地上，而是栖息于高山上裸露的岩石中，一般三五成群，胆小怕人，属于国家二级保护动物。

藏黄羊则是所有动物中最常见的。静止时的藏黄羊不容易被人发现，但奔跑起来就两样了，它们屁股后面的白斑是非常醒目的标志。这块白斑成为猎人和其他捕猎者最好的瞄准点，使藏黄羊的生存面临严重的危机。

藏羚羊腿细而小，全身的毛丰厚柔软，体态优美，矫健敏捷。母羊没有羊角，公羊有两条竹节状的犄角垂直竖在头上。它们的胆子很小，一有风吹草动，就会四散逃开，消失在高原深处。

相比之下，藏野驴的胆子就大得多，它们经常成群结队地在高原上昂首遨游，这时你会觉得，它们才是高原真正的主人。有时调皮的藏野驴还和汽车赛跑，野驴跑得速度真快！一般时速 45 千米左右，有时甚至达到 60 千米，可谓高原赛跑冠军。

2002 年我在阿里采访时，藏野驴整整一山谷，一队一队地从我

藏雪鸡（2002 年拍于阿里）

2012 年　黄河源鄂陵湖边

藏羚羊（2002 年拍于阿里）

们车前跑过，像接受我们的检阅一样。那时，车对它们来说还是那么新奇。最主要的是，藏族不杀生，野生动物不怕人。

藏野驴（2012 年黄河源）

野牦牛要在较高的山地上才能见到，它全身呈黑褐色，体侧腹部和四肢都有柔软细密的体毛，几乎要挨着地了。野牦牛喜欢结伴而行，组织纪律严密，当大队牛群静卧休息时，必定有一两个“哨兵”站岗放哨，一旦看见危险的情况，便发出信号，迅速逃窜。

我第一次见到野牦牛是 1991 年，那次我既看到成群结队的野牦牛和它们的伴生动物奔跑嬉戏，也看到刚刚被人类猎杀的一头野牦牛，头被割下来，一滴滴的血流在草地上，两个牛角朝天，好像在问：人类为什么要杀我？

也正是那一刻，正在中央人民广播电台午间半小时节目就职的我告诉自己：这辈子我要把大自然的美通过我手中的话筒告诉更多的听众，也要把我们人类做的伤害大自然的事告诉更多的人。那时候，我手中只有话筒，没有照相机。

7 年来，“黄河十年行”走进黄河源，这些野生动物中的很多种，就在我们的车窗外奔跑，就在我们的身边漫步。除了藏羚羊和野牦牛，它们没有生活在黄河源。

2016 年 8 月 10 日“黄河十年行”从西宁出发，走近了青海湖。1993 年我第一次到青海湖时，觉得静静的青海湖那么神秘，那么无边无际。

那次，采访时当地人告诉我，牧民不管家里多穷，只要有点钱，就会往寺庙里送。当时这让我很不理解。难道他们就不想想自己的家，想想孩子，想想自己的生活？

后来，去高原，去藏区多了，开始懂得了牧民们的信仰，也亲历了寺庙与藏民之间的关系。特别是在教育方面，在遇到什么灾害时，宗教对牧民之重要是我们难以想象的。

2016 年 8 月 10 日，我们的车想往湖边走近时，一位牧民拦住了我们，要钱。我们的司机熟悉高原，讨价还价了一会儿，最后给了 30 元，我们的车才开到青海湖边。

青海湖湖盆边缘多以断裂与周围山相接。距今 20 万～200 万年前成湖初期，原是一个大淡水湖泊，与黄河水系相通。那时气候温和多雨，湖水通过东南部的倒淌河泄入黄河，是一个外流湖。到 13 万年前，由于新构造运动，周围山地强烈隆起，从上新世末，湖东部的日月山、野牛山迅速上升隆起，使原来注入黄河的倒淌河被堵塞，迫使它由东向西流入青海湖，出现了尕海、耳海，后又分离出海晏湖、沙岛湖等子湖。

由于外泄通道堵塞，青海湖遂演变成了闭塞湖。加上气候变干，青海湖也由淡水湖逐渐变成咸水湖。北魏时青海湖的周长号称千里，唐代为 400 千米，清乾隆时减为 350 千米。在布哈河三角洲前缘约 20 千米处有古湖堤遗址；距湖东岸 25 千米处的察汉城（建于汉代），原在湖滨。东西两边已分别退缩 25 千米和 20 千米，水位下降约 100 米。青海湖呈椭圆形，周长 300 余千米。

1908 年，俄国人柯兹洛夫推测当时湖面水位为 3 205 米，湖面积为 4 800 平方千米；20 世纪 50 年代的测绘资料显示，青海湖湖水面积为 4 568 平方千米；70 年代出版的地形图量得湖水位 3 195 米左右，湖面积为 4 473 平方千米；1988 年，水位为 3 193.59 米，湖面积为 4 282 平方千米。

2000 年，通过遥感卫星数据分析，青海湖的面积是 4 256.04 平方千米。

2016 年　走向青海湖

2013 年 8 月，青海湖湖区面积 4 337.48 平方千米，湖水容积 739 亿立方米，最长约 104 千米，最宽约 62 千米，最大水深 31.4 米，湖水平均矿化度 12.32 克/升，含盐量 1.25%。

青海湖的鸟类资源：到 2014 年 8 月青海鸟种记录增加至 222 种，分属 14 目 35 科，总数在 16 万只以上，其中斑头雁 2.13 余万只、棕头鸥 4.5

万余只、鱼鸥 8.74 万余只、鸬鹚 1.12 万余只。此外有凤头潜鸭、赤麻鸭、普通秋沙鸭、鹊鸭、白眼鸭、斑嘴鸭、针尾鸭、大天鹅、蓑羽鹤、黑颈鹤等。

湖心岛位于青海湖中心略偏南，距鸟岛约 25 千米，岛形长，中部宽而两端窄，长 2.3 千米，宽 0.8 千米，面积 1.14 平方千米。岛上最高点海拔 3 266 米，由花岗岩、片麻岩组成，岛东缘有一泉眼，可供饮用。南部边缘岩石裸露形成陡崖，东、西、北为平缓滩地。岛上大部分为沙土覆盖，生长着冰草、芨芨草、镰形棘豆、嵩草、披针叶黄花、西伯利亚黄精等，植被覆盖度在 50%以上，鸟禽集中在岛崖边及碎石滩地栖息。

1991 年我第一次到青海湖时，在这个岛上看到不少鸟。那时，每到 5 月来这里看鸟妈妈生孩子的人还可以上岛，现在当然不行了。那次我去的时候是 8 月，印象中，那时的岛上到处是鸟的粪便，可以想象在这“坐月子”的鸟妈妈有多少。

高山秃鹫（2002 年拍于青藏高原）

青海湖的鱼类资源湖中，盛产全国五大名鱼之一——青海裸鲤（俗称湟鱼）和硬刺条鳅、隆头条鳅。

青海裸鲤平均年产量为 5 165 吨，1949—1985 年共生产裸鲤 191 180 吨。随着时间推移，资源衰退，裸鲤产量呈逐年下降趋势。裸鲤每年 6—7 月洄游源流河中产卵，为食鱼鸟提供丰富食物条件。1964 年国家将青海湖列为保护对象，青海裸鲤列为国家重要名贵水生经济动物。

20 世纪 60 年代，青海湖里的湟鱼救了不少挨饿的人。今天，这里已经不允许随便捕鱼，但是沿湖的饭馆里，还是有人偷偷卖，有人偏要吃这一口。

这些年，青海湖吸引人的还有环湖骑自行车。这一运动对保护和爱护青海湖，是不是也起到一定的作用呢。我想应该是的。

因为 2016 年“黄河十年行”队伍中，有些人是第一次上高原，所以我们第一天决定在共和住。

8 月 11 日上午，对“黄河十年行”中的几位第一次上高原的人来说，是突破性的一次经历。

“黄河十年行”从 2010 年到这里，每年都会有人被高原反应影响着，头疼、喘不过气来。2016 年 8 月 11 日，19 位专家、记者、志愿者，个个闯过了这一关。个个说的是，没事儿。

2016 年　“黄河十年行”在鄂拉山口

从 2011 年“黄河十年行”开始，特别是玉树地震以后，从共和到玛多的路上越来越热闹。G214 国道右侧修的一条路是共玉公路。河卡镇上尘土飞扬，大型卡车在这里来回穿梭。

修的路说是生命线。因为玉树地震时，救援的物资都要从这里经过。可是这里如果不是发生地震并没有多少车辆。

如今的这里，有修路的，有挖各种地下宝藏的。这些挖，把一片片宁静的大山，弄得好不热闹。别说和我 1993 年来青藏高原时有了太多的不一样，就是和 2010 年“黄河十年行”第一年来时也有了大不同。

2016 年　这里有了三条路

2016 年　炼油修路

2012 年　雪山中的路（摄影/宋文）

为了可能还会发生的灾难，就真的需要不惜代价地一条路接着一条路修、修、修吗？那本来植被就非常脆弱的大山、河源，能够承受得起如此这般的发展速度的挑战吗？“黄河十年行”走了 7 年，眼前的高原到处都在开发。

这些发展了的标志，这些富了的象征，给青藏高原带来的会是什么？

2011 年“黄河十年行”就看到的今年又看到的是，修路时把破坏的草皮铲下来放在一边，等路修好了，把这些草皮再铺回路两旁原来是草原的地方。不管怎样，吴玉虎感慨地说这还算是有了生态意识后的工程举措。

这一堆一堆的草皮等到路修好后，会重新铺到路的两旁。修青藏铁路时，就已经开始用这种方式保护当地的生态环境了。

2011 年　等待再恢复的草皮

2016 年　路边的草又成这样了

在青藏高原上的这些花花草草，是保护高原生态的植被，有着不可小看的作用。加上脆弱的高原生态环境，它们要是被破坏了，很多是不可再生的。

“黄河十年行”要用 10 年的时间印证当下修路时的保护措施怎么样。

2016 年 8 月 11 日中午，“黄河十年行”到了青海省果洛州玛多县，这里和 2010 年“黄河十年行”我第一次来时，真可以说是有了天翻地覆的变化。那时，我们找个住的地方都难，主要街道只有一条。今天，玛多县城除了新建的极为壮观的格萨尔王广场，站在广场高处上举目四望，看到的简直就是高楼大厦拔地而起。

三、夜行黄河源

2016 年 8 月 11 日，“黄河十年行”早上从青海共和出发，到达黄河源区的玛多县已经是中午时分。这是我第十次到玛多县。从 2007 年绿家园生态游，到 2008 年和凤凰卫视一起制作《江河水》电视节目，再到 2009 年和地质学家杨勇一起走三江源，加上七次“黄河十年行”，每一次玛多县城都是必到的地方。

前些年来玛多，就一条街，找住的地方都别提多难了。当地人包括在政府里工作的干部，糌巴是他们家里的主要食物，街上的市景文化纯朴而简单，甚至也有人认为是落后。2011 年“黄河十年行”，同行中丹麦学者住的旅馆要我们到派出所登记。那天，大门敞开的派出所，一个警察也没有。我们在办公室里等了一个小时都没人来。那就是当时的玛多县城。

2016年8月11日中午，站在玛多县城里，我用手机发了几段小视频，我想问问曾与我同行来玛多的朋友：今天的玛多你们还认识吗？2012年，参加“黄河十年行”的国家电力西北勘察设计院的高级工程师黄玉胜一路走一路都在说，社会主义发展速度太快了。他要是再看到今天的玛多，会在“发展速度真是太快了”前面再加上什么形容词呢？

朵华本是“黄河十年行”从2010年开始每年都要采访的黄河人。“黄河十年行”前些年去玛多，朵华本是玛多县农牧林业科技局局长，是土生土长的当地人。他就出生在扎棱湖乡，父亲1958年解放果洛时进入高原，后来便在当地安了家。朵局长从1995年起，开始担任玛多县草原站站长，在草原工作了24年。

2010年，朵华本调任玛多县农牧林业科技局，任副局长，正科级。朵局长高大强壮，是典型的高原汉子。他曾开玩笑地讲起，他7岁时进城，第一次看见鸡，还误以为是鸟，后来去城里读书，第一次看到猪，又误以为

2013年　玛多县城的河

2016年　玛多县城的河

2016年　玛多县城的格萨尔王广场

2016 年　朵华本主任在黄河源第一桥边

是熊，吓得哇哇大叫着逃跑的事，逗得满车人大笑。

2014 年朵局长这位藏族汉子，面对我们所遇到的一些不公，曾流着眼泪问我们为什么会这样？2015 年，他调了工作，没有时间再接待我们。可是 2016 年，他知道“黄河十年行”8 月 11 日到玛多，一路上打了不下 10 个电话问我们到哪儿了。更是在玛多县路口开着车接我们，然后就是在当地的豪华餐厅请我们大吃一顿。本不是他分管的工作，这么隆重的接待，他没说为什么我们当然也没问。

吃饭时，应我们的邀请，朵华本请来了一位县领导接受我们的采访。这位县领导说的和两年前朵局长说的，还有草原生态学家刘书润说的有点不一样。他认为现在的集中放牧很好。集中生活后的牧民房子修起来了，工作也有了，没有人愿意再回到草原上生活。他说：城市的生活是享受，看病医疗有补助。娃娃上学也很方便，对老年人来说养老也很方便，有敬老院。所以现在牧民都经常自愿地搬出牧区草场。草场是年轻人的，老人和娃娃都在城市里。

2012 年　玛多县

这位县领导认为，现在的问题主要是产业发展不行，还要靠政府相应的补助。企业都是小型的，不大，没有工人。矿业没有，水电煤没有。

2016 年　玛多县

2014 年，朵局长告诉我们的是：2005 年，根据省里下达的文件，玛多县开始实行禁牧。就草场而言，整个玛多县共有 3 700 万亩，其中刨去砂石滩等荒地，可利用草场面积 3 300 万亩。近 10 年禁牧下来，目前已有 800 多万亩草场完全禁牧了。“当然，都是根据牧民意愿来禁的，100% 是牧民自愿”，朵局长解释，之所以牧民愿意，是因为禁牧，国家推行的政策好。

朵局长进一步解释，这些好政策包括：会给主动迁出并禁牧的草原牧民比较不错的回报，例如，国家会对实行禁牧的草原给出补偿，如果牧民家有 10 亩、20 亩的草场，那么一年下来也是一笔可观的收入。不过 2005 年之前的禁牧政策，补偿得没有这么多。

2014 年朵局长说：由于草场广袤，20 世纪 80 年代时，玛多县是全国有名的首富县，家家差不多都是万元户，家家牛羊成群。据县上统计，60—70 年代时，玛多全县所饲养的牲畜量是 60 万～70 万个羊单位（按牲畜的饲草量折算，一匹马约折合 22 个羊单位，一头牛则折合 4 个羊单位）。禁牧后，目前玛多县只有 12 万个羊单位，仅相当于 60—70 年代时牲畜量的 1/7～1/5。

“草原饲养的牲畜量下降了。”朵局长说，“80 年代时，一个羊单位需要 14 亩草场来养活；到了 90 年代，一个羊单位已变成需要 24～28 亩草场来养活；今年则变成了需要 18～20 亩草场来养活一个羊单位。”

“现在的草场，远远赶不上 60—70 年代时的草场”，在朵局长记忆里，他小时候的草原，10 年一大灾，5 年一小灾，草原上雪灾多，降水也多，牧草长得很好，“而现在雪灾少了，降水量多了”。

2014 年朵局长认为：对于现在草原的变化，有过度放牧的原因，但最主要的原因还是在于大自然的气候变化。“现在只禁不牧，长期这样做，显然也是不合适的”，朵局长称，在草原藏族人的文化里，“没有牛羊的草原，是寂寞的，而牲畜对草原的适度践踏，反而更有利于草原的健康”。这和吴玉虎研究员的观点一致。

2014 年，朵局长指着路旁一大块草原实验田介绍说：那是一大片玛多县科技单位专门圈出来的实验地，就是为了验证如果完全禁牧，这块地的草场是会变得更好还是相反。结果发现，完全不放牧的草原，草长高之后，草叶便迅速发黄，呈一派萎靡之相，与周边牲畜使用的青青草场迥然不同。

“牧草天生就是用来供牛羊享受的”，朵局长非常朴素地认为：“在禁牧已经施行快 10 年后，应该适当增加牲畜量，具体增加多少，每年需要具体测算。否则同样不利于草原的健康。还有，草长得好了，没有牛羊吃也是一种浪费呀。”

今天，让朵局长沮丧的是：由于国家有让牧民“还算满意”的禁牧政策，牧民们也愿意放下传统活计搬离草原。还有，由于外出打工、适龄儿童都进了学校，愿意放牧的人在减少，即使想增加草原载畜量，在当地似乎也很难找到充足的人力了。

2014 年，和我们一起“黄河十年行”的草原生态学家刘书润看到连黄河源也禁牧、退化的草原更是认为：“禁牧禁 2～3 年可以，长期禁下去可不行。”老先生跟草原打了一辈子交道，用他的话讲，他有 51 年，年年都在草原上做调查。老人认为，对草原的利用与贡献，最多的一是微生物，单位以亿计；二是昆虫，昆虫的量也非常大；三是啮齿类动物；四是牲畜与野生动物。

刘书润说：“牲畜对草原的影响，主要不是吃，而是践踏带来的影响。草原是否健康，取决于动物与动物、动物与草间的相互关系。像羊就吃马粪，而动物的粪便，又是草原的营养物。高原上的鼠兔，对草原的恢复有积极的意义。”

因此，老人认为：草原退化，其真实本意不是草原草少了，而是耐践踏的草少了，或者是草原的生物多样性降低了。

刘书润说：“而我们习惯于用农业的方法去对待草原和牧业，如衡量草原退化的标准，通常采用单位草原产草量、盖度等指标来测量草原是否退化，这是不科学的，甚至整个监测体系都错了。应该重新设计一套检测草原是否退化的指标。例如，要看牲畜的可食用性牧草是否减少、有无出现草场退化的指示性植物、生物多样性丰富度等。”

2012 年　“黄河十年行”走向黄河源的路上（摄影/宋文）

2012 年　走向黄河源的路上

刘书润生动地把牧和草形容成两口子。他说，不能因为草，就把丈夫赶走呀。

刘书润特别强调：在判断草原是否退化上，一定要向牧民学习，特别是游牧业，那是大智慧。现在，只强调和国外先进经验学，而不向牧民学。扭曲的草原规则，没有体现牧民的权利。

刘书润说：现在，尤其要忌讳“一刀切”政策，不同的草场就应该有不同的利用与保护策略。甚至同一片草场中的不同区块，也有可能出现不同状况，最科学的是应该对草原进行灵活的动态管理。

朵局长听到刘教授的这些话后说：“现在玛多县的人口是 14 570 人，其中 11 000 人是牧民。我们这里没有第三产业，原来有一个很不错的奶制品厂，也倒闭了。”

2015 年 10 月朵局长调到了玛多县行政服务中心，用他的话说是为牧民服务。不知是因为不在业务部门工作了，还是什么，2016 年朵华本虽然坐上了我们的车，却没有往常的话多，更没有像前两年那样为我们讲讲今天黄河源的问题：黄河源的牧民与草原，黄河源的现行政策如何。

“黄河十年行”第 7 年行走的第二天，8 月 11 日下午在玛多采访完，我们决定当天赶到麻多乡，这样明天一大早就可以见到黄河源了。可从玛多出发时，我们怎么也没有想到，这一路走得那么艰难，以至于有人在大巴上说连夜赶到黄河第一乡麻多是错误的决定。

行走高原，什么是正确的决定，什么是错误的决定，又怎么区分呢？

2016 年 8 月 11 日，刚走进黄河源区，藏野驴就直愣愣地看着我们，而且那么近。车上的人数着，一头，两只，藏野驴为头，藏原羚为只。还有招鹰杆上的鹰、鸶、隼等猛禽更是列队般的在原野上、湖水畔飞翔、歇息。

2016 年　走向黄河源

2016 年　鄂陵湖

静静的鄂陵湖、扎鄂湖边没有一个人，有的只是各种野生动物自由自在地寻找着食物，寻找着伴侣。

高原上的野生动物我们数得不少，可记的人高原反应太严重，竟然没记多少，这可真成了2016年“黄河十年行”的重大遗憾。

高海拔，让这里至今还是人类罕至的荒野、野生动物的乐园。这对大自然来说，好吗？

2011 年，“黄河十年行” 走进一间空旷草原上的土房子，里面忙着给我们倒茶的女孩，细看才发现，已经是准妈妈了。2012 年 “黄河十年行” 来见到她时，语言不通我们比画着，问：孩子呢？

她的脸上却一点表情也没有，只是默默地看着我们。通过朵局长翻译才知道，孩子没了。2013 年我们来时，得知她回娘家生孩子去了。

2011 年　准妈妈

2012 年　失去孩子的妈妈

2014年，我们从老远就看到扎陵湖边，她家那孤零零的房子。走近看清了，当年的准妈妈已经不是一个孩子的妈妈，而是两个孩子的妈妈。和第一次来比，她多了些成熟的美，和第二次来比，她脸上的笑容让她多了几分艳丽。

2014年　草原上年轻的妈妈

2014年　她有了两个孩子

让我们有点疑惑的是，她的两个孩子那么不同，小的比大的白得不是一点半点。是高原上的阳光还是什么，我们不熟悉，也不便多问。只是告诉她，回来时再到你家喝茶。她不说话，只是笑。

2016 年　准妈妈曾经的家

2016 年　抱在妈妈手里的孩子长大了

住在扎陵湖边的这户人家，虽然不是“黄河十年行”要用 10 年跟踪记录的人家，但从 2011 年“黄河十年行”第 2 年，我们走进她家后，每年走“黄河十年行”，都给这家的孩子们买件新衣服，看看孩子们的成长，成了我们的牵挂。

2016 年，我们到她家时太阳已经掉在了湖水里。心想晚上了，她一定会在家吧。可是真遗憾，家里的老人说，她到夏牧场放牧去了，住在那儿的帐房里。

从老人那儿我们知道，当年我们见到的准妈妈现在已经有 3 个孩子了。她是带着老二、老三去放牧的。老大留在这座收拾得挺干净的土房子里和叔叔、爷爷一起生活。

以前来，听说他们分家了。但是在这样的荒郊野外过日子，分家并不是完全自己过。他们把这称为分户不分家。

老人告诉我们，他们家现在有 200 头羊、200 头牛。当年准妈妈的 3 个孩子分别是 5 岁、4 岁、2 岁。

因为天已经太黑了，我们还有路要赶，没有在她家喝他们让我们喝的酥油茶。

那个夜晚，我们就是在这样的路上走到黄河源第一乡麻多的。

2016 年“黄河十年行”中的一位“90 后”，北京一所知名学校的学生会主席写了篇当今中学生的作品。写出了我们走向黄河源的这个晚上的经历。

“80 后”牛津女博士为这个夜行河源路写的一段话我是在朋友圈里看到的，抄在这儿吧：

黄河科考第三天“奋斗”真心虐哭了，赶了几十个小时的山路、水路、搓衣板路穿越近 5 000 米高原无人区时我们的车大冒浓烟，而 CCTV 跟拍的车则两次爆胎。终于一步一醉氧地来到黄河源头。被大自然的壮阔、河流的生命力、壮美的日出日落和村民的热忱淳朴感动得热泪盈眶……自己选的路，再辛苦的路也值得（跪着也要走完）。

搓板路（摄影/吴惠娟）

在离黄河源最近的这个夜晚，躺下时已经快凌晨两点了。我想的是明天就又可以见到母亲河最初流出来的模样了。她会又退缩了吗？还有，每年都会见到的那位黄河源第一小学的藏族妇女腿好些了吗？还能陪我们一起去黄河源吗？再就是，明天早上能拍到日出吗？

我是带着这些疑问进入梦乡的。

四、在黄河源小学

参加“黄河十年行”的牛津女博士说：黄河，跪着也要走完。“黄河十年行”10 年走下来，真有人会跪着走完吗？其中的辛苦，让人产生联想。

2016 年 8 月 12 日早上，麻多日出我看到时，天空已经一片红色。可惜，正在大修大建的麻多乡到处是工地，等我走到空旷的地方时，太阳已经升高，但半边天还是红的。没有多一会儿，红色被天空中的乌云所覆盖，草地上的奶牛和挤奶的妇女，成了我镜头中的主题。新的一天开始了。

黄河全长 5 464 千米，流域面积 752 443 平方千米，是中国境内仅次于长江的河流，它发源于青海省巴颜喀拉山，呈“几”字形，流经青海、四川、甘肃、宁夏、内蒙古、陕西、山西、河南及山东 9 个省（区）。由于河流中段流经中国黄土高原地区，因此夹带了大量的泥沙，所以它也被称为世界上含沙量最多的河流。

在中国历史上，黄河沿河流域的人类文明给中华民族带来了很大的影响，所以黄河也是中华民族最主要的发祥地之一。为此，中国人一般称其为“母亲河”。

黄河是中国第二长河，世界第五长河，世界上含沙量最多的河流。

2016 年　黄河源麻多乡正在翻新

2016 年　为了挤奶把正吃奶的小牛拉走

中国人比较明确地认识黄河及其源头还是在唐代以后。因为从唐代起，中原人民同边疆少数民族间联系大大加强，特别是同居住在青藏高原上的吐蕃之间的往来日益频繁，而黄河源头是古代通往西藏高原的交通大道。

贞观十五年（唐，公元 641 年），文成公主嫁往西藏，吐蕃王松赞干布在黄河源头亲迎。

公元 821 年，唐使刘元鼎出使吐蕃，还曾专门考察过黄河源头。并确认黄河发源于巴颜喀拉山北麓各姿各雅山下的卡日曲河谷和约古宗列盆地，分南北二源。两地海拔高程均在 4 600～4800 米。

星宿海，历史上曾被用来表示整个黄河源头地区，实际上可以说是黄河出山东后第一个加油站。这个“海”是一个盆形湿地，东西长约 30 千米，南北的距离较短，仅几千米至十几千米。

说是“海”并非到处有水，而是在盆地中相对更低洼的地方聚集有水，拥有众多的大大小小的水坑和水塘，多到用满天星斗来比拟也不显得过分。

另外，扎陵湖和东边与它相距不远的鄂陵湖，是河源地区最大的两个湖。

今天，青海省果洛州玛多乡的人更愿意说牛头碑，鄂陵湖、扎陵湖是黄河源头。

“绿家园”“黄河十年行”从 2010 年开始就为黄河源第一小学的孩子们捐书、

捐钱。2016 年第 7 年来到这里，孩子们的热情打动了我们。而我们把这些来自祖国各地的朋友们捐出的一份心意带到了，也融进了孩子们的快乐中。

拿着我们《黄河纪事——2010—2013 年》这本书的两位小姑娘正是 5 年前 2011 年“黄河十年行”拍到的学生。今天两个小姑娘长成了大姑娘。

主管教学的副校长桑丁塔叶告诉我们，现在黄河源小学总共有 5 个年级，每个年级一个班，学生人数是 127 个人，其中有 6 个学生年龄还不到，9 月才能正式成为一年级新生。

桑丁塔叶说，现在学校的各个方面无论是文体活动设施，还是日常教学的开展，都在慢慢地规范，情况越来越好。

不过，现在也有一些黄河源的孩子离不开家，母亲舍不得孩子，孩子离不开妈妈。这样辍学的，加上有些牧民家还是需要学龄的孩子放牧，加起来黄河源还是有一些孩子不上学。

我问桑丁塔叶校长，我在长江源采访的时候，数学老师说他们在教几何的时候，说到正方形就说桌子就是正方形或长方形。但是长江源的孩子没见到过桌子，他们没有桌子，所以教几何的时候很难给孩子比喻什么是正方形，什么是椭圆形。

桑丁塔叶校长说，这里的学生汉语基本能听明白，说就不太行了。老师都是藏族。他小时候老师在黑板上写字，黑板就是长方形，这倒不是问题。可是语文课上讲荷塘月色，荷塘这个地方就没有了，这没有办法教学生了。这样的情况只能通过一些图片，还有一些视频让孩子们想象。

现在黄河源小学有 5 个公办的老师，县聘的 2 个人，学校自聘的有 7 个人。加起来 14 个老师教、管 120 个孩子。桑丁塔叶校长认为还可以。

“黄河十年行”每年来到黄河源第一小学，参加者们都会捐些钱，就是想也帮助一下那里的自聘教师。国家分配来的教师一个月 4 000～5 000 元的工资。自聘的教师一个月多少呢？800 元。而分配来的老师个个都是“飞鸽牌”，自聘的老师却个个是永远的。

我问桑丁塔叶校长是什么把你留在这个小学了，你不想走吗？

桑丁塔叶校长反问我：你不觉得这些小孩很可爱吗？

2010 年　“黄河十年行”在黄河源小学捐书捐物

2012 年　“黄河十年行”在黄河源小学

2013 年　“黄河十年行”在黄河源小学

2016 年　“黄河十年行”在黄河源小学

2016 年　这两个姑娘就是《黄河纪事》书上照片中的孩子

2016 年　黄河源的孩子个个都是舞蹈家

2016 年　奉献我们的一片爱心

2016 年　“黄河十年行”和黄河源的孩子们在一起

我说：但是我也觉得这儿生活不太方便。

桑丁塔叶校长说，他也不是大学一毕业就来当老师的。他做过几年生意。他的家人现在都在西宁。后来通过考试来到了这么偏远的小学。

开始，觉得是做人要有担当。可和这些孩子接触后，就不想离开他们了。有了很深的感情。

桑丁塔叶说，现在我们学校的老师在学生的生活里面，担任的角色不仅仅是老师，更像父母。从早上六点半开始到晚上十点半睡觉，全程跟着。

我问校长，那么少的工资，自聘的老师们还得去找点别的活路吧？校长说不会的。那么小的孩子离开家，住校，想家了、生病了，老师就是他们的亲人、他们的父母。

黄河源、黄河源的孩子、黄河源的老师，母亲河让我们相识。他们的故事能打动更多的朋友和我们一起关注我们共同的母亲——黄河吗？

2016 年　我喜欢

2016 年　如饥似渴

作为文人，出了书要自己卖，总有些尴尬。可每次用卖自己写的书的钱，再买了孩子们爱看的书，送到他们的手里，看着他们读书的样子，我总会告诉自己，下次来，还要再多带些书，因为孩子们爱看。

黄河，每次我们走到她的源头时，不用失望，也会用没有想到来形容的人，更是百分之百。把一条大河与那么一条窄得不能再窄的小溪联系起来，不容易。

记得 1998 年我第一次走长江源，在路上曾拿着我们中央人民广播电台的话筒问同行的人你想象中的长江源是什么样子？雪白的冰川，清澈的水流，这几乎是每一个没有到过长江源人的共同想象。到了那儿才发现，长江从冰川一滴一滴地滴下来，最初汇成的小溪流就是浑浊的，因为冰川里也有沙有石。

我第一次见到黄河源是 2009 年，也就是那次行走黄河后，我们发起了“黄河十年行”。因为我们发现，今日之黄河乃今日中国环境现状之缩影。源头气候变化，上游过度开发，下游污染。记录母亲河黄河，就是在记录当今中国的环境现状。

不过，2010 年第 1 年“黄河十年行”再见黄河源时，我还是被大大地吓了一跳。经过测量，黄河源头跟 2009 年我来这儿时相比，退缩了整整两米多。

2010 年　丈量黄河源

它，细微而绵延不绝地流向远方；它，安静而厚重深沉地诉说千古史话。

有的人，敬畏着它，哽咽着不敢前行；有的人，爱戴着它，坐在它的身旁哭泣；也有的人，欣赏着它，为之兴奋。

2009 年我第一次到了约古宗列后写道：约古宗列盆地东西长约 40 千米，南北宽约 60 千米，呈椭圆形。盆地内有 100 多个小水泊，远看像是无数晶莹闪亮的珍珠嵌在其中。水泊四周，是绿草如茵的天然牧场。我们眼前的这眼泉水，在盆地的西南面，距雅拉达泽山约 30 千米。清澈的泉水不停地喷涌翻滚，汇合了盆地浸渗出来的无数涓涓细流，逐渐形成了一条宽约 10 米，深约 0.5 米的潺潺溪流，被称为约古宗列曲。

2010 年，源头地理坐标四周这样的景致不见了。

2010 年和我们一起到黄河源的黄河源第一小学校长更青伊西说，雨水多的时候这里就有很多水泊，雨水少的时候这里就干一些。这几年总的趋势是雨水少了。

我把 2009 年拍的照片放在河源相比较，所有的人都在感叹，仅仅一年，黄河源就变成了这样。

2012 年，“黄河十年行”出发前在青海省气象局采访时，几位专家都和我们一再强调了：今年黄河来水大大高于往年，兰州段高了往年 3 米多；源区也是 1989 年以来，来水最大的年份，要多出三成。

我们走向黄河源路上的发现，也印证了 2012 年的雨水确实比前两年大。特别是我们的车子行驶到鄂陵湖的湖区边缘时，前两年走的湖边的那条道路，已被湖水淹没，车子只能从更高的一条道路上穿行。

路上，我们还经历了一场突如其来的大雪。10 月的黄河源，雪下得很急，地上一会工夫全白了。

青藏高原，雨雪是说来就来的。1996 年我第一次到长江源时，每天傍晚刚刚还是晴空万里，可天空中一片乌云来了，“雪弹子”就叮当地下开了，地上瞬间就成了白茫茫一片。当地人管冰雹叫雪弹子。不过很快，这些积雪就会融化，然后会通过各条如同毛细血管般的大小湖泊、河流，将雪水输送到黄河中。

黄河源水量的变化，与全球气候的变化有着紧密联系。一旦因为气候异常，给黄河源带来的雨量多于或者少于往年，那么这一年的草原就会受到直接影响。雨量多，草原上的植被就长势旺盛。反之，则植被萎缩，依赖草场生存的各类动物也会受到影响。

2012 年　“黄河十年行”在黄河源

2012 年和 2013 年，“黄河十年行”看到的黄河源头基本没有什么退缩。同行的专家说，这意味着今年的高原水补给还算充沛。

可是，对于专家而言，这未必是个好消息。“因为全球暖化，除青藏高原冰川加速融化外，高原冻土层也开始加快消融。本来，正是这些补给水，保证了黄河近年不断流”。从青藏高原的水涵养的功能上讲，冻土层所涵养的水分甚至是冰川的 7～8 倍。

2013 年“黄河十年行”采访冰川专家沈永平时，他说：冻土就像隔板一样，使得降水可以留存在地表，形成径流，滋润湿地和草场。可因气候变化影响，冻土层退化，“隔板”被破坏了，地下水位下降，草场和湿地就会随之退化。

沈永平还说：青藏高原脆弱的环境受气候变化干扰尤为严重。地球上其他地区普遍升温 0.5℃，青藏高原温度已经升高了 1.2℃。在 2000 年时，观测到升温大约影响到了地下 15 米的冻土层，而现在这个影响范围达到了地下 40 米。

沈永平说：青藏高原的冻土是千万年来地质过程形成的，一旦破坏掉，在我们及之后几代的有生之年，都无法恢复原状。冰川和冻土的融化，短时间内会增加水量引发洪水。但这无异于杀鸡取卵，在未来几十年会造成水资源短缺的危机。冻土加速消融，意味着有“世界水塔”之称的青藏高原正在加速失水，这对其下游养育着的中亚、南亚等近 30 亿人口，意味着什么？

为此，也有专家认为，如果没有这些全球暖化之下的高原融水补给，发源于世界屋脊的黄河，在数千年里的频繁农耕、近现代工业、层层叠叠拦截的大坝等大量压榨耗水后，在中下游某些河段，早已经死亡。

2014 年　草原生态学家刘书润在黄河源说：80 岁我再来

草原植物学家刘书润老先生在察看黄河源石碑时，不小心被绊了一跤，摔倒在地。被众人扶起后，老人蓦然大悟般地坚持再次匍匐在石碑前，恭恭敬敬地磕了几个藏式等身长头。在约古宗列源头，老人脱帽，将身体紧紧地贴向覆雪大地。

77 岁的老人，站起来孩子般哭着说：“我母亲是一个彻底的革命者，她死的时候，交代要将她的骨灰撒进黄河，我也想追随我的母亲”，“这次我本以为就死在源头算了，老天不收，80 岁我再来。”

黄河源过去有 4 000 多个湖泊，当地人管这些大大小小的湖叫海子。他们说，那是王母娘娘梳头时不小心镜子掉在地上摔碎了，成了一个个小镜面。可是现在这 4 000 多个湖干得连 1 000 个都不到了。

“黄河十年行”每年在黄河源头，来的人都会站在黄河最初长成的小水边讲讲自己在黄河源时的感受。

李秀兰是京郊农民，也是民间植物学家，认识的植物真不少。在黄河源虽然高原反应让她头疼难忍，但她还是坚持走到了。站在黄河源，她哽咽着说：“黄河十年行”来了才 7 年她就越来越小了，这对将来会有危害的。我走黄河，就是要了解我的黄河妈妈。我看过有关黄河的一个报道，说这里鼠害太多

2016 年　“黄河十年行”在黄河源

2016 年　录下黄河源的水声

2016 年　在黄河源接受央视采访

了，要撒农药，我就特别心疼，鼠死了，鹰也死了，好多野生动物都死了。你们不问问黄河妈妈这么做，是不是最后把我们人也杀死了？我说保卫黄河，就是要像我黄河妈妈这样用甘甜的乳汁养育中华民族，要让人们个个都健康成长。我不想说再见，黄河妈妈。

站在黄河源头，几乎每一年“黄河十年行”，所有参与者共同的感慨是，不能想象黄河那么大的一条河，发源时竟这么小，小得超乎了来之前的想象。共同的感受还有，这里的美是空旷的、博大的、神秘的、艰难的。

第 8 次走到黄河源的我，觉得今年河源的水又少了。

2016 年中国很多地方发了大水。1998 年长江发大水的时候，我曾到长江源采访，那次采访中得知那年长江源的季风来得晚，季风对降雨量有很大影响。所以有专家认为 1998 年长江中下游的大水跟那年长江源的季风晚了是有直接关系的。

那今年夏季中国的大水，与黄河源的气候、降水的多少有什么关系吗？

在黄河源，没有人能回答。

2016 年　文措在黄河源

2016 年　互赠礼物

2012 年　黄河源第一家的男孩

2016 年　黄河源第一家

2014 年　黄河源第一家的儿子

2014 年　黄河源第一家的女儿

“黄河十年行”7 年来，不但记录了黄河生态的变化，也和黄河边的人家结了缘。每年见到他们都送上前一年拍的照片，这些照片里有着我们一年的牵挂。

文措在黄河源第一小学做饭。我是 2009 年第一次到黄河源认识她的。后来每次来她都会用脸亲亲我，藏人也有这样的习俗。每次去我们也都有礼物互送。

2015 年，文措更是沾着黄河源的水从手上把祖传的手镯摘下来戴在了我的手腕上。2016 年，我给她带了件红色的外衣，她送给我一条自己编的马鞭。我试着甩时，她的样子让同行的杨剑坤说，你们的关系从这一甩、一躲中看得真真的。

而黄河源第一家那几个孩子，我们分不清一大家子谁是谁家的孩子，但每一次看到又长高的他们，真是像来串亲戚。

2011 年第一年到那时，他家屋外的经幡全是黄色，通常藏族的经幡是五颜六色的，不同颜色代表着天、代表着地、代表着河流，而全是黄颜色的，那是因为家里一个才一岁的孩子因感冒没有治疗去世了。

2012 年“黄河十年行”，他家屋外堆着六辆摩托车，问了才知道，只是因为一点小毛病，可没人会修，只好再买一辆新的。

回到北京后，我曾试图寻找志愿者，希望他们到黄河源这样的地方来帮当地人修修电器，但是我没有找到。

2016 年“黄河十年行”到他家时，屋外的经幡又成了白色。他们告诉我们，是家里的父亲 8 天前去世了，问得了什么病，他们说不知道。

2016 年　黄河源第一家的孩子们长大了

黄河源第一家依我们看不穷。但是，家里的几个孩子都没有上学，原来是上的。可撤点并校后，要到乡里去上，家里的大人就说算了，一是舍不得，二是家里的牛羊需要这些孩子们去放。

2016 年　黄河源第一家的经幡

2016 年　被撤点并校了的原黄河源第一小学

2016 年　黄河源的旷野（摄影/杨剑坤）

看病，还是这里的难事。这样的人家，这样的生活，什么时候会真的有所改变？要不要离开黄河源，离开大自然，政府的人一直说，由他们自己选择。

2011 年“黄河十年行”中一位中国最著名的高校的博士后和我们同行。离开黄河源的大巴课堂上她说的黄河源是：一个字脏，两个字很脏，三个字非常脏；一个字苦，两个字很苦，三个字非常苦。有幸她的父母没有把她生在这儿。记得我当时说的是，所以王母娘娘没有选择你这样的人在这里守护黄河源。

五、再见尼玛

2016 年 8 月 12 日，“黄河十年行”离开麻多乡黄河源，向黄河第一县曲麻莱县开去。

“黄河十年行”的大巴课堂，一直是每一个参与者都很喜欢的一种交流方式。每个人都可以是老师，把自己的学识传授给车上的人，每一个人也都是学生，分享着车上人讲的学问与故事。

2016 年　黄河源人家

离开黄河源的路上，我在大巴课堂上和同行者一起分享了 2014 年参与“黄河十年行”的草原生态学家刘书润讲的草原与牛羊的相互关系。那也是我在大巴课堂上听来的。

刘书润教授说：牧民祖祖辈辈都是和牛羊共同生活在一个草原上的。

在草原上，公羊吃公羊的草，母羊吃母羊的草，小羊吃小羊的草，马吃马的，牛吃牛的，大自然在分配时就是这么神奇。正是这样才有了草原生态的平衡。可是现在把羊圈养起来，不让它们自由自在地在草原上吃草了，看起来有些草长得很旺盛，瞅着也很漂亮，但其实草原上真正的生态平衡受到了影响。

另外，很多人认为牛羊把草根都给吃掉了。刘书润教授却说：其实牛羊吃的时候是很有选择的。别看草原上的人不吃水果也不吃蔬菜，光吃肉，实际上草里含有大量的维生素。而且，羊在选择食物的时候，也需要酸碱中和，它们也需要一些矿物质。所以老的、有经验的牧民，会和羊群一起迁徙，羊和牧羊人都知道什么时候吃什么草，补充什么营养，补充什么矿物质。

刘书润教授说："我们老觉得人很伟大，人可以胜天，人可以改造自然，可是到头来人还是越来越发现大自然有它的自我平衡，大自然有它的生物链。当然，能认识到这些，我们是走了多少弯路的呀。"

"我们的先辈在和大自然打交道中，智慧地选择了游牧生活。那是他们懂得了在草原上生活，六七天就要搬一次家，因为六天一些细菌就要繁殖了。搬家不管对他们自己，还是对牛羊，都是一种健康的生活方式。"

"草原上有一首歌唱的就是一个小孩问他的妈妈：妈妈我们为什么老要搬迁，他的妈妈说因为如果我们不走，这个草原母亲就会疼，那是因为把一个地方的草吃得太多了。草原生活的迁徙，是一种流动的快乐。"

从麻多到曲麻莱路上，"黄河十年行"大巴课堂请两位一直跟着我们到黄河源的三江源办公室主任王权宾和玛多县农牧局副局长三江源国家公园园区负责人马贵原给我们介绍了一下三江源国家公园。

2016 年　牦牛过河

他们告诉我们：三江源国家公园范围包括青海可可西里国家级自然保护区，以及三江源国家级自然保护区的扎陵湖、鄂陵湖、星星海等地，园区总面积 12.31 万平方千米。

位于青海省南部的三江源地区，是长江、黄河、澜沧江的发源地，也是亚洲最重要的生态安全屏障和全球最敏感的气候启动区之一。20 世纪末，人类牲畜活动加剧和气候变化等因素使这一地区的草原、湖泊、冰川等生态系统发生退化。

为此，国家于 2005 年建立了三江源自然保护区。10 年来，累计投入的资金接近 90 亿元，近 10 万牧民搬离了草原，超过 70 万户农牧民主动减少了牲畜养殖数量。

2016 年 4 月 9 日，青海省召开省委常委会议，部署三江源国家公园体制试点工作，提出将力争于 5 年内建成三江源国家公园。

根据部署，青海将以“一年夯实基础工作，两年完成试点任务”为目标推进工作，最终在 5 年内将园区打造成经济社会持续发展、人与自然和谐相处的生态文明先行区，为全国同类地区提供示范。

经过 10 年保护，三江源地区生态退化趋势得到初步遏制。水资源量增加近 80 亿立方米，草地产草量整体提高了 30%。

三江源国家公园建立的意义在于，体制试点的建立，将整合各部门、各地区职能资源实施生态整体系统修复。以理顺三江源保护机制、提升保护科学性。同时更加注重相关农牧民生活的改善，通过合理利用现有生态资源，打造一批可吸纳就业的旅游、有机农牧等绿色产业，让群众共享生态保护红利。

但目前仍存在社会保护参与度不高、牧民增收渠道狭窄，政府各部门权责不清、职能交叉等问题。

在大巴课堂上，我们问三江源国家公园的两位管理者，国家公园和过去的自然保护区有什么区别呢？

他们告诉我们：现在的国家公园是在原来自然保护区的基础上建立的。把黄河在玛多的流经地全部划到国家公园。国家公园和自然保护区相比，自然保护区更注重的是生态保护，而国家公园在注重生态保护的同时，还注重民生改善。

我们问：那有什么具体措施呢？

回答是：主要是在生态保护方面通过机制改革，自然资产由过去的几个部门管理改为由国家公园一个部门规划管理。国家公园管理自然保护区，不仅涵盖了原来自然保护区管理的这一部分人，还有农牧的、国土的、旅游的几个不同部门的人和资产统统整合到国家公园一个部门来管理。

民生改善方面，主要是实施草原奖励机制。原来每亩草场的补偿是 3 元，现在调标以后是每亩补偿为 4.5 元。

禁牧的操场原来补助是 1.5 元，现在增长到 2.5 元。这就是新的草原奖励政策。

这样算一下，一户牧民过去一年能拿到 2.6 万多元，调标以后能拿到将近 3 万元。如果牧户要申请村一级的管护员，审核推荐以后，由乡镇政府，也就是以后的乡镇生态保护管理站培训，培训合格的发放证书和合同。工作岗位一个月是 1 800 元。

国家公园的生态保护规划里有这样一句话：对生态要适度干预，不能完全禁牧，也不能超载过牧。

那这个度怎么掌握呢？三江源国家公园现在 70%的草场禁牧，30%的草场可以放牧。经过平衡后，牧民能拿到两笔资金：一部分是禁牧补偿；另一部分是草场平衡奖励。

三江源国家公园的管理者们认为，这样做也是扶贫。通过增加草原管控解决牧民的收入。牧民也从原来的草原利用者变成了草原保护者，从保护中获得稳定的收益，这是三江源经济增长的一个亮点。

因为已经有了国家补助的钱，牧民现在每家每户养殖方式也在慢慢转变。一是大户养殖，将草场、牲畜、劳动力整合到一块儿，由几个人组织生产活动。剩余的人从事服务业，像石刻、服装、洗车、汽车租赁。

不过，三江源区的乳制品加工产业还没有搞起来，不像内蒙古有那么多奶制品可以卖。

在大巴课堂上，我们和这两位国家公园的管理者有下面这样一段对话：

问：现在牦牛、羊能卖多少钱？

答：牦牛大一点的能卖 15 000 元左右，羊 1 500 元左右。

问：我在长江源采访时，当地牧民不愿意卖牲畜，他们认为，那是他们的财产，卖了钱就花了，就没有了，所以要留着这些家产。当地乡干部动员牧民卖牲畜是很重要的工作。

答：毕竟那是他的生产资料，他心疼。所以我们每年还是要专门动员牧民出售一部分牲畜，主要是怕遭到雪灾以后损失太惨重。变牲畜储备为资金储备的话，以后用资金购牲畜，可以再发展。这个工作现在也不难做。

问：现在70%的草场都禁牧了，可有专家说，草场是要羊去踩的，还有羊粪可以肥沃草原。现在那么多草场禁牧了，会不会对草的生长反而不好。

答：是有这个问题，所以是适度干预。现在草场在核定的时候，没有把野生动物这一块算进去，实际70%的草场里面，野生动物都一直在干预。尤其是我们这边的藏野驴、藏原羚比较多，数量比较庞大。

问：你们觉得草场被禁牧了，被管理了之后，野生动物种群有所增加吗？

答：和10年前相比的话，动物数量明显增加了，具体数字我们掌握不了。有人在做这个。对于国家公园来说，这个数字也可以共享。不过现在查不到，野外的调查工作还没做完。

问：牧民对网围栏其实也并不是那么喜欢。

答：现在利用率还是比较高，尤其是冬季要利用围栏里面的草，现在野生动物比较多，要是没有围栏的话，草场上草全吃完了，冬季没草吃了。

问：现在的网围栏就是围野生动物？

答：对，这是有计划地使用这块草地，基本上都是冬季用。

问：但是不围的话，牧民也不会随便用的，以前没有围栏也分夏牧场、冬牧场？

答：那是更精细的划区农牧，我们这边还是比较粗放的。

问：你觉得国家公园现在最大的难点和挑战是什么？

答：资金、人才、技术这几方面吧。

问：真正学这方面专业的人才不多？

答：真的不多，再一个就是草原恢复的技术。我们可能还没有真正找到在高海拔地区最适合我们这边生态保护的方式、方法，还没有找到。

问：政府虽然花了那么多钱，还在探索？

答：取得了一些成绩，还在探索，最佳的方式还在探索。吃和禁需要的是动态的管理，上面也不断在做调整。

问：现在三江源国家公园有多少人呢？都在玛多？

答：黄河源的都在玛多。国家公园的人其实原来都是政府的人，现在有 55 个行政和事业编制。有农牧林业、国土环保、水污治理，这几个部门全归到国家公园统一调配了。

问：青海是不是都是这样，还是你们是一个试点。

答：我们是试点，青海三江源国家公园有 3 个区，一个黄河源、一个长江源、一个澜沧江，三条大江都在试点，整个叫三江源国家公园。

问：县里领导和国家公园领导是什么关系？

答：都是交叉的，国家公园现在抽掉的一些人，成立的一些机构，是政府的部门，也是国家公园的部门，主要是以国家公园管理为主，但是政府的有些职能仍然在兼着。

问：在新能源的应用上呢，太阳能、风能？

答：风的方向是飘忽不定的，之前做过调研，在高海拔地区，风能的利用还没有成功的例子，太阳能好一点。

现在我们有草原新帐篷，30 平方米做成套间的帐篷。配套了床、火炉、照明设备、电视、奶油分离机，都是用太阳能的。这是一个正在实施的项目，一套是 12 000 元，牧民自筹 2 000 元。在牧区特别实用，牧民很喜欢。

问：新能源除了太阳能还有什么别的吗？沼气有吗？

答：沼气没有，这个地方气温比较低，植物发酵温度达不到。加热的话成本高。

2016 年　原来的河现在成了湿地

2016 年 8 月 13 日早上，“绿家园”“黄河十年行”从黄河源第一县曲玛莱出发，来到了长江源第一县治多县。见到了 2008 年我采访过的农林牧局局长、现在的副县长尼玛。他告诉我们现在国家每年给每户牧民的各种补贴加起来有近 3 万元人民币。他告诉我们 2010 年玉树地震后，国家和来自各方的捐赠，使得玉树的发展提前了 20 年。

进入长江流域以后，与黄河流域相比景色有了变化。通天河支流益曲在区内穿过，形成 5 个大小不等、水深在 0.2～0.4 米的湖泊，还有众多的泉水喷涌而出，水量稳定，水质洁净。纵横迂回的溪流，星罗棋布的湖泊沼地把草滩切割成无数大小不等的“沙洲”和“小岛”，因此野兽难以进入。

2016 年　送尼玛《绿镜头 III——源》，上面有采访他的文章

原本的这里，境内水草丰美，人参、蕨麻遍地。在溪流、湖泊沼地内，鱼、蛙等两栖爬行动物，水生浮游动植物大量繁殖，自然条件和生态环境极为优越，尤其是黑颈鹤等鸟类繁衍生息的理想之地。

2008 年 7 月我和凤凰卫视《江河水》节目组来这里时，长江支流聂恰河的水很少，2016 年 8 月，我们眼前的聂恰河似乎比那时候水又少了。

2008 年，我们在治多县采访了当时林业、畜牧和科技局局长尼玛，这位藏族汉子给我留下了深刻的印象。那次他告诉我，中国能看到最多的野生动物的地方，就是他们治多县的索加乡。他告诉我，野牦牛和家牦牛交配，可壮大家牦牛的种群，可我写了文章后，北京大学教授吕植专门写信给我进行了学术上的纠正。

2008 年就在我写的《野牦牛和家牦牛的婚配》一文发在我们《绿家园江河信息导读》上几个小时后，我收到北京大学生物教授吕植的来信。全文是这样的：

汪永晨：

看到你的江河行文章关于野牦牛和家牦牛杂交的问题，这么做可能是有害的——如果没有良好的种质资源管理，可能会最终导致野牦牛基因的丧失，即野生牦牛的消失。因此平时野牦牛和家牦牛一定要隔离生活。有意引进野牦牛配种不是不可以，但是要严防杂交后代随意混群于野牦牛中。野牦牛的丧失对于生物多样性和家畜的复壮都是损失。希望你能帮助澄清和宣传这一点。

吕　植

记者的职责是记录现实，传播信息。对于我来说，开始关注自然，就是看到了大自然中的美，也看到了大自然中的问题，希望把这些信息传递给更多的受众。随着自己对自然生态的了解，也随着对自然中越来越多问题的发现，我开始希望用自己手中的笔、话筒、镜头，呼吁百姓应有知情权，呼吁保护环境公众参与。特别是我们现在还有了自己的民间环保组织，更希望用公众的力量去影响决策者。

至于野牦牛和家牦牛的交配，6 年前我在西藏阿里采访时，当地的牧民非常头疼。而这次在长江第一县治多县采访，我也没想到林业、畜牧科技局的局长尼玛会夸这种方式给牧民带来了效益。当时，我也问了尼玛局长，这样的交配会不会影响野生种群的原生态。尼玛说，野外的种群还很大，这么少量的交配不会影响到野生种群。尼玛还告诉我，治多县的养鹿场，当年还是索南达杰建的。索南达杰为保护藏羚羊而牺牲在盗猎者的枪下时，是治多县的副县长。

不过，如果不是吕植的这封信，也许关于野牦牛和家牦牛的交配，我也就是写到尼玛局长给我讲的这些就完了。现在有了北京大学教授吕植的这封信，我想，我会持续跟踪这个报道。我也会再次采访尼玛局长，生物学教授提出的这个问题你们考虑过吗？如果像科学家说的对野生种种群会有影响，他们这一级的地方政府会采取什么措施呢？

帮助澄清和宣传在江源这样的地方更好地保护那些珍稀的野生动物，是我愿意做的事情。我也会尽力。

2016 年，在治多县我们见到尼玛后知道他不仅升官了，对自己的工作还更加充满信心。用现在的话说是满满的正能量。少数民族干部的乐观与自信在他身上尤为突出。

我问尼玛：聂恰河的水更少了，是因为干旱、气候变化，还是什么？

尼玛说：水位每天不一样，说水位下降了，但是我们这边也没有明显的感觉。这两年的雨水也还可以，聂恰河的水流量跟以前差距不是太大。

我说：聂恰河里上次看到的小灌木现在都长成大树了。

尼玛说：聂恰河里长树，可能要追到几千年前去了，不是这两年的事情。

我说：上次来，你说聂恰河上修的电站，对整个治多县的用电还是起到了一定的作用，但是河上有半年都是冰冻期，电站成本很高，发挥的实际效果并不是很大。

尼玛说：现在不存在这个问题了，国家电网 110 进来了。我们用电的问题完全解决了，不成问题了。不修电站了，河水又自然流淌了。

尼玛一口一个老师地叫着。他说：老师你知道吗？你 2008 年来时，我们这相当于内地的一个小村落。灾后重建，国家领导下来了，省上、州上领导都来了，所有的东西来了。把我们这边援建得特别好，当时说是投资 10 个亿，最后可能投资十三四个亿。所以现在我们是跨越 20 年。

我说：但是也有人说，现在的玉树已经不是原来的玉树了。当年原汁原味的藏族建筑，原汁原味的生活方式，被地震以后的快速建设改变了。你没有这个感觉，没有这个担心吗？

尼玛：传统文化我们一直都在保留。牦牛文化节、水源文化保护，我们这边都在倡导。

我说：虫草这两年挖得是不是有点过度，对整个生态有影响吗？

尼玛说：这两年我们控制的力度非常大，外来人员很少进来的，只能是当地牧民自发地去挖，过度的没有。

我说：尼玛，您说得都是那么光明灿烂，您有什么烦恼或者有什么挑战吗？

尼玛说：挑战的话怎么说，国家政策这么好，我们就应该把本职工作干好，把我们的生态保护好，把玉树这一片绿色的土地保护好、建设好。

我问：地震后您个人、您家的生活是不是也有了很大的改善？工资提高了吗？像您副县级一个月挣多少钱？

尼玛：工资提高了一点。地震以前六七千元，现在涨了 1 000 多，有 8 000 多元了。

尼玛的乐观、自信，让我在看到了当地希望的同时，也想把几年前我采访的，更实实在在的尼玛说的重新再看看。

2008 年 7 月，我和凤凰卫视《江河水》节目组前往治多县的路上，碰上了青海省省长到下面考察工作的车队。到了治多县，林业、畜牧和科技局局长尼玛告诉我们，这次省长来考察，是来调查国家将拿出 75 亿元人民币用于保护三江源，这笔钱怎么花。省长要问问各县职能部门的领导，听听他们的意见。

2008 年的聂恰河

尼玛局长当时也是很乐观地告诉我们，这笔钱对他们保护三江源很有用。

那次我问尼玛局长，他带我们看的养鹿场到底养的什么鹿。他告诉我白唇鹿。

白唇鹿，这可是青藏高原上的特有种。“人工繁殖的吗？”我问。尼玛局长说你们去看看就知道了。在他的带领下，我们绕到治多县城后面的大山上。原来养鹿场是 1956 年建的，隶属于县里的畜牧局，从最初的 20 多只，发展到今天已经有 200 多只了。

说是人工饲养，其实这 200 多只白唇鹿根本就生活在大山上。只是每年剪鹿茸时，赶下山来，剪完后它们又回到大山上。现在每年这 200 多只白唇鹿剪下来的鹿茸能卖 20 多万元。尼玛局长向我们强调，这是再生资源。

我说，这倒是当地经济发展的一个好出路。尼玛局长则说，那也要看当地的条件。养鹿场的所在地，本身也是野生白唇鹿生活的地方。现在这群鹿中，还不断地有纯野生的白唇鹿加入繁殖。从几十只到 200 多只，是它们自然交配的，没有人为的干预。

青藏高原上天黑得很晚。那天，已经是 7 点多了还是艳阳高照。我们没有看到白唇鹿，尼玛告诉我们，白唇鹿还在山上。也许一会儿会下山来喝水。我们可以等一等。不过尼玛先把我们带到了远处山上有一群牦牛的地方。这群牦牛中，尼玛告诉我们有 5 只是纯野生的牦牛。

尼玛局长对这群牦牛很是了解。他说这群牦牛中有纯野生的，但更多的叫 F1 代，就是野生的父亲和家养的母亲配对生下的牦牛。

前些年，我在西藏阿里采访时，当地老乡很是不喜欢这些“杂种”。说它们从一生下来就把家里的牦牛群弄得鸡犬不宁。可是长江源头这儿的老乡们却十分喜欢这种杂交。他们认为这对改善种群质量有着积极的意义。野生的和家养的牦牛生出来的小牦牛更强壮，体积也更大，即使卖肉也能多卖不少钱呢。

尼玛局长带我们看到的这群牦牛，虽然有 5 头野生的，但因为它们已经混入家养的牦牛群中，为了避免狼的袭击，每天晚上它们要被鹿场的工人从山上赶下来圈起来。我们看到了这群牦牛被赶下山的全过程。尼玛局长指着这群被从山上赶下来的牦牛告诉我们，这头是纯野生的，那头也是纯野生的。

野牦牛为什么要到家养牛中来“寻亲”传宗接代呢。动物中的婚配很多是靠打出来的，强者就可以“娶妻生子”，野牦牛也不例外。那些在角斗中的败者怎么办，于是它们找到了自己的出路，到人类养的家牛中“寻欢作乐”，为家牦牛的种群带去了新鲜血液。

真的是很有意思。

尼玛告诉我们，已经很久了，青藏高原家养的牦牛中，一定是会有野生种混入的。长江源头藏族人家，家家的牦牛群中都会有这样的“改良”。野生的雄性牦牛和家养的雌性牦牛交配后重新回到大山上，过着它的野性生活。生下来孩子是不是和它一起回到大山上，它们似乎并不在乎。

2008 年　野牦牛的角上翘，脸的中部发青

野牦牛进入家养的种群中，会容忍人类把它们赶下山圈起来。

那天，我们等了好久，养鹿场里

的白唇鹿没有下山。场里的两个工人爬上山，说是为我们赶赶试试，看能不能赶下山。

2008 年　白唇鹿群

白唇鹿也是雄性的有角，雌性的没角。这是一群以雌性为主的白唇鹿。在我的印象中，白唇鹿的姿势很是高雅。我第一次在野外看到它们是 1993 年，那次，晨曦中的它们，站在山顶上一大排，像是给大山镶了一道金边。

白唇鹿下山还是太晚了，我虽然拍下了它们，但由于光线太暗了，拍下来的它们有些虚。它们显然是很不情愿被赶下山。一群鹿中，有那么一两只试图冲出去重回大山。很快，又有两头、三头跟上了它，离开了大群，飞奔着跑远了。

离这群鹿不远的一只猛禽，倒是让我拍到了它蹲在地上、展翅起飞、超低空飞行的身影。1998 年，我随中国第一支女子长江源漂流队到长江源时，一路上电线杆子上看到的大多是乌鸦，这次看到的猛禽真比 10 年前多多了。

这是一只毛脚鵟的西伯利亚亚种。

2008 年　毛脚鵟起飞

2008年我们在治多县采访，尼玛才仁局长给我留下了很好的印象。本来我们找到治多县，直奔他的办公室时，他还在陪到三江源考察的省长宋秀岩。就在我们干脆走到街上找人带我们去养鹿场，并且找到了一个愿意给我们带路的小伙子，车都发动了准备自己闯鹿场时，尼玛开着车在街上找到了我们，并把我们带到了大山脚下的鹿场。

那时天都快黑了。在青藏高原，天一擦黑，温度马上就下降。我们穿着棉袄还冻得要命，他却只穿着件衬衣，还兴致不减地给我们讲各种野生动物的习性。告诉我们，治多，在藏语里就是长江源的意思；杂多是澜沧江的意思。澜沧江在江源叫扎曲，玛多则是黄河的意思，黄河在河源叫玛曲，在藏语里，曲就是江。

尼玛说，在长江源大的江没有干，但是小的江干得太多了。我问他，和你小时候比，长江源头变化大吗？他说：太大了。我小时候，小河的水都是满满的，现在大多都干了。

不过，尼玛告诉我们，现在野生动物还是多的。他说如果你们有时间，我带你们去索家，那里随便就能看到几十头一群的野牦牛，几千头一群的藏野驴。

“我们这里不许开矿。修电站，小的可以，大的不行。大的会造成堰塞湖。现在聂恰河电站供我们治多县和曲麻莱两个县的电。这样的小电站我们喜欢，但现在更希望发展太阳能。”

尼玛告诉我们，在离县城10千米的地方，有个贡萨寺，那里常常会有成群的野生动物光顾，和僧人们相处得像一家人。

2008年　有了电站的聂恰河

那次，我去了贡萨寺，野生的白唇鹿在寺里随便走。可在我忘乎所以地拍照片时，一不小心碰到了躺在一边的一只藏獒。它从后面追上来，对着我的腿就是一口。我吓坏了。好在为了防寒，我的腿上穿得很厚。或许说那只藏獒也只是因我对它的无视表示一下抗议，没有使劲咬，只是我的裤子被它们咬破了，腿上留下一条印，并没有破。

尼玛局长说，他们那儿的藏獒从来没有狂犬病，我也就没在乎是不是一定要去打疫苗。

关于野牦牛和家牦牛的交配，2016 年尼玛副县长还是坚持说有利于发展畜牧业，对野生种群影响不大。科学家对这点怎么说，我想，我们也会继续关注的。

2016 年和尼玛说再见时，我们约定明年“黄河十年行”再来时，他带我们去索家看、拍野生动物。

六、高原上的黑颈鹤

2016 年 8 月 13 日，“黄河十年行”从黄河源走到了长江源。大巴课堂又开始了。

此行我们车上唯一一位企业家张小鹏发了这样一通感慨：

因为我是做企业的，平日生活和工作跟人打交道特别多，有关人性多多少少有一点自己的感触。但这趟来，少数民族地区、藏族同胞给我的感受真的是深刻的。他们不像我们在所谓现代文明下的人那么现实，或者像现代文明下的人那么冷酷，那么自私自利，一切都是以自己的感受为原点，所有的喜怒哀乐全部建立在这自己的原点上。所以，我觉得在现代文明中，很多人已经迷失了自己的本性，走了弯路。

改革开放这么多年了，我们在物质文明和精神文明两个方面，都取得了很大的发展和进步。但是，现代人的幸福感、满足感比以前差得太多了。我们发展了这么多年，有一些东西本末倒置了。

这次我来到这里，看到很多藏族的朋友，包括草原上的一些牧民，用城里人的眼光看他们或许知道得太少。但你看他们的眼神时，看他们的笑容时，会觉得他们那么单纯和质朴，他的眼睛里全都是这种表情。这对我这种思想非常复杂的人来说是震撼，是洗礼。

我觉得，这些年来整个社会的主流价值取向越来越单一，越来越世俗化和庸俗化。金钱、享受、权力，主要都是这些。而在眼前这寂寥的大地，空旷的旷野里，一个人会找回一些内心上的感受。

2016 年　从黄河源到长江源的路上

昨天在麻多乡中心小学，看到那些孩子以后，我觉得他们需要更多的知识，需要更多外界的信息。我跟校长讲了，我说我会尽我个人的努力，发动我的一些朋友，给他们学校多做一些知识上的支持。我会每年多搞一些孩子们所需要的书籍带来，我会开始自己的行动。

2016 年“黄河十年行”中还有一位自称是漂洋过海来朝拜的，生活在美国的华裔科学家凌正。在大巴课堂上他说的是：

我说的话也许有人不爱听。看了黄河源以后我有两点感想：第一点，黄河源，昨天那个校长再三说了是中华农耕文化的发祥地，是一个非常神圣的地方，对吧？现在变成什么人想来就能来，遍地都是老鼠洞，上面到处都是纸，我也不知道是游客留下的，还是藏民摆在那儿的，看上去有很多。所以我觉得要保护黄河真的要从源头做起，黄河源保护是刻不容缓的。现在看来至少跟我的想象是有差距的。

昨天你们采访的时候，我跟藏族的校长、派出所所长也说了我的观点，他们也表示赞成。我说黄河源在我们停车的地方就应该拦起来，不应该让什么人都上去，上面造一个观景台，你要拍照可以，观景台上拍，下去不可以。除非专业人员专门来考察的，不是什么人想来就能来的。

第二点，我作为一个学理工、学科学的人，我认为现在对黄河源的保护，从政府的角度来讲基本上是零，没有做。整个黄河流域，整个黄河全程都有水文站，居然在黄河源头没有一个国家地理标志，没有一个国家的水文观测点。何勇说去年来了，今年来变化很大，去年来到底是怎么样的？有没有记录？前年怎么样的？10 年前怎么样的？都要有一个科学的数据，可以比照，对不对？可以有多少种比照，水量、水温、流量、流速、泉眼的大小。昨天那个校长也提到了，这个是主泉，上面还有一些间隙泉，就是说水大的时候上面就有，下面就没有了。这些都是最重要的、基本的科学数据，全都没有。我觉得大出我的意料之外，我没想到会是这样的。

凌正的担忧不无道理。但是在黄河源那么短短的时间里，他的了解是不够的。黄河源地上的那些小纸片，是藏民扔的隆达，和经幡一样，是藏族人祝福平安的一种祈祷，不是一般的纸。

国家地理标志，就在黄河源那条小水旁，每年“黄河十年行”来就是冲着这个标志认、量的。水文站没有在我们能看到的黄河源，应该说也是有的。

至于他说的那些数据，陪我们一起去的当地人多是为了我们的安全来的，真正的科学工作者没有。当然黄河源到底有多少科学数据在测量、在记录？

的确，“黄河十年行”来了 7 年了，没有人能说得出来。中国科学院西北高原生态研究所的研究员吴玉虎在这里工作了很多年，但他是研究高原植物和草原生态的。我们这次专门从兰州请来了研究冻土的专家，可他对黄河源的水情不了解。

三江源国家公园的管理者们也说了，专业人士这里最缺。这一现状，不知随着三江源国家公园的建立，是不是能有所变化和好转。

“黄河十年行”是在用媒体的视角记录黄河 10 年间的变化，通过行走获取这些数据确实真不容易。凌正说得对，这不仅政府还要努力，我们在后 3 年的采访中也还要挖掘。

从治多县到玉树要经过隆宝滩。每年 3—4 月黑颈鹤、斑头雁、棕头鸥、雁鸥、赤麻鸭、秋沙鸭、雪鸡等十多种候鸟从云贵高原飞到这里筑巢、产卵、繁育后代。

隆宝滩位于青海省玉树州首府结古镇西北约 80 千米的结隆乡，两面高山耸峙，平行延伸，中间有一块长 10 千米、宽 3 千米的沟谷地带，上面裸露着湖泊残迹，砾石累累，实际是高山草甸类型的沼泽地。

隆宝滩谷地两边是高耸对峙、起伏连绵的蘑菇状山峦，两山之间，是大片广阔平坦的沼泽草甸，自然环境宁静而幽雅。

隆宝滩，海拔高度 4 200 多米，气候寒冷，环境潮湿，雨量充沛，溪流迂回，沼泽遍地，属于典型的沼泽草甸和高山草甸区。在滩的中间，众多的小泉、纵横迂回的溪流、星罗棋布的沼池把草滩切割成无数大大小小的沙洲和孤立的“小岛”。所以大型野兽无法靠近。

岛上生长着各种丰美的水草，小岛周围的沼池、溪流中有许多两栖爬行动物，以及软体小动物等。这独特的自然条件和生态环境，为鸟类的栖息繁衍创造了良好的条件。据统计，我国很少的黑颈鹤中，有 40 多只集中在隆宝滩繁育。隆宝滩被世界鸟类专家誉为“黑颈鹤之乡”，是世界鸟类专家和科研工作者瞩目和向往的地方。

2008 年　隆宝滩

2016 年　隆宝滩

2016 年 8 月 13 日，“黄河十年行”从治多一出来，我就在大巴课堂上说隆宝滩如何美，能看到多少种鸟，看黑颈鹤，没问题。

我说，1993 年我第一次走进青藏高原接触“人与自然”这个话题的采访时，曾和隆宝滩擦肩而过。那次我到了甘肃的禄曲，也是夏天，也是黑颈鹤繁育的季节，我看到了头顶上蓝天白云中展翅飞翔的黑颈鹤，甚至看到了鹤妈妈带着小鹤练习飞行，准备冬天的遥远迁徙，可惜当时手上只有录音机没有照相机。

那年，天空中那几只黑颈鹤飞翔时的姿势至今只要想起，就能在脑海里重现其身影。

在大巴课堂上，拿着我写的《绿镜头 II——我走在大江大河上》，我翻到了 2008 年随凤凰卫视拍摄《江河水》节目后写的隆宝滩黑颈鹤那篇文章，给同车的人看。隆宝滩，那是我在为《江河水》节目设计行走路线时，特意加上的一个地方，我希望电视节目中能介绍一下我们中国特有的鹤类黑颈鹤。现在全世界有 15 种鹤，我们中国有 9 种，中国的特有种只有丹顶鹤和黑颈鹤。黑颈鹤冬天在云贵高原过冬，夏天则在青藏高原繁育。

2016 年　隆宝滩国家级自然保护区

2008 年 7 月 17 日，我们的车停在隆宝滩国家级自然保护区里时，我有些意外，这么重要，而且在科学界、环保界如此出名的国家级保护区，只有一排很旧很旧的平房，倒是院子里那台高倍望远镜一下子就吸引住了大家。院子外面那一大片浅浅的湖水、草地，就是黑颈鹤与它的朋友们——赤麻鸭、棕嘴鸥、斑头雁、秋沙鸭的家。

当时，我们的肉眼远远地能看到对面那片湿地里的活力。只是距离让我们还要借助望远镜才能看清楚它们是在水中嬉戏，还是在草中漫步。7 月不是看黑颈鹤最好的季节。

每年的四五月，鹤妈妈们下的蛋，经过一个月的孵化，小鹤破壳出世，但它们还要在妈妈的翅膀下长大，直到秋天才能开始在妈妈的引领下学习飞翔。保护区的文德江措告诉我们你们要是那时候来，蓝天白云中能看到很多学习飞翔的小鹤。

2008 年在隆宝滩时，望远镜中，我痴迷地欣赏着斑头雁、赤麻鸭在水中游的画面时，不禁也想起 1996 年，我从美国国际鹤类基金会访问回来后，在北京发起的中国第一次民间观鸟活动。那次在北京的鹫峰，我们看到了雨后蓝天中飞翔的“大鹏展翅”。第一次知道了什么叫猛禽。以往我们都把它们统称为老鹰，其实猛禽里还有秃鹫、隼等很多种。它们可以借着气流在天空中翱翔，它们是肉

2008 年　远处的黑颈鹤

食动物，大自然中有了它们，地上的老鼠、兔子什么的就不会泛滥。

从 1996 年 10 月中国民间有了第一次民间观鸟后，民间观鸟已经发展到参与和组织国际观鸟大赛，发展到民间人士也能识别成百上千的鸟儿们，发展到水边、林中常常留下了他们的身影。

不知是不是有人测量过人类与黑颈鹤的距离。1999 年元旦，我们“绿家园”志愿者在山东荣成观赏大天鹅，在那里人和天鹅的距离是 6 米，当地一位保护大天鹅的老师说，这就是我们人类的文明程度。现在在世界上很多国家，天鹅和人是可以站在一起的。

很有意思，2008 年摄制组人向一只受伤的鹤靠近时，它虽然不能飞，但依然与人保持一定的距离。保护区的工作人员文德江措拿着小摄像机说他试试，并向鹤走去。结果，一直走到这只黑颈鹤的跟前，黑颈鹤再也没有继续拉开距离。

文德江措 7 岁的小儿子拿着我的相机走过去，一样，黑颈鹤完全没有走开的意思。这只受了伤的黑颈鹤与这父子俩在草地上漫步的画面留在了我的脑海中。

那次在拍鹤之余，我和隆宝滩黑颈鹤自然保护区站长谢尕聊了一会儿才知道，隆宝滩这么重要的一个国家级的自然保护区，2008 年时才 3 个正式职工，这 3 个人没有一个科班出身。他们连一辆车也没有，没有一个科研项目，每天的工作就是不要让老乡家的牲畜把黑颈鹤生的蛋踩了，不要让牛、羊或狗、狼把小鹤伤了、吃了。

其实，2008 年时我们中国的各个保护区，据我所知，开展科研项目，是他们的重要工作，国际合作也成了很多保护区获得资金的重要保证。可是时间已经到了 21 世纪，人们对野生动物的研究也达到了相当高的水平，隆宝滩黑颈鹤自然保护区却连一个科研项目也没有。在这个保护区里，靠的还是几个人的热情和让老乡

2008 年　文德江措 7 岁的小儿子普措那措

的牲畜别踩了黑颈鹤的蛋。

文德江措过去是一名老师，10多年前痴迷上保护黑颈鹤后，就天天骑着摩托车在这片湿地边转悠。他的摩托车是保护区唯一的一辆车。到了小鹤快要出生时，文德江措更是搭个帐篷就住在湿地的湖边。

文德江措说，黑颈鹤太不会保护自己了。它们就把蛋生在一片叶子上，简直是没有一点防范意识。这样小鹤的成活率就很低。可是没有办法，这就是它们的天性。

说到天性，在隆宝滩我还知道黑颈鹤每年长距离的迁徙后，它们的窝，可以年复一年地使用。我们人类飞行靠的是雷达的导航，而这些迁徙的黑颈鹤，它们是靠什么指引航向的呢？

2008年　隆宝滩湖边的帐篷

2008年站在一片拍出来非常漂亮的湿地里，多布吉问我，你觉得像这样的地方，怎么解决生态保护和牧民生活间的矛盾呢？

我回答他说，全世界只有15种鹤，我们中国有幸有两种是特有种。隆宝滩这么重要的一个黑颈鹤的繁育地，国家应该对这里有更多的投入，而不仅仅是“人头费”。另外，对于当地的老百姓来说，生态补偿我们说了多少年了，而且在很多地方已经开始实施，隆宝滩不应该成为死角。

2008年　我和爸爸一起保护黑颈鹤

其实，除了等国家的政策，保护区开展环境教育应该也是一种不错的方式。1996年我在美国鹤类基金会采访时就知道，养着全世界15种鹤的美国鹤类基金会，也是一个很受欢迎的教育基地。基金会所在地是威斯康星州，连芝加哥的学校都预约要来这里看鹤，学习有关鹤类、鸟类的知识。

美国国际鹤类基金会的科学家告诉我，黑颈鹤是他们收集到的最后一种鹤，刚从中国去了不久。作为一个广播记者，我希望在那儿的时候能录到15种鹤的叫声。可那儿的科学家告诉我，黑颈鹤从去了后就不太爱叫，要看我的运气了。谁想到，那天我还没有走到它们跟前，就听到一只黑颈鹤叫开了。走到它的跟前时，它更是昂着头在那儿长鸣。在场的科学家诙谐地对我说：它一定知道老家来人了。美国鹤类基金会在中国也有一些科研项目，我知道扎龙丹顶鹤繁育基地是有的，隆宝滩为什么没有，我不知道。

香港的米埔和深圳一河之隔，香港学校里的学生们要想到那儿去看鸟，也是要排队的。现在像丹顶鹤过冬的扎龙，每年的门票是一笔很可观的收入。

2008年，在凤凰卫视的节目中我说：隆宝滩黑颈鹤自然保护区今后的出路在哪儿？有国家的责任，恐怕也有他们自身的问题。当然，我想也要有我们这些关

2008 年　我与鹤

注环境、爱鸟的人都能出出主意，想想办法。

我们和黑颈鹤生活在同一片国土上。它们的数量随着我们在西藏发现了大量的种群后有了显著的增加。怎么能让它们，和与它们生活在一起的老百姓都过得好，我们在做凤凰卫视《江河水》节目时，希望观众也能和我们一起思考，一起提出些好的建议。

2009 年，我和地质学家杨勇在三江源自然保护区为中国找水。这次我到了索加乡，再次看到了黑颈鹤。

三江源自然保护区建于 2000 年，2003 年 1 月晋升为国家级自然保护区，是保护高原湿地生态系统的自然保护区。保护区总面积 1 523 万平方千米，约占青海省总面积的 21%，整个保护区共有 18 个保护分区，其中湿地类型保护区 8 个、野生动物类型核心区 3 个、森林灌丛核心区 7 个。

三江源国家级自然保护区行政区涉及玉树、果洛、海南、黄南藏族自治州和海西蒙古族自治州 16 个县。涵盖了长江、黄河、澜沧江三大江河的源头地区。

2009 年我们发现，三江源自然保护区大部分河是干的，草场严重退化，而且也没人能说得清楚现在的草场退化和全球气候变化有什么关系。

2009 年　江源的乌云是说来就来

2009 年在索加乡，我们碰到一队在湿地边种草的人。虽然他们一个劲儿地在地上为我们找着，说是有他们种出来的草，可我们还是没能看出哪个是他们种的，哪个是自然长的。

这些种草的人告诉我们，他

们种的是适合这里的草，是由专家研究出来的。由政府出钱他们来种，到时还要验收。

我问索加乡安东尼玛书记，这样种草的意义在哪儿？安东尼玛有些无奈地说，这是公司在这儿种的，政府管不了。我们想让他们种的地方，他们不种。而这些路边，牲畜也不会来吃，他们却图省事，都种在这样的地方。

这其中的原因，我想不用多说，大家应该是很清楚的。如果是政府埋单，不管是公司也好，个人也好，以种草来恢复草场无可非议。可为了挣钱种草，这样的种法，种好了，是保护环境；种不好，就很有可能是破坏本来就很脆弱的生态环境了。而打着恢复草原植被的旗号，拿到国家的钱摆样子，挣钱，这可就是另一回事了，而今天在草原上，这样做的事不少。

这么重要的地区，要说国家也是重视的。6 年前，三江源自然保护区管理局花了 150 万元人民币，在索加乡建立了索加太阳能电站、索加自动气象观测站和

2009 年　气象、太阳能、监测站

2009 年　搁这儿 6 年了，连电脑都没人会用

2009 年　规章制度倒是有不少

索加野生动物疫源疫病省级监测站。

可是整整 6 年了，这个监测站却因为没有人会用里面的各种设备包括电脑，这些设备一直闲置在那儿。一墙的规章制度，却没有人在这里办公。

索加监测站，在三江源自然保护区不是仅有的。杨勇说，像这样规模的监测站，三江源还有两个：可可西里监测站和曲玛河监测站，也都因没有懂专业的人去那儿工作，而被闲置着。

2009 年　保护区界柱已躺在地上了

2009 年　光有牌子的三江源生态监测

是这些地方海拔高工作生活太困难，还是 150 万元不算多，这么多功能的监测设备、保护设施，搁在这儿 6 年不用，算是怎么回事呢？

2009 年在索加乡时，我们正赶上县政协的人到这里搞调研。他们和我们一再强调的是，这些年来，江源水量在减少。政协副主席兰帮告诉我们，近 10 年来江源的各种灾害越来越多。1985 年的一场雪灾，至今都没恢复过来。20 世纪 70 年代索加乡有 100 万头牲畜，1985 年雪灾后，现在几乎是隔三岔五地闹灾，索加乡目前的牲畜还不到 60 万头。

江源的“雪弹子”

2009年本以为在索加乡看到黑颈鹤是不费劲的。可是，那天一天的大雨加上冰雹，一直到傍晚了，我们还没有看到。我拉着安东尼玛书记和我一起往当曲水边走，想再去找找，远远的，我们正在数水边看到的黑颈鹤时，冰雹就叮当地下来了。

当安东尼玛和我一起迎着冰雹在高原草甸上走时，虽然密集的冰雹砸在脸上生疼，浑身湿透的我，却有一种在大自然中接受洗礼的感受。这是生活在城里无论如何也想象不出来的感觉。也就是在那一刻，我决定把我手中的佳能 400D 相机 18～200 的镜头送给安东尼玛，希望我的这部相机，能帮他拍出更多、更自由自在地生活在高原、江源的野生动物。

“黄河十年行”的第7年，在治多县我见到了2008年和2009年分别认识的两个尼玛。安东尼玛是为保护藏羚羊牺牲了的索南达杰带出来的藏族小伙子。索南达杰去世后，安东尼玛接班继续在索加乡为保护生态而努力工作。

2009年　我走在冰雹中

（摄影/安东尼玛）

2009年　高原汉子安东尼玛说：

一定要把索加的野生动物拍下来

2009 年我认识安东尼玛的时候，他是索加乡的党委书记。他用的是索南达杰当年用过的办公室。那天，我和另一位女记者还在那个办公室里住了一晚。

2009 年　向三江源的孩子们捐羽毛球拍

2016 年到治多县之前，我给安东尼玛打电话才知道，他也调到县上工作了，还和保护生态有关。因为要赶路我们没有多聊。但从他的眼睛里，我看到了太多的故事。明年再来时，我一定要早些告诉他，让他多给我们讲些如今索南达杰走了，保护高原上的野生动物还在吃苦，还有危险吗？

2016 年在治多见到安东尼玛时我问他，2009 年我送他的相机又拍到什么好的野生动物的照片了吗？拍到黑颈鹤了吗？没想到他告诉我，相机被人偷走了。

2008年，我们为索加乡小学捐了一些学习用品和体育用品。我们也为他们捐资建个“绿家园”阅览室。那一刻，我们多么希望这些孩子长大后，不再让150万元的科学设备，一闲置就是6年啊。

2016 年 8 月 13 日，真遗憾，我们没有看到黑颈鹤，也没有拍到什么鸟。为什么？也不知道。不过沙狐和鼠兔在我们的镜头前可是数次卖萌。

2016 年　认植物

2016 年　隆宝滩湿地

同行的民间植物学家李秀兰和朵局长一起在隆宝滩的湿地上，认出了好多植物，连呼太过瘾了、太过瘾了。

2016 年　在路上

在 2016 年隆宝滩湿地，举着相机的我们，真是拍也拍不够。而更大的乐趣是，走在这样的大自然中，水的风姿、草的绿润、花的艳争、溪水上空定格的两只小鸟，让我们醉得比刚刚尼玛副县长敬酒时还深、还沉。人与自然真的成了朋友，那份享受，不是什么语言都能形容的呀。

还要赶路，我们“绿家园”为玉树小学开创了勤工俭学活动。那儿的孩子们从今天一大早等着我们了。

七、为江源的孩子建立勤工俭学机制

“绿家园”志愿者从 2005 年开始，用义卖自己出版的环保书籍的钱为大江大河边的穷孩子捐他们爱看的书。目前在云南、贵州、青海、甘肃近 60 所小学建了阅览室。

这些年，在我们行走大江大河时，发现我们人类留在大自然中的垃圾越来越多。这些年，在我们行走大江大河时，发现守望着大江大河源头的自然的孩子们需要帮助。

于是，我们决定用支持孩子们勤工俭学的方式，让这些孩子在参加环保活动的同时也能得到适当的报酬。我们开始尝试在三江源所在地建立勤工俭学机制，为孩子们募集勤工俭学的费用。

2016 年 7 月 30 日、31 日“绿家园”志愿者在微信上为“黄河十年行”捐款，32 位志愿者捐了 5 692.06 元。

8 月 2—5 日“绿家园”志愿者白晓霞（网名橄榄），在“绿家园”大家庭一号群里和她发起的西安行之咖啡群中，再次为创立三江源小学勤工俭学募捐。两次捐款共 61 人总计 14 672.06 元。

2016 年　献上哈达

2016 年“黄河十年行”又有 8 位志愿者捐了 1 000 元。

全部加起来，第 7 年“黄河十年行”，北京“绿家园”志愿者和西安行之咖啡群共为黄河源麻多中心小学自聘教师和支持孩子们开展环保活动捐赠人民币 5 000 元；为玉树的 5 所小学各捐了 1 000 元的少儿读物，共计人民币 5 000 元，还为这 5 所小学共捐了 6 000 元勤工俭学的费用。

2016 年 8 月 13 日，“黄河十年行”的车还在开往玉树的路上，玉树市第一完小的老师们就在路边等我们了。两辆车一汇合，我们每一位就都被请下了车，戴上了金色的哈达。他们的热情让我们有点受宠若惊。

“绿家园”从 2005 年就开始义卖我们出的有关环境保护的书。在怒江、金沙江流域我们采取的方式是根据学校的大小捐 500～2 000 元为他们建立阅览室，订为孩子们出的报纸和杂志。订报刊，是希望他们可以看到最新的一些知识和信息。从 2015 年我们得知西安志愿者白晓霞在玉树地震后发起的牵手格桑花联盟也在帮助穷孩子，就决定和他们联手，一起为玉树的小学捐书、捐钱、建阅览室。捐书后，孩子们的反馈是：从来没看过这样的书，好喜欢。

2016 年　拿到书后的孩子们

有了这样的反馈，2016 年 1 月 1 日“绿家园”生态游去了贵州的石门坎、草海和云南昭通大山包，黑颈鹤过冬的地方，这 3

个地方也都不通邮。因为“绿家园”志愿者在北京有专门做儿童出版工作的，他们能以很低的折扣给我们。钱一到账，马上打包，连物流费也是出版社给出了。

2015 年　牵手格桑花联盟在玉树

关爱大自然、关爱孩子们的朋友们，随时随地都在伸出一把手。

2016 年“黄河十年行”到玉树第一完小时我们得知，为这些学校捐的 3 箱孩子们爱看的书，一个星期里，有的孩子已经看完了 3 本。

2016 年元旦，“绿家园”志愿者和孩子们在一起

为贫困地区的学生建立勤工俭学机制是源于 2015 年我们在怒江采访时，发现越来越多的旅游者到了怒江，在给当地人带去收入的同时，也带去了越来越多的垃圾。

在怒江边，我们一行人想，现在城里的孩子出国留学还都会去打工挣钱，可中国穷孩子想打工挣钱却找不到地方呀。

为了环境，为了穷孩子，我们是不是也可以专门募捐一些钱，作为勤工俭学基金，让贫困地区的孩子，特别是在一些旅游区，风景很美，却正面临被垃圾包围的地方，通过保护环境这样的行动，挣些钱呢？

可是，我们的这一想法在怒江没能行得通。当地老师认为这样的活动危险，不能保证孩子们的安全。

我们把这一想法和牵手格桑花联盟的白晓霞说了后，她告诉我们，和玉树的老师们说了后，他们非常欢迎，并迅速地开始了行动。

所以，2016 年“黄河十年行”之前，我们再次为穷孩子阅览室募捐时，也为三江源学校募捐了勤工俭学的费用。可以说为生活在江源的孩子们创建勤工俭学机制，是我们“绿家园”的一种新的尝试。

2016 年　“黄河十年行”中最年轻的志愿者代表捐上勤工俭学的钱

募捐，越来越被捐赠者认为应该透明。钱，真的用在需要的地方了吗？每一笔钱的用途都有账记下来了吗？“绿家园”这些年来义卖书、为穷孩子捐书、捐钱、建阅览室，一直经受着这样的考验。朋友们是以信任我们为前提，献上自己的一片心意的，为自然，为孩子，我们不敢有一点的含糊。

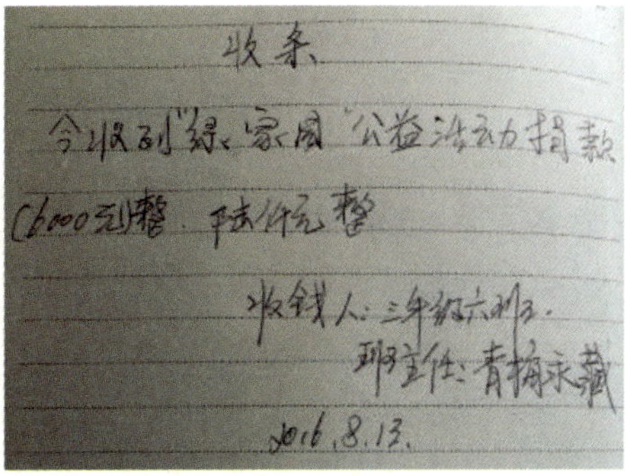
收条

今收到“绿家园”公益活动捐款

￥6000元整 陆仟元整

收钱人：三年级六班

班主任：青梅永藏

2016.8.13.

2016年“黄河十年行”启程前，在我们用募捐到的钱买了书先寄给孩子们后，我们收到了这样一封信：

响应“绿家园”号召，玉树21名学生今天第一次捡拾垃圾。

刚刚考完试，玉树市第一完小放几天假，三年级六班的21名学生在班主任青梅永藏老师的带领下，向文成公主庙和溆湖出发。

由于条件限制，他们租了15座的一辆面包车，找了一辆皮卡车拉垃圾。

早上出发时，下着小雨有点冷，但孩子们就像快乐的小鸟。今天本想捡完垃圾踢会儿足球，但天气还是没好就打消了踢足球的念头，一路是欢歌笑语。捡垃圾成了他们最快乐而有趣的事——这是青梅老师的来信。

垃圾太多了，这次捡了3小时。青梅老师说，下次再捡吧。

关于孩子们捡垃圾的过程，太感动了。还是看图片吧。

基本情况：

参加人员：班主任青梅永藏和21名学生。

地点：文成公主庙前和巴塘草原的溆湖。

距离：从结古镇到文成公主庙13千米。

时间：2016年8月5日，用时3小时。

费用：租用亲戚家面包车350元（按照一般租用费用会高些），免费找了一辆皮卡车运垃圾。青梅老师自己掏钱给孩子们买了饮料、面包、方便面。

效果：虽然天气很不好，一开始还下雨，但孩子们的热情很高，感受到了环保公益的快乐。拉了不满一皮卡车。孩子们捡了大量垃圾，但垃圾太多，还需要再捡。

问题：当地雇车费用高。

建议："绿家园"和当地环卫部门联系，孩子们捡拾的垃圾由环卫车拉运。

2016 年　正在勤工俭学的孩子们

参加捡垃圾名单：

班主任：青梅永藏

学生：索南江措、松求巴毛、白玛文苏、更尕措毛、闹吾卓玛、扎拥王小、红拉毛求、藏看卓青、梅求忠洛、松卓尕才、吉看卓仁、增文加旦、增求松次、成塔色东、周松毛、洛松巴丁、尕玛拉毛、尕松美朵、尕玛义培、格来巴金

报告人（联系人）：西安行之咖啡群橄榄

2016 年 8 月 5 日

上面的信中记录了这所学校参加勤工俭学活动的学生、老师的人数。看看日期，他们是在还没有收到我们 8 月 13 日送过去的钱时，就开始行动了。

除了这封信、这所学校，我们还收到白晓霞转来的另外两所学校发来的"白条"，这两所学校孩子们的环保活动也是在我们去之前就开始的，而且更早。

2016 年　带着学生到玉树文成公主庙捡垃圾的青梅永藏老师

从玉树几所学校反映的情况来看，孩子们对这项活动的积极性很高。而且，孩子们对一次活动一人给不给 10 元钱也并不在乎。可因这些孩子们可勤工俭学的地方离学校有一定的距离，他们租 15 座的一辆面包车要 350 元，还是友情价。所以，今年这样的活动怎么继续下去，我们和学校的老师也还希望能有新的办法。

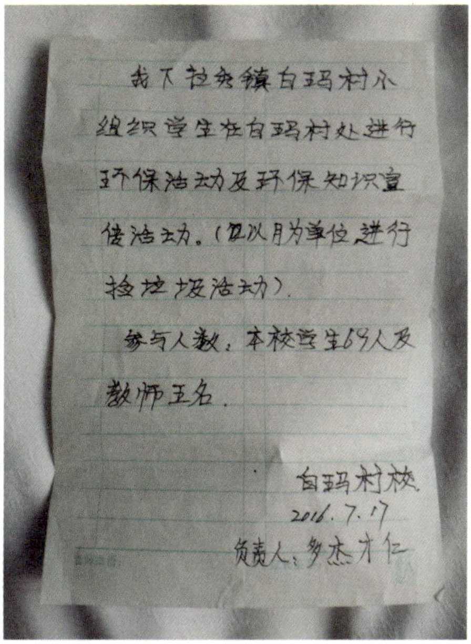

我下拉秀镇白玛村小组织学生在白玛村处进行环保活动及环保知识宣传活动。(以月为单位进行捡垃圾活动)。

参与人数：本校学生69人及教师五名。

白玛村校
2016.7.17
负责人：多杰才仁

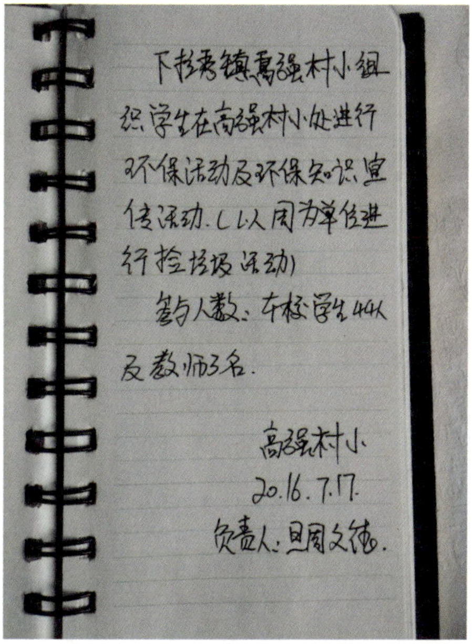

下拉秀镇高强村小组织学生在高强村小处进行环保活动及环保知识宣传活动.(以周为单位进行捡垃圾活动)

参与人数：本校学生44人及教师3名.

高强村小
20.16.7.17.
负责人：旦周文德.

2007 年　拍于玉树三江并流

2016 年　玉树

2016 年，结古寺

玉树在平均海拔 4 100 米以上的青藏高原，传说是格萨尔王建立领国的地方。这里是唐蕃古道最耀眼和传奇的一站，是长江、黄河和澜沧江的源头，是藏传佛教教派最多的地方。这里的风光“潇洒俊秀”，可谓“玉树临风”。

玉树有着丰富的佛教文化，玉树境内的藏传佛教宁玛派、萨迦派、噶举派、格鲁派四大教派齐全、和谐共存，几乎是全民信教区。嘎尔寺位于距囊谦县香达镇 70 千米的白扎乡境内，海拔 3 700 米。传说在公元 700 多年前，莲花生大师曾在此镇魔修行。

2010 年 4 月 14 日，青海省玉树藏族自治州玉树县发生 6 次地震，最高震级 7.1 级，地震震中位于县城附近。截至 2010 年 5 月 30 日 18 时，经青海省民政厅、公安厅和玉树州政府按相关程序规定核准，玉树地震已造成 2 698 人遇难，其中已确认身份 2 687 人，无名尸体 11 具，失踪 270 人。已确认身份的遇难人员：男性 1 290 人，女性 1 397 人；青海玉树籍 2 537 人，省内非玉树籍 54 人，外省籍 96 人（含香港籍 1 人）；遇难学生 199 人。

为表达全国各族人民对青海玉树地震遇难同胞的深切哀悼，2010 年 4 月 20 日国务院决定，2010 年 4 月 21 日举行全国哀悼活动，全国和驻外使领馆下半旗致哀，停止公共娱乐活动。

从 2010 年 7 月到 2013 年 10 月，10 万援建大军在此进行了 1 000 多个日夜的艰苦鏖战，使纳入国家重建规划的 1 248 个重建项目全部开工，完工 99%，3 年累计完成投资 444. 36 亿元。

震后转移异乡求学两年的索南旺苏说："那么多先进的设备以前在电视里都没见过！"坐在出租车里，行走在四纵十五横的公路上，每个路口设置的红绿灯、公交专用道、违章摄像头都让司机扎西然丁感到"进了大城市"。公交车、大型超市、电影院、室内游泳池……越来越多的新玩意涌入这个高原小城。

玉树州委书记文国栋说，玉树重建中民生是重中之重，全州 39 149 户城乡居民住房最先开工、最早建成，一批体现民族特色、时代特征和地域风貌的住房，在废墟上拔地而起，并实现绝大部分入住。

重建后的玉树有 245 座寺院。

2016 年 8 月 13 日"黄河十年行"到小学捐书、捐钱，这是我第 3 次到玉树。前两次分别是 2007 年和 2008 年。玉树地震后，我从媒体上和朋友圈里看到不少消息是说玉树灾后建设的速度太快了，很多民族风格都没有了。

但是"黄河十年行"在玉树时，我觉得和前两次来比，玉树新了，而且藏式建筑在我这个汉人眼里，还是满街都是的。

我问了一直陪着我们的玉树当地人——玉树市第一完小校长更尕旦周：有人说玉树发展速度太快了，应该慢一点，更多地保留一点文化，你觉得呢？

更尕旦周：这是很难取舍的东西，你说要保留原样的房子，它抗震性就差，那我们也害怕住。你说既要有抗震性，又要保留原样，人家也不能两者兼顾，国家只能选择一个，这怎么说？从抗震性上来说，生命更重要吧。你说经历过苦难的人，经历过动荡和生死离别的人，他更希望坚固一点，因为我们都害怕。现在有时候听到外面一些大的震动，我们就跑出来，心理阴影还是有，恐惧感特别强。7.6 级，如果 7.8 级，这边应该没啥可看的了。当时我把老婆、孩子全赶出来，背着我们家老太太，70 来岁，回头一看我们家房子一半没有了，到处冒黑烟，那是回头以后才害怕。二层的四间房子，两间已经塌了。

2016 年　玉树

当时把我们吓坏了，真的害怕，那时候我还在中学里当高中老师。

震后第二年，我们住的宾馆都是彩钢房，好多地方住不上，各个地方都在修房子，你经历了以后就知道没有房子住的滋味，家没了的滋味，要不要速度，你们是不理解的。

2007 年　玉树的马尼堆

2007 年　文成公主庙

更尕旦周校长说：藏族的文化跟其他民族有很多不一样的地方。我们藏族的禁忌特别多，忌讳的东西也特别多。例如，在源头，水的源头是最忌讳倒垃圾、倒药的。因为我们藏族人认为源头住的是龙神。龙神有两大功能，一个是财神，另一个是瘟神，你要是把它弄干净了，它可以给你招财进宝；如果你把它弄脏了，那就可能得瘟疫、癌症。

过去，藏族人在源头会放很多干净的东西做法事。孩子们都知道，家里大人说这里是水的源头，周边不要大小便，特别忌讳这个东西。以前我们这边都是旱厕，大小便跟江河是不通的。

现在慢慢的文化都在变。新的楼房一建，全国流行的冲水马桶，在过去这是不可想象的，但是怎么说呢？

藏族文化里圆蹄类动物不能吃，这也保护了好多的野生动物。

牛羊的蹄子是分开的，猪的蹄子也是分开的，可以吃。

圆蹄动物类有马、藏羚羊，大多数野生动物全都是圆蹄类，忌讳吃这个东西，吃这个类似吃了人肉。

所以，藏族在很早的时候就有这种忌讳，这种忌讳自然而然地、潜移默化地保护了野生动物。藏族的忌讳如果继承下来，很多野生动物都可能得到保护。

我问更尕旦周校长：我在杂多澜沧江源边上采访过一个活佛，他说藏族为什么不吃鱼，是因为牛是一个生命，那么大，可以很多人吃。鱼那么小，如果以不杀生或少杀生的观念，可以吃牛，不吃鱼，少伤害一些生命，你们是这个解释吗？

更尕旦周校长说：藏族很早就有自然崇拜，对万事万物中所有生命都认为是有灵魂、有生命的，都有生存的意义。自然崇拜，尤其是大江大河，是有龙神的，这种观念特别强，河里面的青蛙、鱼都是龙神那儿的。

更尕旦周校长问我们：不知道你们听说过没有，地震以后这里来的最早的是一批心理辅导师，叫作心理导师。结果在这儿待了半个月左右他们都走了。他们说这里的孩子不需要做心理辅导，因为这儿的孩子在地震中，哪怕被压在房子下面了他都会祈祷，他心里有佛，他心里有神。就算父母不在身旁，他马上可以宣泄出来，他可以祈祷活佛，佛祖给我保佑。这样，无形中他就得到了内心恐惧的宣泄。祈祷的过程中，他也能感觉到冥冥之中有一个神保护自己，这对于弱小的孩子来说，真是起到了保护作用。

2016 年　文成公主庙里的石刻

更尕旦周校长指着文成公主庙里的这些石刻告诉我们：你们现在摸到的是唐代的心跳，真的是唐代时刻的。

我们的祖先，不是共同的祖先吗？共同的祖先，藏汉一家亲在什么地方体现出来？在这里体现出来了。

这么多年，战争都没有破坏过！这个没有破坏过！因为在藏族心里，这是帝王家族的，藏区一定要保护吧。对于汉区来说，这又是皇家的，也不能遭受破坏。两个民族都在这里保护，所以这里文化保护得完整一点。

玉树地震后，文成公主庙损失不小。不过今天的那里又是一片辉煌。有 1 300 多年历史的文成公主庙别名“沙萨公主庙”，位于玉树市结古镇东南 25 千米的贝勒沟。这是一条大峡谷，两边的山脉不见边际，矗立在青藏高原的蓝天下，山上松柏如画、山下小河如诗。

藏式建筑的文成公主庙，紧贴百丈悬崖，风景幽静，金光闪闪的屋顶光芒四射。庙四周所有的悬崖和面积较大的石头上都刻着数不清的藏经。这可都是千年之作。

2016 年　大山里的修行

文成公主庙共 3 层，面积包括院落 600 多平方米，通高 9.6 米。庙中央供奉着大日如来佛像，该庙是一座既有唐代艺术风格，又有藏式平顶建筑特点的古式建筑。

1 300 多年来，这儿一年四季香火从不间断，酥油灯昼夜长明。前来朝拜的藏汉群众也络绎不绝，亲如一家。

相传这里是唐代藏民为纪念文成公主而建。在庙堂正上方的岩壁下，浮雕有九尊巨幅佛像。莲花座正中，是一尊高约 7.3 米的主佛像。在主佛像的两侧，各有四尊高约 4 米的侍者佛像立在小莲花座上。均雕刻精湛，造型浑朴生动，神态端庄，反映了唐代雕刻工艺的高超水平。

2007 年　唐僧晒经台

我 2007 年来时，庙里可以拍照，这次来不能拍照了。

庙内两侧墙壁上有两尊活佛画像，雕像对面壁上也有绘着竹笋、石榴、棉花、宝镜和馒头的壁画，记录了当年文成公主教当地藏族人民耕作与纺织的事迹。庙宇面临溪流背倚高山，掩映于苍松翠柏之间，是西藏佛教徒和海内外游人朝拜与游览之所。

文成公主庙地震前和地震后我看有一点是没变的，那就是峡谷口那风中的经幡。心中有信仰的人和没有的人不一样，我认为。

在文成公主庙我也点了一炷香，祈祷的是：怒江平安。

更尕旦周校长是玉树人，听他讲藏文化，那真是太过瘾了。

从玉树到文成公主庙的一路上，通天河及其支流，也就是长江的上游，两岸山的退化十分明显。

我问更尕旦周校长山上是退化，还是地震以前就这样？

更尕旦周校长认为本来就是这个样子，这是岩山，不叫退化。但是他还是说，高原草甸退化了一些，通天河的水在这里也少了。

2016 年　玉树大河里的水真的少了

与 2007 年相比，我觉得这次来玉树，大山、大江的变化是绿色少了，江水少了，河边的建筑多了，新房子多了。“黄河十年行”前六次没有来这里，还有 3 年，“黄河十年行”会将这里的生态变化与可爱的孩子们生活的变化，记录在我们书写的黄河纪事中。

2016 年 8 月 13 日，我们到玛多已经是半夜了，明天我们将离开黄河源，从玛多沿黄河走向阿尼玛卿山。

2016 年　从玉树到玛多的路上（摄影/杨剑坤）

2016 年　这里有了柏油路

八、母亲的“产房”

2016 年 8 月 14 日，我们从玛多县出发走到一片空旷的河床边。母亲的“产房”，是我脑海中一下涌出的感觉。在这样天地间孕育的孩子，心胸、意志能不宽阔和坚强吗？

走在这宁静而致远的天地间，我多想就呆呆地坐在那儿。如果再有勇气与母亲在这儿相拥相伴，尽管写不出《瓦尔登湖》那样的大作，但也能细细地描述一番这四周的山、眼前的河与地上竞相争艳的花花草草和人在一起时的表现。

2009 年经我国三江源科考队考证，依据“河源唯远”的原则，确定卡日曲为黄河源头，输送占黄河总水量 49%；沱沱河为长江源头，输送占长江总水量 25%；扎曲为澜沧江源头，输送占澜沧江总水量 15%。因此三江源地区被誉为“中华水塔”。

三江源区境内，可可西里山及唐古拉山脉横贯其间。这些山普遍在海拔 5 000～6 000 米，高大山脉的雪线以上分布有终年不化的积雪。雪山冰川广布，是中国冰川集中分布地之一。河流密布，湖泊、沼泽众多，是世界上海拔最高、面积最大、湿地类型最丰富的地区。

面积按流域分为：黄河源区面积 16.7 万平方千米，占三江源地区总面积的 46%；长江源区面积 15.9 万平方千米，占 44%；澜沧江源区面积 3.7 万平方千米，占 10%。

长江总水量的 25%、黄河总水量的 49%和澜沧江（在东南亚被称作湄公河）总水量的 15%都来自三江源地区，这里成了我国乃至亚洲的重要水源地，素有“江河源”“中华水塔”“亚洲水塔”之称。世界著名的三条江河集中发源于一个较小区域内，在世界上也绝无仅有。

三江源区河流主要分为外流河和内流河两大类，有大小约 180 条。黄河的源头段，大小湖泊近 1 800 余个（曾经有 4 000 个），湖水面积在 0.5 平方千米以上的天然湖泊有 188 个。

可是，江河流域生态环境问题，已成为中国 21 世纪可持续发展的心腹大患，而这些又与上游和江河源头地区生态退化、植被破坏密切相关。

2016 年　高原的天地间

历史上，三江源曾是水草丰美、湖泊星罗密布、野生动植物种群繁多的高原草甸区，被称为生态和生命的“净土”。现实情况却不容乐观、令人惊醒。

特别是近几十年来，由于天灾人祸等许多自然和人为的因素，整个青藏高原的生态环境已在明显恶化，形势日益严峻。位于高原腹地的“三江源”随着全球气候的变暖，冰川、雪山逐年萎缩，众多江河、湖泊和湿地缩小、干涸；沙化、水土流失的面积仍在不断扩大；荒漠化和草地退化问题日益突出；三江源区受威胁的生物物种占总类的 20%以上，远高于世界 10%～15%的平均水平，部分地区的人类已难以生存。

30 多年沧桑变化，黄河正源的星宿海已经名不符实，过去星罗棋布的美丽的湖泊风景，已经变成干涸的湖底、荒芜的戈壁；而在长江正源的姜古迪如冰川，则明显可以看到大片的冰川退缩融化。

这一切到底是因为什么？全球气候变暖是导致这些现象的直接原因吗？人类的生活生产是真正的罪魁祸首吗？

2016 年“黄河十年行”同行的专家有中科院寒区旱区环境工程研究所的韩添丁博士。

韩博士从 1987 年至今在中科院寒旱所从事科研工作，负责中科院天山冰川站水文、气象的观测研究。先后参加和主持中科院重大、国际合作、国家自然科学基金、中科院及寒旱所创新等多项科研项目。对冰川变化、冰川水文气象、冻土水文等进行了广泛研究，取得了较好的研究结果。已在中外主要学术刊物上发表学术论文 30 余篇。

韩博士在“黄河十年行”的大巴课堂上说：20 世纪六七十年代过度放牧，八九十年代草原锐减，这也是当时为什么有那么多科学家或者搞生态的人提出一定要退耕还牧或者封山育牧，或者封山育草的原因。说明过度放牧是存在的。

但是随着禁牧，那么好的牧草在那儿荒着，草原的另一种退化，成了人们的又一担心。国民生产总值 GDP 的增长包括人均产值，更多的还是国家的补贴。退耕还牧、封山育草，没有看到效益从哪里来，这是我的看法。

我们过阿尼玛卿山的时候，在那儿停留了一阵子看冰川，我也研究过冰川。尽管冰川在黄河源区能够提供的水量不是很多，但是它作为一个固体水库调解能力还是有的。最新的冰川面貌统计在阿尼玛卿山南北两河，大概有五六十座冰川，其中百分之九十几在退缩。

从冻土来说，黄河源区 5 000 米以上，基本都是冻土覆盖。从生态和水文这方面的效益来看，冻土退化的上限从高山区大概到 90 米。天气暖和的时候上面有一层融化了，到 9 月底 10 月初又把上面这一层冻结。这期间其实里头的水分是会释放出来的，也会影响到表面的草场生态，包括里头的温度变化，草场水分变化。从整个地气系统来看，它也会影响到跟大气交换的水温状况的变化，这方面现在也是一个热点，很多人在研究。

当然，对河川径流能提供多少量级的径流量，从局部上看对河流的年内变化、季度变化是有很大影响的。包括冬季径流会缓慢增大，增大的趋势天山地区是这样，其他地区研究也得出这个结论，冬季径流是增大的，春季的融雪径流是提前的。这方面的研究是初步的，对于生态的研究，有人提到包括对草皮的影响。尤其是气候变化的条件下，冻土活动层增厚了，里头可包容的水厚度增大了，作为河源区冰川径流的上游，一年提供 2%左右，已经占了黄河流域径流的 40%左右，从这个角度来看，降水的变化肯定会影响草场的变化。

包括鼠洞的影响，我这次只是从表面上看了一下，也是有影响的。以前的农业、牧业也有鼠害，现在活动层增厚、水分下渗、厚度增大，表面的水分相对以前来说减少了一些，土比较干了，所以它的活动也就更容易了。

昨天林教授问我，说冬天表面土冻住了，鼠兔到哪儿去了，不会冻死吧，我说它可能在洞里待着了，应该不会冻死，要冻死了第二年就不会有鼠害了。

总体来说，冻土的退化对草场的影响是负面的。冰川在整个河源区，所能提供的水分比例、径流比例，都是比较少的。作为一个环境气候的监测因子，我们一直在观测的并不是它能提供多少水量，而是从环境意义上来说有什么变化，这更加值得我们研究。

在大巴课堂上，有人问韩博士，我们从黄河源到玛多的路上，沿途草原的沙化非常严重，这是最近几年的事情吗？还是很长时期已经是这样了，它的原因是什么？

韩博士：那是高原荒漠地带的一种植被，本身就是那样的，跟降水的变化有关系，但关系不大。我也问了一下当地人，今年的降水比去年要少得多，冻土层底下有一层隔水板，隔水板上面的土，冬季包括春季的积雪降水，肯定是季节的反应。前期降水量如果少的话，上面水量聚集不了那么多。草原荒漠化一直就有，如果处理不当的话，有可能沙化。再加上那一年降水少的话，看着就满目疮痍了。

那同一个海拔线上，有的地方还是有草，有的地方沙漠化非常明显，为什么呢？又有人问。

韩博士：这个从地理上来讲，植被的分布和土壤与坡向的关系非常大，一个小山坡这边晒着太阳了，那边下雨，这边有冰雹，那边是雪，生态不一样植被变化就不一样。某年，某个区域，某个地点，不同的小样方，不同的坡向，不同的坡度，不同的植物类型都有影响。

问：正在沙化、正在退化的草原，能不能采取一些措施让它还草，让它有个休养。

韩博士：现在江河源的生态保护项目已经在做着了，它的恢复要有个过程。我们现在做的大项目主要是国家提出的生态文明建设。

2014 年是马年，阿尼玛卿山藏族人认为属马，这一年转一圈神山等于转了 12 圈。我也属马，2014 年我和几个发小一起转了阿尼玛卿山，是为了一种信仰，也是为了更好地了解大自然中的雪山。

阿尼玛卿雪山是雪域高原上的一座著名雪山，意为“黄河流经的大雪山爷爷”。传说它是格萨尔王的守护神。阿尼玛卿雪山西边在西宁到玉树的 214 国道上，南边在玛多到年保玉则的路上，东边在大武 3 个方向都能远眺阿尼玛卿神山，但走到它脚下最方便、最好看的路并不是人们总说的大武，而是从 214 国道上的花石峡进入。2014 年我们走的是大武。

2016 年　走在退化的河源

2016 年　远处就是阿尼玛卿雪山

对于普通游客来说，环山一周会碰上许多神奇的自然景象。在转山的过程中，阿尼玛卿雪山主峰玛卿岗日峰随着角度的变化，一次又一次以新的面貌呈现在人们面前，可以说是一步一景。晨光中雪山被金光照耀，白里见红，红中见白，雄浑壮丽，庄重宁静，神奇动人。

阿尼玛卿藏文书中意为活佛座前的最高侍者。“阿尼”是安多藏语的译音，意为先祖老翁，也含有美丽、幸福或博大无畏等意；“玛卿”的意思是黄河源头最大的山，也有雄伟壮观之意。

阿尼玛卿是一座神山，呈西东南走向，中国第二大河黄河在这来了个 180 度大拐弯后向东南流去，主峰玛卿岗日峰正在大拐弯中央。

阿尼玛卿山是昆仑山系的一条支脉，是中国对外开放的十大山峰之一。阿尼玛卿山，山势巍峨磅礴。山体由砂岩、石灰岩及花岗岩构成。阿尼玛卿山总长约 28 千米，宽约 10 千米，共有 18 座海拔 5 000 米以上的雪峰耸立在茫茫高原上，山峰冰雪连绵，终年不化。

阿尼玛卿山主峰玛卿岗日峰由 3 座海拔 6 000 米以上的峰峦组成，最高峰海拔 6 282 米。由于地势高峻，因而气候多变，冰峰雄峙，冰川面积约 126 平方千米，有冰川 57 座，是黄河流域最长最大的冰川。

阿尼玛卿冰川从克利敦康山侧面涌出，拐了一个弯向东倾斜而下。冰川上布满了黑色的冰碛石，远看冰川上有流动的痕迹，近看则完全是凝固静止的。冰川包围着阿尼玛卿山的弟弟克利敦康山，这顶白色的“帐篷”虽然没有主峰玛卿岗日山高，但是它依然气宇轩昂、英姿勃勃地伫立在高山雪原上。在耀眼的阳光下，在群山的衬托下，克利敦康山巍峨峥嵘，晶莹炫目，给我们一种雄奇的美感。

2016 年 8 月 14 日，在“黄河十年行”的大巴课堂上，贵州民族大学的颜春龙说：“黄河十年行”现在的影响力非常大。我这次来，也是希望从高校的角度来学习环保组织所组织的活动，包括所从事的伟大的公益事业，我觉得还是非常有意义的。

我非常感兴趣的主要有两个方面：一方面，环保法跟生态保护的结合程度在什么点上？NGO 和政府能不能在合作上有更好的推动？这次来亲身感受了很多，希望在接下来的几天中能够更加触动自己的思维，或者在灵魂上能够得到升华。

2014 年　细看阿尼玛卿的冰川

另一方面，民族文化从生态的角度，从文化人类学的角度，也是有着非常广阔的天地。这几天的行走，我觉得其实生态保护里隐藏了非常大的文化在里面。整个人类对所生活的山河、土地可以从很多角度、很多侧面去感悟。这个也是此行很大的收获。

2016 年　山上有人家

2016 年　黄河源区

在新加坡国大李光耀学院做研究员的吴惠娟，这次专程从新加坡赶来参加“黄河十年行”。在大巴课堂上，她既是专家，也是志愿者。

自称是菜农，又对植物有着深入了解的李秀兰，离开黄河源后高原反应在慢慢地减轻。在大巴课堂上，在大自然中，她说着说着就会激动。她说咱们人类是地球的一个孩子，只是地球妈妈的一个孩子。可是我们一说起生产粮食，就是要增加产量，要施用化肥，就不想想这样做对地球妈妈其他的孩子会有什么影响？因为我是农民，我特别地爱土地，土地是生产者，有了土地就能长东西。可是我们现在建了那么多化工厂，化工厂往河里排污，咱们的河流母亲还喘得过来气吗？

2016 年　和黄河在一起

我们讲孝顺，我们知道给我们自己的妈妈买点东西，但是我们的河流妈妈我们怎么孝顺她呢？

让我们的河流干净一点，少使化工用品，要简单生活，得给河流母亲减轻负担。对于别人，咱们不是去指指点点你哪儿做得不对，是要做出榜样让人家看。生活在黄河源的人，他们敬畏自然、爱护自然，这是我在黄河源实实在在感受到的。回到北京，我要在咱们“绿家园”每周六的“乐水行”里把在黄河源的感受讲给朋友们听。

8 月 14 日，“黄河十年行”又是深夜才到了住地班玛，明天，九曲黄河第一弯，我们能赶到吗？

九、追赶黄河九曲十八弯的落日

2016 年 8 月 15 日，“黄河十年行”从青海果洛州班玛一出发，就被车窗外的绿色引领着。黄河母亲离开了“产房”的空旷，进入了成长中的温床。

2016 年　班玛的山水

班玛县地处青川边沿，属高山地。境内山脉纵横，山峰重叠，河流交错，山大沟深。

班玛境内河流众多，主要有玛柯河、多柯河、克柯河和洛曲等河流。

玛柯河林区位于青海果洛州班玛县东南方，属于大渡河上游地区，和四川省壤塘县接壤。

班玛县自然条件优越，野生植物种类繁多，据不完全统计有 50 余科、700 余种。

曾经人们说到高原，总认为是空气稀薄、生态脆弱的地方，可是我们“黄河十年行”走了 7 年，越来越被那儿的花花草草所吸引，真多，真美。

玛柯河、多柯河一带，林业面积为 147 560 公顷，占总土地面积的 23%，灌木林地 126 108 公顷，占 85%。树种资源有木本植物 20 个科、90 余种，其中乔木树种有 4 科、10 余种，灌木树种有 16 个科、80 余种。乔木树种以云杉为优势树种，另有少量白桦、圆柏、山杨和柳树等。灌木主要有杜鹃、山生柳、高山绣线菊等。林下灌木则以小叶忍冬、峨眉蔷薇为主。

草场分为高山草甸类和山地草甸类两类，5 个亚类，7 个组，30 余个类型。放牧草场广泛分布在海拔 3 700～4 700 米的沟谷河谷滩地，山地阳坡、半阳坡、阴坡、半阴坡及高山山顶的高寒地区。草场面积 615 万亩，可利用面积 500.46 万亩。

2016 年　为河祈祷

2016 年　向河里要沙

班玛县境内野生动物资源丰富，有些是稀有动物和国家级保护动物，是我国高寒林区重要的生物种群库。野生动物分布有白唇鹿、金钱豹、雪豹、雉鹑、金雕等 11 种国家一级保护野生动物，还有棕熊、猕猴、小熊猫等 29 种国家二级保护野生动物和 10 余种省级保护动物。

当地藏族人民世世代代与自然和谐相处，所以才有了至今仍然美丽的大自然。可是，今天的大发展，今天的大开发，又让这里正在改变着。

我们到底要什么，自然的美丽，经济的丰富，还是都要？能都要吗？或者说，这其间的度应该如何掌握，这考验着今天的我们。

班玛是“三果洛”的发祥地，是果洛藏族人民的老家。全县共有藏传佛教寺院 23 座，分属三种派系，即宁玛派、噶举派、觉囊派。就果洛而言，班玛县藏传佛教寺院最多，而且大多数寺院建筑历史悠久、特色独具，藏传佛教文化在全州有一定的影响。

2016 年　班玛的寺庙与民房

班玛藏族碉楼群是中国保存最完好的藏族碉楼群落之一，分为石碉、木碉、混合碉 3 种，其中石碉最有特色。外墙全用石片砌成，按照类似榫卯的结构，大小相扣、横竖交错，使墙体受力均匀，不易裂缝、倾斜。

班玛的寺院每年举行 8 次佛事活动，其规模以藏历 3 月 1—10 日的“白玉十日”为最，有晒大佛、跳欠、演藏戏等活动，万人云集，场面宏大。

白玉寺是国内藏区享有较高盛誉的宁玛派寺院。不仅历史悠久，建筑宏伟、壮观奇特，而且收藏极丰。在佛教发展历史中有过功绩，在国内藏区颇有影响，为宗教朝觐和宗教文化旅游提供了重要场所，具有较高的旅游价值和宗教研究价值。

白玉寺始建于 1857 年，占地面积千余亩，寺院规模宏大，建筑风格独特。主要建筑有经堂、佛殿、灵塔、大型转经房等。其中大经堂可容纳 2 000 多僧人同时打坐诵经；小经堂专用于讲经，静闭修炼、辩经、历算、医学等。

2016 年　放牧

因为时间关系，“黄河十年行”只是在路上看着白玉寺远去，没能走近。

从班玛到白玉再到年保玉则，路边还能看到大自然的冰川漂砾，它们像是上苍镶嵌在黄河边的珍珠。

冰川漂砾，是由冰川搬运到很远很高地方的巨大冰碛砾石。它的粒径可达数米甚至数十米，其搬运远近以冰川规模大小而定。冰川搬运能力很强，它不仅能将冰碛物搬运到很远的距离，还能将巨大的岩块搬到很高的部位。欧洲第四纪大冰川曾把斯堪的纳维亚半岛上的巨砾搬运到远离千里之外的英国东部、德国、波兰北部和苏联东欧部分。冰川还有逆坡搬运的能力，把冰川从底处搬到高处，西藏东南部一些大型山谷冰川，把花岗岩的冰碛砾石抬举高达 200 米。具有磨圆擦痕的大漂砾，不仅是冰川流行的证据，还可用作测量冰川流向、圈定范围，追索、寻找砂矿、原生矿床的标志。

从班玛到白玉再到年保玉则的冰川是怎么形成的，形成于什么年代，我们还要再找专家问问。

“黄河十年行”经过的年保玉则，坐落在巴颜喀拉山脉东段，由于青南高原的地势和气候，仍然终年积雪，有面积约 5 平方千米的高原冰川。

传说中年保玉则整个山系有峰 3 600 座，当地的藏民叫它石头山，很多的神奇传说让石头山披上了一层神秘的面纱，被称为东方的日暮达。

年保玉则的主峰并不像很多其他雪山的主峰那样被众星捧月般鹤立在蓝天之下，它周围的山峰高度都与其接近，簇拥在一起，像片片花瓣绽放开来，只有到它的身边亲眼看过你才会知道，那是一朵圣洁美丽的雪莲花……当地牧民把它视为“神山”，其主要原因恐怕在于它的静穆秀美。

当然，主峰周围的群峰，怪石峥嵘，也增添了这个海拔高度并不十分惹眼的山峰的吸引力。

这个地区处在亚热带季风高原高峰气候区域的边缘，山麓中生长着千百年的云杉、松柏，成林蔽野，古木参天。

2016 年　山上的牦牛像草地上的黑珍珠

山脚下，野驴、野牦牛、藏羚羊、岩羊、白唇鹿、黑熊等珍贵动物，成群出没于森林草原之中。不过，对大多数旅行者来说，只在公路上行驶，这些野生动物是很难看到的。

湖内，有高原上特有的鱼类20多种。可以说，人们一到这里就会感到真正回到了大自然中。

年保玉则山系的海子据说有360多个，而久治县旅游局的实地考察统计和当地藏族老乡的说法是，较大的海子有16个，除了仙女湖、妖女湖，还有日东玛错、玛尔杂湖、玛日当湖等，星罗棋布的小海子则达300多个，为取吉祥之意称作360个。

也有传说，这是由当年进藏时经过这里的文成公主流下的思乡之泪汇聚而成的。人们相信它有3 600座山峰和360个海子，因为它是藏传佛教修行的大圆满。

2016年8月15日，“黄河十年行”一路上，感受着在青海省果洛州，在黄河从孕育到成长，陪伴黄河度过生命历程的藏族同胞所生活的天、地、人间。在这辽阔的高原上，天蓝、云白、草绿、花艳，真正地全由蜿蜒且富有旋律的河流牵于一线。

黄河流域的久治县，地处青南高原东部，境内山岭重叠，层峰起伏，巴颜喀拉山脉的年保山横贯全境，海拔在3 568～5 369米。

久治县境内河流众多，且分布均匀，主要河流有7条：马柯河、克柯河、沙柯河、哈曲、久曲、章库河及折安木库河，分属长江、黄河两大水系。

境内湖泊众多，较大的湖泊有6处，其中以希措湖最大，面积约10平方千米。

久治县也有着久远的藏传佛教文化。久治县现有藏传佛教寺院11座，有宁玛、觉囊、格鲁派等多种派系，其中宁玛寺院占大多数。久治县宁玛派寺院有7座。

8月15日，“黄河十年行”几次停车，为了那花如海，为了那石如玉，为了那山如林，为了那河如歌，为了那在大自然琴弦上奏出快乐。

2009 年　从久治到唐克的草原上

然而，正如乐队中也会出现不和谐的音符一样，今天，黄河、长江这两大水系的支流——源区，为建房挖沙，毁坏着河流的躯体，影响着河流的稳定性，影响着河流中生命体所需的营养物质。要把野生动物自由驰骋的大地围起来的铁丝网，也从在我们的视线中到收于我们的记录里，为了让时间证明它的作用到底是什么。

8 月 15 日下午，“黄河十年行”的志愿者司机、《中国周刊》总编杨剑坤着实让我们过了把瘾，追太阳。在久治吃中饭后我们决定今天傍晚要赶到唐克，去看黄河九曲第一弯的落日。

九曲黄河第一弯，距红原县城 78 千米。地处草原腹心地带，曲折的河水分割出无数河洲、小岛，水鸟翔集，被中外科学家誉为“宇宙中庄严幻影”。这里是四川省最大的草原。有人形容：你可以静坐在母亲河边用心倾听她对历史的诉说，并领略“落霞与孤鹜齐飞，秋水共长天一色”，在暮色苍茫里感悟人生长河奔腾的壮歌。

这里有四川省最大的草原，面积近 3 万平方千米，由草甸草原和沼泽组成。草原地势平坦，一望无际，人烟稀少。红军二万五千里长征曾多次通过这里，使草地声名远播海内外。

夏季是草原的黄金季节，这里天高气爽，能见度很高。天地之间，绿草如茵，繁花似锦，芳香幽幽，一望无涯。草地中星罗棋布地点缀着无数小湖泊，湖水碧蓝，小河如藤蔓把大大小小的湖泊串联起来，河水清澈见底，游鱼可数。在这里感受草地，可赏草地风光，听牧歌悠扬，垂钓黄河鱼，骑马驰骋草原……

黄河九曲第一弯有它独到的美，最美的景色是在黄昏，是在日落时分，当夕阳一点点变红朝山边落下去时，整个河谷笼罩在一片金黄之中。这时的黄河岸边碧草青青、野花遍地，如躺在草丛中、卧在花簇里，给人的感觉真的是回归大自然，使身心得到前所未有的解脱。

2009 年，我随地质学家杨勇经过这里，那次的行程非常有意思。一天里，我们跨越了三大水系：从涪江水系进入岷江水系，又从诺尔盖大草原来到黄河流域的九曲第一弯——唐克。我们追赶到了照耀在黄河九曲第一弯的最后一缕彩霞。

2009 年　黄河九曲第一弯

天下黄河九十九道弯，最美的自然景观要数第一弯和壶口瀑布。这两处景观因其在地图上恰似《周易》中阴阳太极图，故而被誉为神奇的九曲黄河立体大乾坤地图。它与藏族本教（“卍”）和藏传佛教（“卐”）的“生命轮回”或者“日月轮回”学说有异曲同工之妙。

黄河九曲第一弯发源于巴颜喀拉山（海拔 4 500 米）之黄河，流经四川省境内，在若尔盖县唐克乡索克藏寺院旁形成著名景点。黄河在此横切径为 300 米，白河横切径为 400 米。黄河于此段流程中，为四川与甘肃之界河，河西为甘肃，河东为四川。黄河自甘肃一侧来，白河自黄河第一弯弯顶汇入，形如“S”形，黄河之水犹如仙女的飘带自天边缓缓飘来，在四川边上轻轻抚了一下又转身飘回青海，故此地称九曲黄河第一弯。

2016 年“黄河十年行”，杨剑坤带着我们追上了黄河九曲第一弯的太阳。

拍黄河第一弯最好是在夕阳西下之时，登上路边的一座高坡，面向西方，“S”形的黄河在夕阳下泛着红色的磷光，而等太阳落入地平线之后的满天红霞才是拍摄的最佳时机。

2016 年　黄河九曲第一弯的塔和月亮

2009 年我到这里时，还是爬到山坡上看黄河落日，2016 年再来，这里就修了很漂亮的栈道。那次来，山上看日落的就我们几个人。这次来，看日落的人数不过来。

2009 年来，我印象很深的还有黄河边上有一座寺庙“唐克索克藏寺”和一个藏族村寨，河岸边竖有成片的经幡，给美丽的九曲黄河第一弯增添了几分神秘的气氛。

黄河九曲第一弯，也是全国三大名马河曲马的故乡。

明天“黄河十年行”要走到黄河的碌曲，那里是不是可以弥补我们在隆宝滩没有看到黑颈鹤的遗憾呢？期待中。

十、尕海的姑娘长大了

被誉为“宇宙中庄严幻影”的九曲黄河第一弯，清澈的河流水势平缓，蓝天白云，绿草繁花，帐篷炊烟，牛羊骏马，盘旋的雄鹰，如诗如画，气象万千。

2016 年 8 月 16 日，我们离开唐克时，发现唐克从我 2009 年到这来时只有一条小街，发展成了热闹非凡的街市。是旅游让这儿的发展速度如此惊人吗？

今天，没想到我们离开唐克的路，还要经过九曲黄河第一弯。在景区的大门口，我们说明是路过，昨天买门票进去过了。售票处的人就痛痛快快地给盖了章让我们通过了。

更是没有想到，我们要走的路，九曲黄河第一弯景区是必经之路。这样我们就有幸与黄河这精彩的“篇章”再一次亲密接触。

2016 年　唐克的街上

早上的黄河那么静，那么抒情，我觉得她还带着些许羞涩。

站在静静的黄河边，极目远眺这里的抒情与壮观，真的让人顿生膜拜之感，甚至觉得对人和自然有了新的感悟。

2016 年　九曲黄河的早晨

这样一个念头是突然闯入我的脑海的："行万里路，读万卷书"，此时此刻，我要把大脑腾空，放入黄河大卷。

把大脑腾空，装进黄河大卷的念头，整个早晨在我的意识里一直不断地重复、加深，久久不肯离去。

昨天追赶落日，到这儿时忙着拍日落中的黄河，没有注意到我们爬到高处看黄河的栈道竟有这么高，那么长。而且这栈道不仅引你上山，还带你下河。

在黄河的这一片湿地上，我们看到的最多的野生动物是旱獭。

说到旱獭，2011 年"黄河十年行"时，同行的中国科学院寒区旱区环境与工程研究所研究员蓝永超说："玛曲是高寒湿润性气候，年降水量达 600 多毫米，曾经滋润了大批优质牧场。近年来，随着气候变暖、过度放牧，草场出现沙化现象，鼠害十分严重。"

对此，随行的生态学家王海滨有不同意见。王海滨认为："适量的旱獭、鼠兔对草原自身循环是有好处的。一路上我们看到了不少旱獭，草场依旧很好。草场沙化和有没有鼠害是两回事。"

2016 年　上山的栈道

蓝永超立即反驳说："公路两旁并不是鼠害最严重的地方。鼠害现象是存在的，很多草场为了灭鼠，都放置了招鹰架，并放养了狐狸。"蓝永超还认为："少量的鹰和狐狸控制不了老鼠的繁殖，这些都是治标不治本之法，还是要从恢复植被入手。"

生态学家蓝永超认为："这种可爱的小动物是破坏草原植被的一大害。

它们繁殖能力超强，主要吃食草根，被它吃过草根的青草自然枯死，而且这种动物在干旱少雨季节的繁殖能力尤其强盛。”

在生态学家王海滨看来：“鼠兔的积极意义包括：鼠兔打洞，疏通土壤，增加土壤的通透性，有利于水分下渗；鼠兔可加速草原生态系统的循环。其表现为，它吃草，它的粪便、尸体可以加速营养物质循环。如果依靠草自身的循环，恐怕还要等几年，鼠兔可以令其加速。与此同时，鼠兔把草拖到洞的深处，草腐烂后，可增加土的有机质含量。还有，鼠兔的洞穴能为其他动物提供栖息的场所。”

那天，在大巴课堂上激烈的争论之余，一行人对拍摄公路两边草场上随处可见的鼠兔产生了强烈的兴趣。那毕竟也是高原上的生灵，也是高原上的野生动物，更何况它们还是那么憨态可掬。一时间，“咔咔”按相机快门的声音此起彼落。

鼠兔体型跟刚出生的小兔子一般大小，居住的洞口直径在8～10厘米。由于天敌的存在，鼠兔特别敏感，稍有动静，立刻钻进洞穴，随后探出小脑瓜左顾右盼，十分可爱。

2011年　较量（摄影/徐子沫）

2011年“黄河十年行”最小的志愿者中学生徐子沫拍摄的一个镜头，是两只高原鼠兔在打架，那副模样实在是惹人喜欢。

2016年8月10日，“黄河十年行”从青海西宁出发，从青海省果洛州玛多县进入玉树州曲麻莱县麻多乡，走进了黄河的源头约古宗列盆地。然后顺河而下，从曲麻莱黄河源第一县曲麻莱，到了长江源第一县治多，再到了玉树三江并流所在地。接着经玛多、班玛、白玉、年保玉则、久治，在唐克九曲黄河第一弯追赶上了九曲黄河第一弯的落日。一路上，天地间孕育着的黄河的湿地真美。

本来我们应该去玛曲，可是这一路上，所经之处都在修路，每天晚上都是11点、12点甚至1点多才到住地。司机太辛苦了，没办法，只好放弃玛曲到碌曲。

藏族人民结合黄河上游的地形、景观等，将上游诸河段取了很有特色的名称，如卡日曲、约古宗列曲、扎曲、星宿海、玛曲、析（赐）支、河曲、九曲、逢留大河等。

2015 年　“黄河十年行”在玛曲

藏语称“河”为“曲”。俗语说：“天下黄河九曲十八湾。”这“九曲”就是唐代对贵德以上黄河段的称呼。黄河首曲所在地玛曲县，还是整个黄河流域唯一一个以“黄河”命名的县，玛曲，藏语即黄河。

2011 年“黄河十年行”随行专家告诉我们，玛曲湿地是我国青藏高原具有极高生态价值和社会效益的大型多功能高寒湿地，是黄河重要的水源补给区，在蓄洪、涵养水源、防止水土流失等方面起着不可低估的作用。

但是，由于人为活动和自然因素的影响，玛曲生态环境逐年不断恶化，严重威胁着“黄河蓄水池”。

依据玛曲县环保局 2011 年 6 月公布的生态环境保护工作现状。玛曲县环境保护面临以下问题：

（1）草地沙化严重。

（2）湿地、森林资源萎缩，河流干涸。

（3）河岸塌方与水土流失严重，境内黄河干支流由于缺乏治理致使水蚀、风蚀、重力侵蚀现象恶性循环。

还有生物系统多样性锐减。据 20 世纪六七十年代有关资料考证，玛曲各类珍稀动物多达 230 种，现在只有 140 多种，减少了近 90 余种。

玛曲县环保局 2011 年 6 月能够公布这样的生态环境现状，让我们看到了问题的严重性。

“黄河十年行”同行的专家们一直认为，保护和恢复玛曲湿地，不仅对研究高原生态系统的变迁和演替，保存野生动植物种质的遗传多样性，以及拯救濒危物种具有独特的价值，而且有利于保持区域生态平衡的稳定。

2011 年　高原上的尕海

尽管玛曲的生态环境逐渐恶化，但玛曲的美依旧令人眷恋。这几年“黄河十年行”到那里时，即使太阳躲在云里，一行人还是一次又一次地为了拍照而叫停车。

碌曲最著名的是尕海。水面上翱翔的雁、鸭，湖边小村庄的宁静祥和，都让我们感叹着这里的韵味。

我第一次到尕海是 1993 年的 8 月。那次青藏高原行，让我知道了作为一个广播记者我以后应更多地关注什么。因为就是那次，我既看到了高原的美，也看到了我们人类对高原的破坏。

那次在尕海边的一幕，让我一辈子都不会忘记。就是前面我讲过的，一只鹤妈妈在天空中教小鹤飞翔：起飞、降落。它们飞得那么随性，可惜当时我手中拿着的是录音机而没有照相机。不过，蓝天白云中 3 只鹤的身影，刻在了我的脑海里。至今只要闭上眼睛就能看到天空中飞翔着的它们。

能在脑海里留一辈子画面，每一个人都不一样。而能一辈子留下的事儿，应该说也不会太多。

8 月是草原最美的季节，柔风夹杂着湖畔的花香扑面而来，让人心旷神怡。

尕海四面环山，三条河流注入该洼地后，与洼地泉水成为尕海湖永不枯竭的源泉。

湖的四周形成了大片的沼泽地。沼泽和草甸中成长的苔藓及蕨麻、梅花藻等多种植物，为鸟类提供了广阔的觅食点和栖息空间。

每年春末夏初，成群的白天鹅、灰雁、斑头雁、灰鹤、棕头鸥、赤麻鸭、绿翅鸭、针尾鸭、鸬鹚、草原百灵等近百种鸟类，从南方和东南亚一带飞来，在这一高原“神湖”安家、产卵、育雏。特别是国家一级保护动物黑颈鹤，一家家、一群群在这里栖息、繁殖、越夏，使其成为黑颈鹤的重要繁殖地之一。

2013 年　高原上的黑颈鹤

尕海基本不能种地，只能放牧。

2011 年我们去时发现当地百姓的生活还是挺穷的。我们随意走进一户人家，看到一位漂亮的姑娘。

聊起来知道，这个姑娘家因母亲的病生活越来越困难。过两天母亲要去做胃的大手术。就要开学了，虽然现在上学不要学费，但是去县城上学，吃、住、行还是不小的一笔钱，全家人正在为此而着急。

我们当时就凑了些钱给她，希望她能继续上学。因为他们那里没有电话，所以有两年我们没能再联系到这位姑娘。

2013 年，“黄河十年行”到尕海保护区采访。采访完后，我们把这位姑娘的照片拿给保护区的工作人员王寒月看。她说认识，不过女孩暑假出去打工了，家里还有个弟弟也在上学，我们把照片留给王寒月，希望她帮我们联系上这位女孩。

2011 年　疾病对这样的家庭来说是太大的挑战

我们回到北京后，王寒月帮我们找到了那位姑娘，姑娘给我打来电话说，妈妈的病没好，爸爸又病了要做手术。她说自己中学毕业了，想上师范却没有钱。随后我给她家寄了学费。

2013 年 9 月学校刚刚开学，姑娘打来电话说她退了师范学校。我问她为什么？她说那里的学习气氛不好，她转到了普通高中，想好好学习将来考大学。

2010 年　小小的年纪眼睛里已经有了忧愁

那年的 11 月 16 日，我正在北京“乐水行”，姑娘又打来电话。她说她家的事总是让我惦记，所以期中考试刚考完，她考得很好，一定要告诉我一下。接到姑娘电话的那一刻，我的心里别提多高兴了。

这些年，这位叫宫保吉的美丽姑娘每当放假的时候，都会给我打电话，每次告诉我的差不都是这次考试她考得不错。

2016 年 8 月 16 日，再见到的宫保吉已出落成大姑娘了。再开学就上高三了。她说本来假期要出去打工，去饭馆端盘子，挣钱。可妈妈的胃病又犯了，只好在家陪妈妈。过几天就要开学，她真的不放心妈妈。

2016 年　宫保吉和姐姐

在尕海，为了保护鸟类，住在海子边的宫保吉家和她家的邻居两年前就搬到了山脚下，远离了尕海。

2013 年我们在尕海自然保护区采访时，王寒月告诉我们，那年在尕海繁育的黑颈鹤是 60 对，而 1993 年我在尕海采访时在尕海繁育的黑颈鹤只有 20 对。

2016 年 8 月 16 日在尕海，通过宫保吉我们联系上了尕海国家级自然保护区的王寒月。

见到王寒月后，她把我们带到尕海边，我们还没下车，就远远看到一群大鸟从水面上飞起，王寒月看走了神，说是黑颈鹤。在隆宝滩、班玛、久治、年保玉则本都有可能看到黑颈鹤的地方，我们都没有看到。所以听王寒月说是黑颈鹤，全车的人都激动地往尕海边跑。

当这群大鸟停在水边的花中时，我们看清了，它们不是黑颈鹤，是斑头雁，也是高原上的一种珍稀鸟类。近距离看它们头上的那几条斑，不能不感叹造物者真的神奇！

2016 年　尕海展翅的斑头雁

王寒月说，现在尕海鸟类的种群明显增加了。只是近年的干旱，让尕海大大缩小了。

2011 年“黄河十年行”到这里时，我们知道尕海已成为尕海国家级候鸟自然保护区。那次，我们拍到了尕海里的黑颈鹤。

2013 年“黄河十年行”采访王寒月时，她告诉我们，每年四五月来这里最好。鸟从暖和的地方汇集到这里过夏、繁育。不过在尕海景区要想看到它们，也不那么容易了，因为游人太多，鹤都不知道躲到哪儿去了。

2016 年，在尕海边，王寒月说，运气好的话可以拍到黑颈鹤。

王寒月说：“保护区现在面积是 4 480 多公顷。有 100 多种鸟类。一级保护的鸟有黑颈鹤、黑鹳、大天鹅。”

王寒月说：“黑颈鹤，记得吧，上次和你们说每年有 60 多对在这里繁育。现在每年在尕海繁育的黑颈鹤有 100 多对了。”

我们问王寒月："保护区还有什么保护措施呢，除了让老百姓的家搬离海子？"

王寒月说："我们工作人员要巡湖，不让外面的人打鸟、赶鸟。以前还是有人来打鸟，现在不让打。鸟多了，可是湖面缩小了，主要是干旱，没下雨。今年海子旱下去的有 3 000 米那么宽。"

我们问：黑颈鹤增加了，大天鹅增加了，有具体增加了多少的数吗？

王寒月说："这个数据有，但是不公开。我们单位网上有，我们规定是不能随便给人的。因为什么我也不知道。所以，我们只是测好给他们发过去，不公布。"

有记者问：巡湖的交通工具是什么？

王寒月说："顺着草场走，没车。一个礼拜走两次。一天走 200 多千米、400 千米、500 千米都有。背上水、干粮。我们这个山面积大得很。"

我们问：一次能看到多少种鸟？

王寒月说："最多一次种类有 40 多种。运气好的话就更多。"

在和王寒月聊着时，水面上有一个小黑点，我们问那是什么鸟？王寒月说，那是黑颈鹤的小幼崽。

太小了，我们没有拍下来，这小小的黑点，就算是 2016 年"黄河十年行"看到的唯一一只黑颈鹤吧。

2016 年　尕海的花花草草

有些事不能强求。知道来生孩子的黑颈鹤比以前多了，让我们的记录有了变化。知道这里水面小了，我们也要记录。这就是“黄河十年行”的意义，记录黄河在 10 年间的变化，包括黄河周边的生态和人家。记录，是为了让更多的人了解母亲河、关注母亲河。让决策者在制定发展规划时，多些他们应该知道的信息和依据。

2016 年　和宫保吉在一起

在尕海湿地上，宫保吉和她姐姐一起，蹲在花中为我们唱了藏族的歌，歌声从花丛中飞向远方。

和王寒月、宫保吉说再见时，我多么希望明年再来时，能在尕海看到黑颈鹤；多么希望再来时，王寒月他们巡湖时不用再靠走，有了保护区自己的车；也希望明年宫保吉能考上自己喜欢的大学，上自己喜欢的专业，将来还能回到家乡为保护黑颈鹤做自己能做的事。

2016 年　和黑颈鹤说再见

明天，“黄河十年行”将要走过的地方，3 个小时可以领略大自然中的 5 种地形地貌。

十一、尖扎——大自然的神来之笔

2016 年 8 月 17 日，“黄河十年行”从青海同仁县出发。第 7 年“黄河十年行”已从黄河源头约古宗列顺河而下走了 7 天。

今天的黄河流域及两岸，在几个小时之内，我们可以看到大自然的多种风貌。刚刚还是鬼斧神工的雕刻，一会儿又成了荒芜的群山；刚刚还是人们种出来的大地色块，一会儿满眼望去又成了长满大树的森林。你那还在数着高山草原上的牛羊呢，地球演变的峭壁又展示在你的眼前。

2016 年　大山的阴坡和阳坡

2016 年　山形又变了

2016 年　同一片大山地貌也可以截然不同

2016 年　有了人家的大山

2016 年　有了庄稼地

2016 年　有了羊

2016 年　突然鬼斧神工又来了

2016 年　山的荒漠

2016 年　森林突然出现在眼前（摄影/杨剑坤）

有绿就有人（摄影/杨剑坤）

如果不停下来拍照，这些变化中的山貌，是可以在 3 个小时的行走空间里，不断变化着出现在我们眼前的。上面这些照片我是按照我们在大山上 6 个多小时行走的时间顺序排列的。大自然就是在这样变化着的。

黄河的这种地貌，是一本天然的第三纪以来地史教科书。它记载着第三纪以来我国青藏高原隆升事件与气候环境演化及黄河发育的历史；它“书写”着沿黄文明史；它蕴藏着地质遗迹；它融自然历史与现代文明、景观资源与新生代地史演变于一体，具有十分珍贵的科学价值。

8 月 17 日，“黄河十年行”走在这时，同行的人说，我们仿佛走进了天然的地质博物馆。我们应该办一个专门由地质学家带领着到这儿来生态旅游的项目。给关爱大自然的人讲讲这涵盖“丹霞”峰林地貌景观、新生界沉积环境和沉积构造类型，以及 3 800 万年以来的地质生态环境演化遗迹。讲讲这片既有红色砂砾岩构成，岩体表面丹红如霞，又有奇峰、方山、洞穴、峭壁的地貌；讲讲这山体如柱如塔、似壁似堡、似人如兽、形态各异在地质学研究中是如何解释的；讲讲人们在这里领悟到的大自然的鬼斧神工。

在以往的“黄河十年行”中，我们知道了丹霞纯粹是一个地理概念。它是指红色砂岩经长期风化剥离和流水侵蚀，形成孤立的山峰和陡峭的奇岩怪石，是巨厚红色砂砾岩层中垂直发育的红色山丘。它主要形成于侏罗纪至第三纪的水平或缓倾的红色地层中，以中国南方最为典型。

而西北的丹霞地貌，则始于第三纪晚期的喜马拉雅造山运动。这次沧海桑田使地下的红色地层发生倾斜和舒缓褶曲，逐渐抬升到地表，经过千万年的流水

2010 年　“垛”

2010 年　“发射”

2010 年　中国的“科罗拉多”

2016 年　大山里的开发

2016 年　大河边的建设

2016 年　大山里的口号——
像保护眼睛一样保护生态环境

冲刷和风蚀打磨，形成现在的瑰丽景色。

在我们人类修建的龙羊峡大坝周围的土林，是一种独特的流水侵蚀地貌，是由土状堆积物塑造的、成群的柱状地形，因远望如林而得名；一般出现在盆地或谷地内；是在干热气候和地面相对抬升的环境下，经暴雨径流强烈侵蚀、切割地表深厚的松散碎屑沉积物，所形成的分割破碎的地形；一般高 20 米左右，最高可至 40 米，各柱体顶部接近同一高度。

土林景区以沙沟、荒山、幽谷构成一个原始、荒凉、粗犷的远古世界，自然风光别具一格，给人一种原始的美、粗犷的美，具有很强的震撼力。

黄河土林景观为国内最大的雅丹霞土林地质景观之一，是第三系地层风化形成的土林，具有非常高的地质研究价值及特殊地貌观赏价值。它独特的景观让人流连忘返。在这样的地貌中前行，从不同的角度欣赏土林景观，带给你的都是原生态景观的震撼。

7 年来，每每走进这样的地质奇观中我都在想，这么美，这么多样的地质绝迹，知名度为什么这么低，这是好事吗？正因为知名度低，才使它少遭人类的破坏。可是，这么美的自然景观，这么丰厚的地学知识，本可让我们不仅享受自然，还可以学习自然、感悟自然。如今却只能藏在深山中。可惜吗？真的人一进来，大自然就变样了吗？

2016 年　大山里的工业文明

“黄河十年行”行走 7 年了，当第 10 年走完的时候，这样的问题能有个答案吗？

7 年了，每每就在我们惊叹着地球的奇观，希望有更多的朋友能到这里来享受大自然、学习大自然、领悟大自然时，我们人类对大自然的“动手动脚”，也不能不让我们深深地惋惜和愤慨。

难道真的像有人说的：人是唯一有力量破坏地球的动物吗？

其实，这里并不是无人区。在这里世代生存的人，有着他们自己的人与自然和谐的相处，所以才留下了这么美的自然奇观。可是，眼前的一切又不能不让人担忧，外来人对这里的开发，还能让这样的美继续多久？

2016 年　大山里的农业文明（摄影/杨剑坤）

2016 年　一户人家的大山里

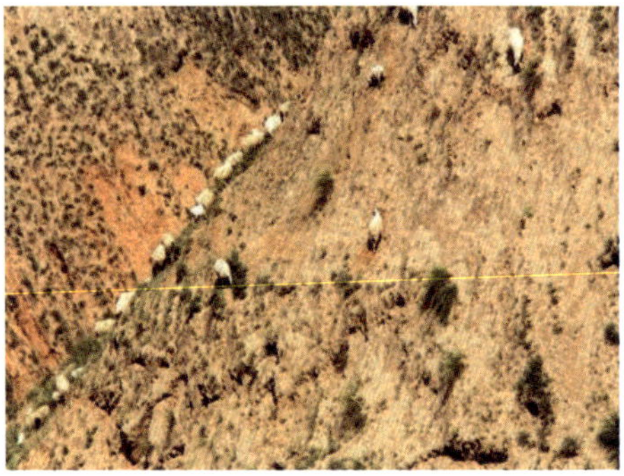

2016 年　洛巴放的羊

2016 年　明年见

2016 年 8 月 17 日，“黄河十年行”走在大山里时，群山中有一院小房子，同行的人个个又感叹，在这样的大山中一户人家怎么生活？

真巧，就在我们的车经受大山的挑战，爬坡吃力，我们下车走时，大山人家中的男人正坐在路边。

问过后我们知道他叫洛巴，藏族人，50 来岁，一个人住在大山里放羊。200 多只羊，30 头牦牛，这让他一年有 10 万元的收入。他的老婆和儿子都在县城生活。儿子在学校教书。

我们和洛巴聊天时，他养的羊就在对面的山脊上吃草。

今天，为了挣钱，这个本可以在县城里生活的男人，选择了一个人在大山里放羊的生活。

在我们看来是荒山的地方，他却认为是容易挣钱的地方。在我们看来寂寞的日子，对他来说，有钱挣这样的日子就能过。除了挣钱，他的内心深处还有什么没有告诉我们的吗？

19 世纪上半叶，美国作家梭罗独居瓦尔登湖畔的记录《瓦尔登湖》，描绘了他两年多时间里的所见、所闻和所思。大至四季交替造成的景色变化，小到两只蚂蚁的争斗，无不栩栩如生地再现于梭罗的妙笔之下，而且描写也不流于表浅，有着博物学家的精确。

瓦尔登湖的神话，代表了一种追求完美的原生态生活方式。表达了一个对我们当代人很有吸引力，也很实用的理想。有人说，这个典范在今天对我们更具有生态学意义。因为生态平衡的破坏和环境的恶化已到了相当严重的程度，许多生态学家和环境保护主义者正在致力于保护自然留给人类所剩不多的财富。因此，瓦尔登湖不再只是一个著名的美国作家梭罗在那里生活、写作和思考的具体地点，它已经成为一个象征。在瓦尔登湖这个地名之后我们发现了一种生活方式，一个人与自然的浪漫史，一种对理想的执着追求，一个具体化的自然的概念，还有人类永恒不变的希望接近自然并与自然融合的愿望。

2015 年在美国波士顿访问时，我走近了瓦尔登湖，真安静，没有什么特别，这样的湖在中国要说也多得是。一个生活在城里的人，在这样的湖边住两年，是需要一种特殊的爱与追求吗？这是我当时心里涌现出的疑问。

谁能断定洛巴就写不出《瓦尔登湖》这样的作品呢？

我们“绿家园”发起的“江河十年行”2015 年第 6 年走在怒江边时，一位记者说，有一天她会在怒江住下来，她会写一本《忧郁的怒江》。

或许现在就有自己住在这样的大山里的人，正在细细地聆听大山，琢磨着大山，以自己的方式描述大山，有滋有味地品味着大山，正在写中国版的《瓦尔登湖》呢？

《凤凰博报》的李志题是 8 月 16 日加入 2016 年“黄河十年行”队伍中的。2015 年，他也走了这段黄河边的大山。今天再次领略了大山的多样后他在大巴课堂上说：“我本人是比较喜欢西部的，这几年多次行走在内蒙古、新疆、青海、西藏，包括甘肃这一带。

2016 年　山脸

这样的地方总是让人感慨，环境这么恶劣的地方，人类还能繁衍下去，还创造了很多的文明，了不起。所以每次“黄河十年行”说来这儿，我内心都有蠢蠢欲动的感觉，都想着一定要去。2015年是从兰州一直走到源头的玛多，也是走一路拍一路。后来我发现，真的是过了好长时间做梦都能梦到在这边活动的感觉，真的是特别棒。

“当然，今天这边环境的破坏也非常严重，特别地可惜。毕竟黄河是母亲河，华夏的发源地是以这个流域为主的。保护好黄河，保护好它源头这些脆弱的生态，也是为了我们中国能够持续地发展下去。我觉得不管你的工业多么发达，如果没有了青山绿水，没有了多样的生态，发展到最后的结果都是一场空。美国已经拍了好多的灾难片，最后的结果都是人只能退缩到一个极小的活动范围内苟延残喘。现在看到的这种残破的、苍凉的自然，是一种非常痛惜和遗憾的感觉。”

《西南民族大学学报》主编吴定勇在行走了这段丰富的大山后说：“这些天的行走，我最大的感受是，对一个民族的生态的保护太重要了。我记住了玉树小学校长更尕旦周和我们说的话，藏族地区之所以生态保护得这么好，和他们的宗教、信仰，生活方式都有极大的关系。

“藏族的宗教是本教，崇信的是万物有灵，自然崇拜，他们认为大江大河都是有灵性的。就像一条龙一样，可以给你送来财富和幸福，也可以给你带来瘟疫和疾病。如果你敬畏自然，守护好水源，不给江河带来污染的话，它就可以为你带来源源不断的财富，让你生活得安居乐业。但如果你对江河不尊重，把很多污秽的东西往江河源头上扔的话，它就会变成一条带来瘟疫的恶龙，给你造成很大的灾难。”

2016年　山田

吴定勇说：“所以，藏族人对水源地保护的意识是非常强烈的。这是一个有宗教信仰的人的生活方式和生活态度。藏族全民信仰藏传佛教，佛教讲的是大慈大悲，不杀生，不过分的贪欲。他们对生活是非常容易满足的，剩余的财富都用来供奉佛，献给寺院，所以人的欲求也不是那么地贪婪。他们的生活方式不会对自然造成一种过度的攫取、过度的破坏。他们生活的地方，生态是能够得到保护的。例如，他们住的是帐篷，放牧的是牛羊，基本上没有对地球表面造成任何一种破坏。他们的建筑也不需要砖、水泥，就是一个帆布帐篷，或是用牛羊的毛织成的帐篷。还有他们的丧葬方式是一种天葬，人百岁以后干干净净地回到自然中去。不像我们内地那样到处是墓冢累累，对土地的占用或者造成地表的破坏。整个藏区我们看到非常干净，这就是它们的生活方式对藏族地区生态的保护起到的作用。这是一种文化的积淀。

藏族传统文化，就是为了适应高原生态而形成的一种传统的文化，无论是它的宗教信仰、它的生活方式、它的组织制度，还是它的风俗，无不体现出和自然和谐相处的一种文化特质，也可以说体现的是一种生存的智慧。

我们现在很多时候一定要把内地的所谓的现代化生活引进到青藏高原，那很可能对那儿的生存环境就是一种冲突、一种伤害。现在很多藏族同胞还过着游牧生活。如果他们下一代、二三十岁的年轻人不再过这种生活了，都到内地去打工，很可能就和内地人的价值观接轨了，对金钱也开始无限追逐。那种很容易得到满足、对自然非常友好的生存方式，很可能就会改变，变成毫不知足地攫取。那对青藏高原优美的生态和可爱的动植物，可都是灭顶之灾呀。

“还有，如果藏族的丧葬习俗和内地的也同化起来，那青藏高原用不了多少年就会坟冢累累，那和大草原能协调吗？

“如果藏族同胞改变了吃牛羊肉的生活习俗，开垦种植，那对藏族高原一碧千里的草地就会造成极大的破坏。

“所以我们要提倡各民族共同发展、共同繁荣、共同进步，这是没错的，但是一定要照顾到当地自然生态环境。不顾及自然的承受能力和自然的生态结构，以我们一些人的意志来强加于自然、强加于少数民族地区的老百姓，那很可能对我们的生存家园就是毁灭性的灾害。”

吴定勇还说：“这几天在青藏高原，我最重要的感受是，我们没有决策的权力，但是我们可以发出不同的声音。让我们的声音传达到决策层的耳朵里，引起他们的重视。而不要姑息武断地、完全以个人意志为转移地决策横行。

“我们要从文化上找到根源，把文化保住了，把文化的根保住了，自然才能真正地保护住。其实许多资源、智慧都融在传统文化里，但非常遗憾的是这种文化也慢慢地像冰川一样在消融。

“昨天我们就看到一个藏族老太太一手摇着转经筒，一手朝我们收费。我不是反对收费，就是看到了有冲突的两种价值观，同时在老太太的身上体现。一方面她的内心有传统文化的东西在固守着，摇着转经筒企求着一切生灵的平安；另一方面在收钱。这很小的一件事情让我们看到的是文化在消融。

“我们的公益组织，以后更大的功能应该是在做心灵生态的教化和保护。把一个人的心灵治理好了，你让他去破坏自然，让他去毁林，让他去烧山，打死他，他也不干。因为他心灵上固守着这么一片净土。

“让我们少数民族地区的民众知道自身文化的珍贵性、稀缺性，让这种文化发挥它的经济价值，把这种文化变成可持续、可谋生的手段，这是值得我们研究和探讨的。”

2016 年“黄河十年行”的大巴课堂上，一车的人为西南民族大学吴定勇的这番话鼓掌。

文化的根保住了，自然才能真正得以保护住。许多资源、智慧都融在传统文化里。让更多的人固守心灵上的净土，减缓文化传统像冰川一样消融，这是我们民间环保组织可以也应该做的事，不是吗？

8 月 17 日下午，我们走进了“黄河十年行”要用 10 年跟踪采访的 10 户人家中的一位。在那里，我们被要求检查记者证；在那里，一个村的人在马路上发生了激烈的争执。

十二、水电移民的抗争与认命

天下黄河贵德清，黄河，能清到哪去呢？

我第一次见到清澈的黄河是 1993 年，是在青海。那确实能用清澈来形容的大河之水。在贵德，“黄河十年行”7 年来，确实体会到了西北这片土地山川的大美。

2016 年　黄河在贵德

不过，2012 年和我们一起走“黄河十年行”的专家告诉我们，贵德黄河的清，是因为上游修的龙羊峡大坝。“天下黄河贵德清”，是我们国家一位前副总理的形容，当地把这句话炒作得像是一句古语似的，其实不是。不管怎么样，黄河在这儿的美，还是被来的人认同的。

贵德是青海省一个中等发达的县，隶属海南藏族自治州。从地理结构上看，贵德属于青藏高原向黄土高原过渡的多级河流阶地和盆地丘陵地貌。刚刚成形的黄河自西向东流过县境，上游是著名的龙羊峡，下游则是险隘的李家峡。悠悠黄河给贵德留下 73 千米多的弯曲痕迹，之后，才一跃而下进入李家峡，开始漫长而浑浊的激荡旅程。

如今这两个峡谷都被大坝所截断。

贵德还是一座历史古城，史书上记载，贵德正式建城在明洪武十三年，也就是公元 1380 年，万历十八年扩修，至今有 600 多年历史，城墙基本保存完好。

从目前散落在县内的古迹分析，境内有“马家窑文化”“卡约文化”“唐汪文化”“黄河文化”等早期人类文化遗产。

宫保是“黄河十年行”要用 10 年行时间跟踪采访的 10 户人家中的一家。7 年来，在我们采访的 10 户人家中，宫保给我打的电话最多。一打电话就是过不下去了，他们太腐败了，欺负人，不公平。

2016 年 3 月，他和村里另一位乡亲专门到北京告状。找到了国务院信访办。状书上写的是村领导的腐败和县乡领导怎么和村干部串通一气。

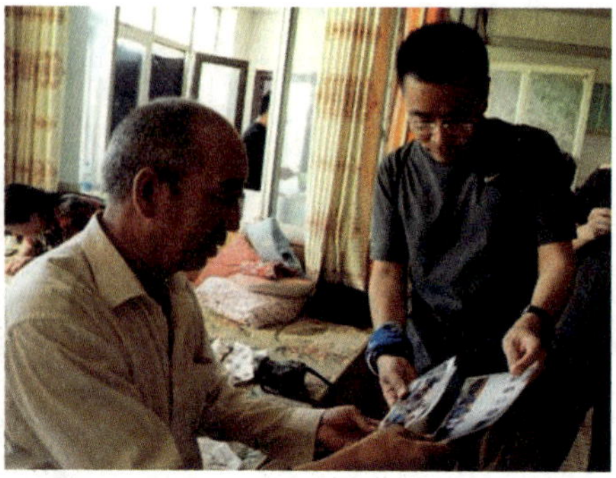
2016 年，看看这是去年在你家拍的照片

8 月 17 日，一看到宫保我就问他，上访后有什么消息吗？他说没有任何消息。我问政府也没有来找你们麻烦？他说：没有。

宫保说，8 月 10 日，他又跑省公安局去了一趟，还是没有人管。

用宫保的话说："我去上访跟个人没关系，就是因为移民村安置不公平，太不公平了！"

宫保的两个女儿都是大学毕业，大女儿原先在县财务局工作，一个月工资 800 元，没做几年就辞职出去打工了。小女儿在贵德县中学当老师，女婿在甘肃一所中学当老师，每年暑假，小女儿带着娃去夫家。

没有修龙羊峡大坝前宫保的家在山上，半农半牧。他懂电工，村里谁家的家用电器坏了他都会修。他家曾有几个粉碎机给村里人磨面，这让他家移民后盖的房子差不多是村里最漂亮的。

宫保曾是村里的支部委员，后来被撤了。宫保说，是因为他向上级反映了村干部的腐败问题，被村干部打击报复，撤销了他的支部委员。

这几年宫保给我们的举报资料归纳为以下几条：

（1）2008—2009 年，村主任在没有征得村民同意的情况下，私自挪用扶贫款 7 万余元，以村集体的名义修建了一栋楼房，账目不明。

（2）2009 年，村庄附近修路，修建公路占地赔偿款，村民共得到 5 万元，其他账目不详。

（3）关塘村老学校第一次卖掉 3 万元，第二次卖掉 8 000 元，共计 3.8 万元，这笔款项没有账目。

（4）2008年10月，村上由沙沟搬到贵德没有土地，没有搬迁费，群众要求上访。村干部每户收取100元上访费用，107户，共计10 700元，收取费用后账目不详。

（5）群众搬迁后没有土地，要求贷款。贷款金额共计120多万元，村长平均1万元贷款收取30元费用达数年之久。

（6）2009年，村里危房改造项目共计23户，均由村长亲属所拥有，其他村民没有享受国家扶持的政策优待。

（7）国家扶持的低保怎么分配，没有征得村民选举，均由村主任一手安排。

2016年　宫保女人做的活儿

（摄影/杨剑坤）

（8）村上由沙沟乡搬到贵德，人均有600元补贴，村长却虚报名额，其他村的村民也报在关塘的名额，本村人口登记上去，却有几人没有核实。

在宫保给我们的这份反映材料的最后还这样写道：贵德县沙沟乡关塘村村民请求政府领导调查核实，村里这几年来发现的问题实属偶然吗？

7年来，宫保一直向我们反映的都是村委会财务没有公开明细账，会计的账目群众也看不懂。村干部做事从不与群众商量，独断专行，群众根本不知道国家下发了什么文件，地方政府这么多的投资款项，均没有下发到村民手中，这样做根本不是共产党所为？

宫保说：“现在的农村，包括移民村，国家都会给很多项目。这些项目本可以让农民发家致富。可是在我们关塘村，这些项目的分配权和资金的使用权都由村领导掌握着。最近新的改选，会计当了书记，书记的哥哥当上会计，都是亲戚，没有人管。”

宫保每次给我打电话都会问：“你们什么时候来呀？”宫保相信在村里项目经费公开这事儿上，我们能帮上他们农民的忙。

2014 年　“黄河十年行”采访村民

信息公开，是我们“绿家园”在大力推动的事儿。中国的信息公开，如果能一个村、一个村地推进，直到法律具有足够执行力的那一天，这是“黄河十年行”的记者们在行动中的追求。遗憾的是，关塘村的问题需要我们扎下来好好地调查一下，可为此肯花时间的记者还没有找到。

2016 年 8 月 17 日，我们在宫保家采访时，在村里挂职的一位乡干部找上门来，要查我们的记者证。

这位挂职干部看了我们的记者证后说：“你们不能光听一面之词。你们要听的话每家每户我陪你们转转，听一下我们这个村里其他人的声音。”

我们问他：“这个村的矛盾这么激化，你也没有什么办法？”

这位挂职的干部说：“我的能力非常有限，我是要向乡领导汇报的，领导也经常下来。”

从宫保家出来，村子里已经有好多人聚在一起了。对于宫保说的村里评低保是三年一变动，全是村领导说了算。路边围着的有人说：是全村评的，开会你们不来怪谁呢？

在围观的群众中有村里的妇女主任。她说的是：“三年了村里啥项目都没了，本来上面是有项目给我们村的。这些项目是带着钱来的。可老打打的，现在干脆什么项目上面都不给我们了。”

在村里一堆的围观人中，我们被告之村书记和村主任也都来了。关于村务公开的问题，村领导们把我们带到贴着两张纸的墙那儿说：你们看，村子里村务、财务都是公开的。

我拉宫保一块儿看。宫保说看不懂。别说宫保看不懂，那简单的一些数据，叫谁看也是看不懂的。

村主任又强调：“大会上讲过。”

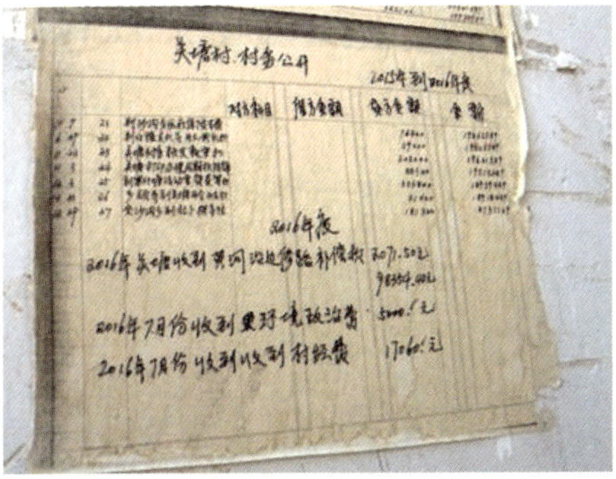

2016 年　村里的村务公开

2016 年　村里的财务公开

“全部是屁话，根本就没有公开过，”宫保气愤地回应。

这时村里围上来的人越来越多。关于账目问题，村里的会计说我可以查他们的账。我说我又不知道你们都有什么账，怎么查呢，他坚持让我查。

我答应了，没想到账不在村委会而是在他家里。我们到了村会计家的院子里，他拿出一摞发票让我们看，但说不能拍照。

这摞发票中有一张宫保作为村纪检人签了字的发票，金额是 24 元。

指着这张发票，这位村领导非常强调地说：“怎么不公开，宫保都签了字。”

我说：村里那么多账，只有一张 24 元的签了字，能说明什么问题呢？村领导坚持以这张发票证明他们的账目是公开的。

我问妇女主任：你觉得村里的矛盾是怎么回事？

妇女主任说：“我认为是村委之间和村民之间互相沟通得不好。账目上不够透明，就是这样造成的，渐渐的一点点矛盾就越来越大，就是不透明。”

我说：可是刚才村里的几个领导和一些村民都认为是很透明的，他们说每年的账目都会在这儿公示。

2016 年　宫保他们村旁路边的国家级地质公园

妇女主任说：前几年没有这种公开，从去年开始贴在这儿了。我问她，贴的你能看懂吗？妇女主任说："我也看不太懂，是会计做的账。"我说连你这个妇女主任都看不懂，那老百姓能懂吗？妇女主任说："就是。"

围观的人中有人说，这个村的人都团结，就宫保他们两人闹事。说着说着，围着的村民们的嗓门大了，脾气大了，比比画画的动作也大了。我们不能再继续采访下去。可村领导一定要拉着我们去看看村里建水塔引起纠纷的部队所在地，还打电话把部队的相关负责人叫来。

2016 年　石头下面就长树

我们去了，部队的人也来了，可这样的采访能弄清事实吗？

宫保是个精明的农民，他现在把村里别人家不种的地都包下来，种了 40 亩。宫保说，原来没有成为水库移民时，他家的地好，自己种就行了。移民到贵德这儿给的都是河滩地，地里全是石头。所以每年要雇拖拉机才能播种，一亩地一天 50 元。一亩地收成时，他要给地的主人 50 千克粮食。这样算下来，40 亩地一年也就有一万元多一点的收入。

宫保还告诉我们，现在家里的进项包括水电移民国家每个人每个月给的 50 元，一年 600 元，还有一些粮食补贴。就是种一亩地国家差不多能给七八十元的补贴，这主要是鼓励农民种地。所以宫保自己家的日子还是好过的。他之所以一直在上告，用他的话说就是看不惯这里的不公平，看不惯这里的腐败。

2016 年　黄河从宫保家门口走过

前几年我们来，宫保给我们看过村里人和他一起上告按的红手印。可现在跟着他上告的村里人说是只有一个了。像他这么执着的村里人几乎没有了，说他不好的人村里倒是有不少。

过去这个村大部分是牧民，家家住得挺分散。现在全村人集中住在前后排的平房里，天天抬头不见低头见。这样的日子，这些矛盾，移民前，相关人士想到过吗？

这样的问题，“绿家园”发起的“江河十年行”采访的 10 户人家中也有。特别是四川都江堰旁边紫坪铺大坝的移民村。在那里家家户户都关着门说话。街上碰到时往往连招呼都不打，关系十分紧张。

宫保他们村里的年轻人，也和中国其他农村的年轻人一样，外出打工了，宫保家的 3 个孩子也都在外面打工。儿子在果洛，我们去时他正好回家，开着一辆很豪华的车。家里人对宫保的上访也好，告状也好，不仅不支持还很害怕。

这次来，在宫保家，他和我说的一直都是：“我还要上北京，我不信就告不倒这些腐败分子。”

面对宫保的做法，我们“黄河十年行”的人也有分歧。村里的事真的那么复杂吗？“黄河十年行”会继续跟踪采访下去。

2016 年　贵德黄河上空月亮升起来了（摄影/李志题）

2016 年　宫保家旁边的黄河湿地

2016 年　宫保家的地也是在这样的河床里

2016 年　大山在地质的演变中，
有石、有土、有树、有庄稼

2016 年 8 月 18 日，“黄河十年行”从贵德出发。刚出来时，车窗外是大自然雕塑出来的红色群山中的“图腾”“麦垛”。没多一会儿，大冰雹就叮当地砸在了玻璃窗上，外面一片蒸腾。

8 天来，从黄河源到尖扎的丹霞地貌，都让我们领略了大自然地貌的奇观。而黄河从青海到兰州段，我们又感受到了大自然气象的多样。同样惊心动魄。

从贵德出发，今天要到达兰州，路有点长。在车窗外的大雨中，车里的大巴课堂开始了。

新加坡国立大学李光耀公共政策学院研究员吴惠鹃在大巴课堂上，望着车窗外地貌的变化，望着车窗外的风雨交加，感慨地说：‘黄河十年行’，这两天我们跋山涉水，穿越了 3 个省，从青海到四川、甘肃，然后又回到青海。从丹巴县到唐克，一路追着太阳，终于在黄河第一湾看到了非常壮美的日落。昨天我们从唐克出发，穿越了整个若尔盖大草原，再翻山越岭来到了甘肃的甘南，然后从甘南到达青海河南。这一路给我非常深的一个震撼就是大自然的美。因为之前我去过的黄河和这次看到的黄河是完全不一样的。我去的黄河是下游的黄河，你会发现人工的痕迹会非常重，除了大坝还有就是两岸的标准化大堤。人类通过各种各样的工程对河流进行水资源的综合治理和开发。

“在上游，我们看到的黄河是完全不一样的，自由流淌的大河让人感受到的是一种非常强大的生命力。上游的黄河孕育了整个黄河上游流域的生态多样性，我们沿途还看到了非常多的野生动物。

“在尕海自然保护区我和做鸟类保护工作的当地人王寒月进行了比较深入的聊天。她说在近 10 年的时间里，尕海鸟类的数量和种类都得到了很大的提高。之前有好多来打猎打鸟的人，那时没有相应的监管措施。现在建立了自然保护区，有了很多的巡逻员。鸟儿在鸟类的天堂里面得到了自然的繁衍。

“相比生态多样性，王寒月说我们发现近年整个湖的水量都是偏少的。上游非常干旱，降雨量很低，以至于水位无论是湿地还是湖泊都比以前低了很多，包括整个河流的水位，很多河床都干了。这可能是由于今年的拉尼娜现象，降雨量偏少，另外从历史的角度，在气候的大规律里面今年是一个小年，这还需要再继续多做一定的研究。”

吴惠鹃还说：除此之外，一个很深的感受是发展的不均衡。我们去的一些村子不仅基础设施落后，有的生活水平还非常低。我们经过的很多小镇几乎是没有公共卫生设施的。村民家里只有非常简陋的厕所，甚至不是每家每户有自己的厕所。很多与水相关的人的健康、水的健康的问题，很直观地暴露在我们的眼前。我觉得在我们讨论环境保护时，同时也要看到当地民众的需求，要可持续发展。我们需要思考如何权衡经济发展与环境保护，需要思考改善当地居民的基本生活条件，不只是单纯地关注生态环境的保护。

2016 年 “黄河十年行”在记录

再就是村民种的一些经济作物，没有渠道变换成现金，或是成为其他收入。我觉得环保组织、公益团体可以做到的是帮助他们脱贫，通过和外界沟通，把农产品带到外面去，实现资源的重新配置，让他们在经济上获益，能够自力更生地改善生存条件，“黄河十年行”中这样的事也要考虑到。

《西安都市晚报》记者张志杰，在经历了几天变化着的海拔、多样的生态，以及采访了生活在江源的牧民和移民村的村民后也很感慨。他说：“终于从海拔 4 000 米以上的高海拔地区下来了，心里面很轻松。回想过去两三天在高原上的经历，我确实感谢这次同行的各位老师，还有同行，谢谢你们的关心。

“这几天我每天都在思考，因为我这次是带着任务出来的，每天要写一定的文字发表在我们《西安晚报》上，到今天为止我连着 5 天已经写了 5 000 多字的文章。因为网络信号的问题，我也没有转到咱们群里让大家看，但每一篇文字都经过了深深的思考。是在车上一路颠簸着，用手机一个字一个字敲出来的。”

2016 年　原汁原味的河边

2016 年　演化中的大自然

2016 年　地质的年轮

2016 年　自然与人

咱们挺进黄河源的时候，我写的侧重于黄河源的见闻，包括已经走进黄河源 7 次的汪永晨对黄河源变化的感触、思考。

第二天我又把重点集中在黄河源人的身上，黄河源第一小学的师生们，我觉得保护大好河山未来的希望，应该是寄托在这些师生们身上。

第二天我在思考的还有黄河源区的围栏计划，也就是把牧民迁居到城镇，给他们盖安置房，改变他们以往放牧的生活方式。一个政策是不是符合当地大的环境，这很重要。我们看到的实际情况是，野生动物增多了，家养的牦牛、羊确少了。这样比例的改变，符合大自然的平衡吗？

还有，从若尔盖的黄河湿地沿途 80 多千米的景区，我也发现了不少问题。例如，湿地景区人为的改变、湿地的萎缩、游客的增多，这些无疑都在影响着黄河生态的改变。

黄河从河源至贵德，多系山岭及草地高原，属青藏高原，海拔均在 3 000 米以上，源头河谷地海拔 4 200 米，河源段河谷两岸地形平缓，

2016 年　黄河三峡之一刘家峡

2016 年　刘家峡大坝

2016 年　人类利用了黄河水之后

排水不畅，形成大面积沼泽地、湖泊。

自青海龙羊峡经甘肃刘家峡至宁夏青铜峡的峡谷段，黄河被我们人类认为水能资源丰富，建了很多大坝，黄河开始有了人为的干扰。

在宁夏、内蒙古境内，黄河流经平缓的地形区，水流平缓，气候干旱，加上宁夏平原、河套平原大量引水灌溉，水量有所减少。河口镇至河南孟津为中游，流经黄土高原，接纳了汾河、渭河等支流，水量增加，特别是河水含沙量大增（90%黄河泥沙来于此）。

研究黄河的人有这样的形容：黄河年平均产 16 亿吨的泥沙，如果筑成宽 1 米、高 1 米的城墙，长度相当于地球与月球之间的间隔的 3 倍，相当于赤道长度的 27 倍。

刘家峡与同在永靖县境内的炳灵峡、盐锅峡一起被称为“黄河三峡”。这里位于黄土高原与青藏高原的过渡地带，地形复杂，很容易发生水土流失。

刘家峡这里的黄河已经成了水库。

刘家峡第一次建设时是苏联援建期间，中国和苏联专家一起建设后因历史问题，大批苏联援建撤走，并带走了所有的设计图纸，使后续工程无法开展。

后由毛泽东同志决定自己设计、自己施工、自己建造，炸毁之前的未完工电站。据说，当时刘家峡水电站的造价为 2 亿元人民币（20 世纪 60 年代）。

刘家峡水库之大，直线距离需要机动船跑两个多小时。刘家峡电站刚建的时候，没有把水土流失治理作为重点，20 世纪 90 年代，库区发生严重淤积。

2016 年　黄河在刘家峡，转了一个 90°急弯

20 世纪 90 年代末，政府在黄土高原大力推行退耕还林、退耕还草，水土流失得到一定的控制。此外，还在山坡上沿着等高线挖截水沟，一层层青草、一道道沟，看起来像是千层蛋糕。这样治理后，再遇到暴雨，雨水经过截水沟层层缓冲，也在一定程度上减少了水土流失。

刘家峡电站在中国知名度很高。前国家主席胡锦涛曾在这里工作过。如今，一个不起眼的小县城永靖，因一座大坝而飞速发展起来。

在库水的尽头，是洮河与黄河主干流的交汇处，远远望去，有一道蓝色与黄色的分界线。这是因为两股水流来源不同，洮河来自甘南青山中间，而黄河干流已在黄土高原行走了一段。

“黄河十年行”第一次站在山坡上拍到了洮河与黄河的交汇，但是我们拍到的交汇处并不那么泾渭分明。

从这一急弯沿黄河干流向上不远，便进入了一个由特抗风化的石英砂岩构成的嶙峋地貌区，有点像石林，但要高大得多。白色陡壁上长着些顽强的绿草和苔藓，有个陡壁上用红漆写着几个莫名其妙的字，据说是几十年前有人在那里刷标语，还没写完便绳断跌落粉身碎骨。此后再没人敢试了，看来人不一定能胜天，天人合一却是最重要的。

这片石丛中隐藏着一座炳灵寺，是凿空一座山而建的，有一个几十米高的大佛，其中更珍贵的是几个唐代和北魏时期的石窟。

2010 年“黄河十年行”第一年看到这段黄河时，那里早就成了高峡出平湖，没有了激流，没有了个性，和所有水库一样。看起来颜色倒也是蓝绿色的，只是静止的没有了激情，甚至没有了灵性。

2015 年“黄河十年行”时，跟踪 10 年采访的刘家峡水电移民王玉发告诉我们，当地人都说，过去大坝水库有 150 米深，现在不足 80 米了。这让他们不知道水库有一天是不是会被泥水堆满。

2015 年　成了水库的刘家峡

2015 年同行的黄河水利专家蒋超对当地人的这一说法有点质疑，他认为这里来沙不多。

网上对这个问题的介绍是这样的：刘家峡水库由于每年都有大量的泥沙淤积于水库中，整个水库的实际有效库容已由建坝时的 57 亿立方米减少到 42 亿立方米，损失库容 15 亿立方米，严重地威胁着水电站的正常运行和使用寿命。

为了刘家峡的发展，这里的农民曾做出很大牺牲。20 世纪 60 年代，水库建设时，原本世世代代生活在黄河边峡谷平地中的一个村庄被迁往别处。有少数不愿离开这里的人，家被迁到了大山上。即使后来有了母亲水窖，可那点水也难以维系他们的日常生活。退耕还林、退耕还草的政策施行以后，他们开荒开出来的耕地被退耕还林了，只能在坡度平缓的地方修一点梯田。

“黄河十年行”第 1 年到刘家峡大坝时，一下车，景区门口就有几个司机上来拉客。与他们聊了一会儿以后，得知他们都是刘家峡水库移民。其中一位名叫王玉发，他的情况比较特殊。事情是这样的，虽然当年水库淹了他家的地，但是他家却没有得到任何移民补偿款。

2010 年　“黄河十年行”的记录

我们想弄清楚原因，就把他家定为“黄河十年行”定点跟踪的人家了。

王玉发家之所以没有得到水电移民的补偿，是因为地被淹时他们家没有分家，补偿给了当时家里的老大，他的大伯。他的父亲后来带着他们几个孩子上山开荒，日子过得也还行。

2010 年　家在大山中

2005 年国家每年给每一个水电移民一年 600 元补偿。王玉发家开始为自己的移民身份而努力。他也希望“黄河十年行”能帮助到他们一家。

2013 年，“黄河十年行”见到王玉发时，他告诉我们，原本该给的移民款虽然还是没有给他们，但现在他也不想争了，因为争了也没用，还是挣钱养家要紧。

2013年，王玉发家刚刚贷款16万元，买了条20万元的船，做起了拉游客去炳灵寺的生意。修了刘家峡大坝后，去炳灵寺只能坐船了。

王玉发的妻子这几年夏天都去新疆摘棉花，去一次一个多月能挣1万多元。

王玉发说，他们家5年前也是靠借钱买的面包车，这些年拉活把借的钱刚刚还上。可家里的开支太大，孩子在县城上学一个月要花1 000多元。开出租也不能每天回家，夫妻两人也要另外租房住。买了船后，开船一年能挣3万元，而开出租车只能挣1万元。

2016年　在王玉发家的院子里采访

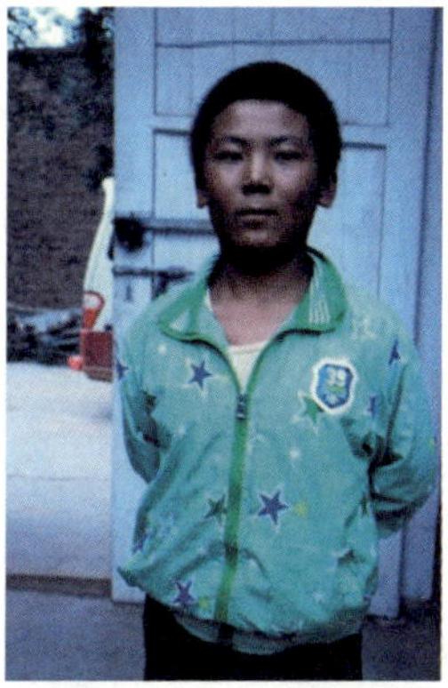

2016年　王玉发的儿子

2016年“黄河十年行”采访王玉发时，他对找回水电移民身份更是不想再提了。

王玉发说这两年花椒卖价不错，他们把家里的一亩多地，加上又在山上开了两亩地都种上了花椒。

这两年，家里种的花椒能卖2万元，水库里开船没有一开始想象的挣得那么多，但也能挣2万多元，开车送人上下班挣1万元。一年总共收入能有5万多元、日常开支2万多元，主要还是儿子在县城读中学要租房子住。一年除了正常开销能剩余2万多元。

离开王玉发家时天已经快黑了。他们家自己种的没有上过化肥的小西红柿真好吃，我们一伙人连吃带装的干掉了一大盆。中国农民的认命和吃苦耐劳，让我们可以想象的真的很多。

宫保对村里不公现象的抗争，王玉发对当不上水电移民的认命，这或许就是中国农民现状的缩影。

十三、羊倌带我们走进永泰古城

2016 年 8 月 19 日，“黄河十年行”离开兰州走向宁夏的中卫。

今天，2016 年“黄河十年行”队伍中加入了一位重量级的社会学家——中国社会科学院研究员黄纪苏。黄纪苏现任《国际社会科学杂志》副主编，著有剧本《无政府主义者属意外死亡，左派艺术家属意中死亡》《切·格瓦拉》《我们走在大路上》《猫和老鼠的故事》等。他的加入，无疑对我们从社会学的角度审视黄河沿岸的自然与人、自然与社会有了更深入的解读和更专业的记录。

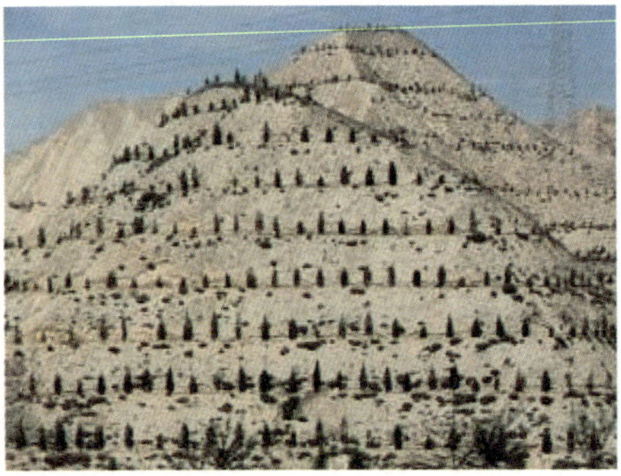

2011 年　是种树，还是种“数”

2011 年　大山的本色和人为“涂”上的色彩

2016 年　对大山的修理

2016 年　大山在沙化中

2015 年　有多少黄河水能在大山上这样地喷

兰州机场路，“黄河十年行”几乎每年都要路过。这些年我们一直在跟踪拍摄那里的种大山。前些年这些种的“树”还有写着“记者林”“市长林”的牌子，现在都没有了。

2011 年“黄河十年行”的生态专家王海滨说：“为了给路过机场高速公路两旁的客人留下好印象，很多单位包片植树，将一片片四季常绿的针叶林种植在道路两侧的山上。其实这些针叶林并不是本土植物，要靠浇大量的水来维持。本土植物长期生长在本地，形成了一层生态保护壳，一旦外来物种代替本地物种，就会随之破坏这层保护壳。本地植物难以生长，外来植物一旦供水接济不上死去，就会造成地表裸露。”

对此，“黄河十年行”的领队赵连石也说：“植物的驯化需要几代甚至几十代的时间，本地植物是最好的选择。以外来物种来代替本土物种，可能导致当地生态系统发生混乱。”

“黄河十年行”中，听到生态学家的这番话，我想以后再和兰州人说起这片山时，一定要把专家的观点、专家的理论依据，告诉更多的当地人，特别是决策者。

同样是种大山，循化大山里被我们称为山民的当地老乡，他们种出的是大山的色块，像艺术作品。而自认为有文化、有钱的人，为什么就把大山种出的模样这么惨。

大巴课堂上，看到这样不同的对大山的保护与利用，同行者说，有关部门是好心办坏事！这种违背自然规律的做法，既破坏了生态，又破坏了政府有关部门的形象，何必如此呢？

这些年每当“黄河十年行”到了兰州，带着遗憾我们也和当地人探讨过。可是除了兰州的民间环保组织“绿驼铃”的几位朋友对此也有质疑，兰州人大多都说：种还是比不种好。

8 月 19 日离开兰州后，“黄河十年行”向银川走去。路上同行的《南方周末》记者王铁庶建议我们绕道 10 千米去探访永泰古城。王铁庶说，不论是文化还是生态，这个古城都有故事可讲。

2016 年　穿着羊毡的羊倌

2016 年　牧归

把我们带进古城的是一群羊和这位羊倌。我们边拍照，边和穿着羊氅披肩赶着 600 多只羊的羊倌进了古城。

2016 年　没有人住的老房子

今天的古城里，除了有比较完整的古城墙，就是一圈土墙断垣和旧屋的残壁。从那依稀还有模样的城门楼来看，当年固守这里是有一定的防御能力的。

2016 年　土城墙

永泰古城在甘肃景泰县寺滩乡，修筑于明万历三十六年（1608 年），距今已有 400 多年的历史，是明政府为防御北方的少数民族入侵而修建的。建成后即成为军事要塞，兰州参将就驻扎在这个城堡内。当时，城内驻有士兵 2 000 多人，马队 500 人，附属设有火药场、草料场、磨坊、马场等机构。

城墙上有炮台 12 座、城楼 4 座，城下有瓮城、护城河，城南北两侧分别指向兰州和长城方向建有绵延数十里的烽火台。如此完备的设计，堪称中国古代军事要塞教科书式的典范之作。

2016 年　城门

古城城围周长 1.7 千米，城围有护城河。古城四面有 4 个瓮城，形似龟的肩足，保存尚好，只是瓮城上的建筑已不存在。护城河也不见踪影。

2016 年　古城里

2016 年　老房墙

2016 年　老门

城墙由黄土夯筑而成，墙高 12 米，城基厚 6 米，占地面积 318 亩。整个城平面呈椭圆形，城门向南开，外筑甬门。外门叫“永宁门”，内门叫“永泰门”，门稍偏西，形似龟头。四面筑有瓮城，形似龟爪。城北有 5 座烽火台渐次远去，形似龟尾。

据史书记载，当年城周有护城河，宽约 6 米，深 1～2.5 米。整个城池形状酷似乌龟，故名“龟城”。

城内有军事机构，察院一条街，城墙内边修有马道，围城墙一周，城墙上有射击垛口，城南有太极圆池（汲海、涝池）。

可是，今天走进去，没有人讲解，是看不出什么是什么的。

网上介绍说，目前这些军事设施痕迹尚存，除了居民为通行方便和取土造房而拆落的部分城墙，还完整地保存着大部分城墙、城门。城内还保留着两座清代民居，以及一所建于民国时期的小学校。20 世纪 50 年代村里还有 30 多个姓，1 300 多人，那时城外的草原和树木还相当繁茂。

2016 年　古城里干干净净

2016 年　老戏台

2016 年　保存尚完整

2016 年　老样式依存

2016 年　还有当年的遗风

2016 年　一眼望去可遥想过去

网上有文说：永泰说是古城，其实就是一个自然村。南依老虎山，东北接永泰川，西临大砂河的永泰古城。虽然一度为河西走廊东端门户，但最近几十年，已经濒临灭顶之灾。这和生态遭破坏有着极大的关系。

2016 年　今天老小学里的孩子（摄影/杨剑坤）

1953 年国家开始大规模搞建设，后来又是破四旧立四新。到了 1958 年，全国开始大炼钢铁，永泰城里 100 多棵大树被尽数砍伐，城里明清时期的庙宇高楼，也被一拆而空……

有人从永泰县城出发，尽管已经到了 3 月底，枯黄的土地上却没有一点生机。一阵大风过后，黄土卷起的烟尘弥漫在田野里。我们“黄河十年行”走到这儿，拍到了一片风电的大架子。可见这里的风能资源是丰富的。

由于连年干旱，生活在城里的居民为了谋求生计，都已经陆续搬迁离去，解放初期的 1 000 多户人家，已大衰减，据说还有 80 户左右。

2016 年　古城外的风能发电

昔日，城外的草原和树木相当繁茂。今天墙外如荒滩戈壁。昔日，城内“酒肆商行，旗幌昭然；茶亭饭馆，四时飘香”，今天繁华不复存在。

网上还有记载，永泰古城周围近几十年来生态恶化严重，水资源匮乏、土地沙化和盐渍化、森林覆盖率急剧下降。不断恶化的环境迫使城中的居民不得不向外界转移。

我们在古城里听到的是："连年干旱之后，村里的年轻人搬到有水的地方去住了，留下的都是老弱病残。"

有人采访过今年63岁的永泰小学校长李崇仁。采访中得知前几年他退休后，当起了文保员和旅游宣传员。

李崇仁是永泰古城的老住户。有记者采访他时，他说："我小的时候，永泰城内有许多古树名木，城墙外面有护城河，城后面的松山上还有大森林，人们还在山上砍柴。也就是最近这20年，山上的树差不多砍完了，再后来由于连年干旱，树也没再长起来。"

在李崇仁的记忆中，古城变化最大的是气候。"这几年从9月开始，直到第二年5月，几乎是大风不断，近年来风沙更严重了。"记者采访李崇仁时他还说："小时候永泰城的风沙从没这么大。其次是雨水少了，我小时候古城雨水好，村里种的

2016年　枯树老房

庄稼能长一胳膊长。近年来几乎不见雨，种的庄稼只有一尺高。”

大约 8 年前，政府将黄河水用水渠引到了离古城 10 千米的地方，并鼓励古城的人们搬迁到水渠边的移民点居住，几年间许多人陆续搬走。

2016 年　好奇

2016 年　难得一见的村娃洗脚

2016 年　煤气灶炒菜

2016 年　打工是挣个零花钱

8 月 19 日，我们随羊走进古城时，正是一群一群羊回家的时候。一群羊少则四五百只，多则六七百只，随便走进一家，屋里屋外干干净净。

一户小院内小童在洗脚，奶奶在做饭，炒那盘地三鲜的是电炉，煮饭的是煤气灶。女主人说他们是靠天吃饭。

路上遇到一位妇女，她说自己在兰州打工。村里地也种着，收成好时一亩地收 100 多千克粮食。

这位妇女告诉我们，现在古城里家家养猪，过年时杀大猪。生活不错。政府现在给他们退耕还牧的钱。新农合、养老保险让他们生活过得也算踏实。打工是挣个零花钱。

2016 年　饱了

一个站在院门口的小姑娘两岁多吧，我蹲下来问她，吃晚饭了吗？她想了想说："饱了。"

饱了！古城的生活用我们今天的眼光看是不富裕的，但干干净净、安安静静。这或许不是我们要的生活，但不代表也不是他们要的生活。

我们进古城时，城墙边有几个人在做着修复城墙的活儿。路边有一个大牌子画的是整修图。看来是在为旅游做着准备，因为凭古城里现有的这些人，要发展别的也不太可能。

明年"黄河十年行"再来时，古城里还会有人住吗？希望能找到真懂古城的人给我们讲讲。

2010 年"黄河十年行"第 1 年时，在沙坡头景区的路口，我们和一位正拉游客胸前挂着农家乐导游的农家乐旅店老板聊了一会儿，决定把他家定为"黄河十年行"10 户定点跟踪的人家。走黄河的 7 年里，他是"黄河十年行"跟踪采访的 10 户人家中，最乐观、生活得挺知足的一户人家的男主人。

他叫张希科，47 岁，从小就生活在中卫市迎水镇鸣钟村，人称"张石头"。

缘由是他竟能与石头“对话”。2010 年时，家里夫妻两人加两个孩子一共四口人，儿子在景区开沙漠越野车，女儿在上高中。

早先，张希科和这里的其他农民一样，以在黄河边种地为生。这里处于沙漠地带，原本可耕种的土地很少，后来有人尝试引水到沙地里种地。张希科发现，自己在沙地里竟是种什么长什么。

沙坡头旅游发展起来以后，村子搬迁，张希科和妻子两人白手起家办起了农家乐。后来沙坡头水利枢纽建设，村子再次搬迁，他们一家所得的补偿是一亩改造了的沙地，当时的补偿一亩地只给 1 000 元，一亩果园给 10 000 元。

张希科没有抱怨，而是靠苦干，没多久就盖了更大的房子，继续做他们的农家乐。我们和他聊时，他一直得意地说：我只要种，沙漠里什么都能长。

2010 年，他们的农家乐年收入为四五万元，2011 年，张希科的目标是挣到 10 万元。

2010 年，我们问张希科，现在最让他烦恼的是什么？他说，现在最让他们苦恼的是政府对农家乐的宣传力度不够，他们自己又不会利用网络宣传。旅游公司也不太愿意跟他们合作，基本都把游客拉到景区里的酒店住。

张希科说，自己并没有因此放弃努力。他和村子里做农家乐的老板几乎每天都要碰一次头，召开会议，强调每家都要维护好沙坡头农家乐的品牌，不做对游客不好的事情。

张希科说：我们这儿的农民对沙坡头旅游的发展，有着很强的品牌意识和环境保护意识。政府如果能利用好农民的积极性，这对景区的保护无疑是很有帮助的。

2016 年　看去年“黄河十年行”在他家拍的照片

2011 年，“黄河十年行”再次夜宿中卫迎水镇鸣钟村张希科家的农家院。

央视记者李路看张希科穿着白袜子，戴着蓝脖套，问他为什么这身打扮。

老张说：这样靓呗！谁都喜欢靓。说着说着，还把脖子上的脖套戴来戴去，边比画着边说：又能挡沙，又是装饰，来这旅游的人都喜欢，10 元一个，自己也就买一个戴了。

2010 年　张家的葡萄

2011 年　沙漠里的农民

2011 年“黄河十年行”采访张希科时，他显得异常兴奋。他说 2011 年农家乐的目标已接近实现，收入马上就到 10 万元了。

2011 年让张希科高兴的事，还不止这一桩，这年儿子结婚了。张希科邀请“黄河十年行”的一行人在儿子的新房看婚礼当天的录像，场面很喜庆。

新娘子陪嫁品里有一台电脑，张希科就请人为自家的农家乐做了一个网站，只是网站还没有备案，尚不能运行。

2011 年　瓜棚豆架下的早餐

2011 年　老两口和小两口

儿子结婚之后，就没再去景区开车，和儿媳妇都留在家里帮忙。

女儿2012年参加高考，差4分没有过本科线，女儿决定复读一年，一定要读所好一点的大学，去看外面的世界。

2012年　当了爷爷的张希科

2012年　张家的全家福

2012年“黄河十年行”时，我们问张希科家里的收入突破10万元了吗？他笑得合不拢嘴地说：有15万元了呢。

2012年家里又建了几间新房，总共有了18间。除自己和家人宽宽敞敞地住之外，其他都是农家小旅馆。院子里的葡萄架下，可以坐4桌游人。

和2012年我们来时相比，2013年小院的北厢花5万元，又修了一个铝合金的小客厅，可以接待2～3桌客人。用张希科的话说：如果刮风下雨，天气不好，就去客厅。天气好客人就在这个绿色小院中休息、就餐。

2013年　葡萄给他们一家带来了财富和幸福

2013年“黄河十年行”到张家的前一天，是他家葡萄园2013年正式开园。更有意思的是，张希科说昨天晚上他做梦，梦到”黄河十年行”一大队人到他家了，早上还和媳妇说起来，说摘些葡萄和西瓜，哪想到我们就真的来了。

我们在张希科家时，院子里的燕子和麻雀飞来飞去，我们好奇地问他，你家怎么有这么多小鸟，它们不吃你的水果吗？

张希科说，都是为了生存，小鸟也不容易，有小鸟是我家的福气。有小鸟吃的，才有我们吃的。我不会驱赶它们，即使它们吃我的葡萄，它们能吃多少？我不会伤害它们，这些鸟儿，你伤害了它们，既可怜，它们还会报复你的。

2013 年我们来，和每年来一样，张希科对生活充满着希望。女儿终于也考上了自己理想的大学。我们问她毕业后会回来吗？她说我总是要有我自己的追求和生活吧，不会回家来的。

2015 年“黄河十年行”到张希科家时，他很得意的是家里的收入已经超过 20 万元。小院又扩大了。

2016 年，“黄河十年行”到张希科家时天已经完全黑了。不过他家的后院又盖起了一排房，够我们 19 人住。

2013 年　张希科全家

这里可以随便盖房子吗，我们中有人问张希科。他说政府开始是放开让盖的，今年又不主张盖，但也禁不住。

这儿的农民都靠旅游吃饭，谁家不想多拉几个客呢。现在，张希科说，光是在他家周边就有 70 多户农家乐。

我们问张希科，今年家里的收入又突破了多少万元。

张希科说：今年我看下降了一些，截至目前我计划是 10 万元，几乎已经完成了。主要是现在住的人少，只吃一顿饭。今年住宿率高了，房价提不上去，因为太多了，城市里面的酒店也多。很多人还是要回酒店去住。

我们问：房价为什么低了呢？

张希科说：因为市场行情不行，游客倒是多了，消费水平稍微低了一点。开发票的、公款吃喝的是没了。前些年来吃住的，发票老不够用。

乐观的张希科好像也知道了记者采访的套路，他笑着告诉我们，今年家里的变化是又添了一个小孙女，非常健康，非常活泼，我非常爱她。虽然没有孙子没关系，我非常想得开。

张希科说：女儿大学毕业了，工作是到处都可以找到，就在工资上面看适合不适合她了。本来在一家大公司干，没多久就让她辞了，不过又找到她喜欢的工作了，明天就要去正式上班的这个工厂，一个月给她四五千元，还是连保险都买完了。

张希科说：我已经退居二线了，事业是儿子的了，他不干也得干。

我们问张希科：今年有的地方大旱，有的地方大涝，你们这儿呢？

张希科说：咱们这个地方今年还算可以，说旱也不太旱，涝也不太涝，今年还下了几场雨，比去年还好一些。

我记得去年“黄河十年行来”时，当地人都说政府会统一管起农家乐来。

张希科说：也就最近这一两年吧，说不定明年就要整体规划，因为新的旅游区大门、接待处、旅游新镇已经建好了，我们的农家乐已经包括在景区里面。说不定明年我们已经到景区里面了，但是具体的政策还没有下来，可能要统一规范化管理。

整体规划以后你担心什么吗？我们问张希科。

张希科说：没有什么可担心的，政府应该让农民得到甜头，要过好日子，他不可能让农民挣不到钱吧，我相信政府。

2016 年　拿到景区去卖一会儿这一箱就能卖完

我儿子现在养了 30 多只鸽子，他的爱好，也是一道风景，有时候客人来了宰两只吃。

在张希科家住的那个晚上他告诉我们，家里有几个标间，可以洗澡，城里人住，没有洗澡的人家不住。

第二天早上，张希科又接到电话要去接旅游团，临走他嘱咐老婆，给“黄河十年行”带上葡萄。

大环境的变化，也会影响到这沙漠里的农家乐。反腐让农家乐的发票剩下了，没用了。“黄河十年行”记录的这些小变化，是中国改革开放中不应忘记的角落。

再出发，我们就要到腾格里沙漠了，那里因我们的采访，因习近平总书记的指示，有的可是大变化。

十四、腾格里沙漠污染新篇

腾格里沙漠，在“绿家园”发起的“黄河十年行”中，无疑是一个亮点。

2011 年“黄河十年行”走到腾格里沙漠时，有一位当地的牧民在沙漠边上等了我们 7 个小时，他是在网上看到“黄河十年行”在用 10 年的时间以媒体的视角记录着黄河。他要把记者们带到他家乡的腾格里沙漠，希望那里化工企业的污染，能让更多的人看到。在他看来，自己的家乡不应该这样。

从 2011 年“黄河十年行”走进腾格里沙漠后，我们在很多大媒体上包括央视上，就开始了有关腾格里沙漠被污染的报道。不过这块“骨头”挺硬。

2014 年 8 月 29 日，“黄河十年行”第四次走进腾格里沙漠，《新京报》记者陈杰的文章和照片 9 月 6 日发表在《新京报》上、腾讯上。“十一”前，国家主席习近平就作出重要指示，要严肃处理。随后 24 位官员被查处，沙漠里 30 多家化工企业全部停工整顿。国家主席的批示，让腾格里沙漠被黑水污染，成了全国人民都知道的事儿。

2015 年，国家主席习近平批示严肃处理腾格里沙漠污染一年后，第 6 年的“黄河十年行”要进沙漠，这个曾经被倒了黑水的沙漠，这个让国家主席指示的地方，这个让全国人民关注的污染，是不是真的干净了？

在沙漠里，毋庸置疑，水是最珍贵的。其实，沙漠并不是我们传统印象中的死亡之地，而是一个充满着未解之谜的存水宝库。2012 年“黄河十年行”在腾格里沙漠牧民给我们看打水桶的绳子不到两米。

一年又一年，“黄河十年行”让我们对沙漠的认知也在一点点加深。

2012 年　腾格里沙漠里的化工污水池

2012 年　腾格里沙漠里的污水流入沙漠

2012 年　黑水倒满了一个沙丘包就埋上

2012 年　“黄河十年行”在腾格里沙漠污水池边

2012 年　在腾格里沙漠的井里打水，两米就能打出清凉的水

2013 年　央视报道后，腾格里沙漠污水的处理

2013 年　污水靠蒸发能散发吗

2015 年　国家主席习近平批示后的腾格里沙漠污水池

2015 年　“黄河十年行”在腾格里沙漠

2016 年 8 月 20 日上午，“黄河十年行”在宁夏中卫接上牧民库布岱走进腾格里沙漠。

2016 年　腾格里沙漠

因反污染曾经受了惊吓的库布岱见到我们后说：牧民认为你们真是干了大好事，太大的好事。但是你们还是别拍我，别让我上电视，让他们看到了不好。库布岱说的他们是谁，我们没有问。但后来她还是同意我们把拍的照片发在网上了。

2016 年　这是怎么了

原来，2015 年我们看到的沙漠黄了，并不是沙漠里的风把沙子刮满了黑水池，而是当地人在国家主席批示后做的处理。

2016 年 8 月 20 日，“黄河十年行”在腾格里沙漠的黑水池边，有两位记者被呛得晕了、吐了。那个味道真的是够大的。

难道处理这些污染的部门，以为污水弄走了，沙子盖上就行了吗？风是无情的，污染是无情的，人也无情吗？这样的味道，对沙漠的影响就不大吗？为什么有关部门就不再来看看他们污染的沙漠今天是什么样子了？难道环境问题的解决非要大领导说了话才管事吗？

2016 年　X——未知

在腾格里沙漠里，看着这样的“色彩”，社会学家黄纪苏建议我们做些行为艺术的表达，他认为这样可以引起更多的人和我们一起继续关注腾格里沙漠的污染。

2016 年　感叹号——人类的作为

2016 年　我们在一起

2016 年　和沙漠在一起

2016 年　另一种记录

2012 年 10 月，牧民库布岱曾带我们去看过沙漠的美。

那天，“黄河十年行”走进腾格里沙漠深处，周围都是一丛一丛的小灌木，有的还绿着，有的已经红了，忽然有个地方远远地，有一片小树林，在这里有树林就意味着有水，这就是腾格里沙漠中的著名景点水稍子，也叫响泉。

我们到了泉水边，透明的水中长满芦苇，芦苇稀疏的地方露出水底，泉水冒过的痕迹还在，但是没有冒水的。大家喊了几声忽然发现一处喷发的泉眼，也不清楚是喊出来的还是一开始没发现。只是从泉水的痕迹看，泉水的位置确实一直在变。

虽然响泉非常神奇，但是，本地的蒙古牧民并不愿意喊，他们觉得这样会惊动水神。库布岱说，这里的泉水原来可以喷得老高了，现在不行了。

腾格里沙漠中的这片绿洲叫作通湖草原。这里有一个传说，有个喇嘛在那仁湖丢了一个打水的扁桶，后来这个水桶在几十千米外今天的工业园区附近的一个湖里冲出来了。这个传说还有一些其他版本，总之牧民相信他们的脚下是一个连通的湖泊。

2012 年　腾格里沙漠里的响水湖边

2012 年　喊一声，水下就会冒泡泡

腾格里沙漠有地下海，在地质学领域早有过推论。2012 年“黄河十年行”的专家黄玉胜站在这里曾担忧地说：“哎呀！这个地下水要是污染了，可就很难恢复了！几十年、几百年这个污染都去除不掉。”

2012 年　沙漠里的骆驼已经越来越少了

2012 年我们从响泉往沙漠远处走着，通湖草原的面积逐渐宽阔，草原的中心甚至出现了一个小的峡谷，里面有一条小溪。

库布岱让我们喝一口沙漠里的水，真甜呀。沙漠里的水为什么会是甘甜的呢？

继续前行，草原的风景越来越漂亮，沙漠退到遥远的天边。我们在停车拍照的地方又发现一小片树林，进去以后看到的是一个涝坝。

2012 年　流入涝坝

2012 年　喝一口沙漠里的水

2012 年　这是沙漠里的人与自然

2012 年　沙枣

涝坝，是阿拉善地区人们利用水源的一种方式，是用一个土坝截住泉水，形成一个小湖，周围的树木生长起来形成人工湿地。我们在清澈的水边捧着泉水喝时，发现周围都是沙枣树，果实累累。大家纷纷摘起沙枣，吃得那种开心就别提了。

可是，2016 年 8 月 20 日“黄河十年行”再到这里，这条小溪干了。沙枣树也干枯了不少。库布岱说是因为旁边的林场散了，涝坝没人管护了。

2012 年我们从涝坝出来，坐在车上，库布岱突然用生涩的汉语对我们说：“为什么有的人花钱保护环境，有的人为了钱破坏环境？为什么有的人爱钱，有的人不爱？我就不爱财，我爱我的沙漠！我爱我的家。”

那次库布岱在车上唱的蒙古歌我们没有听够，于是请她带我们去她家，再给我们唱几段。她愉快地答应了。远远地看到库布岱的家，房子真小，那么大的沙漠中就她一家。

库布岱有 4 个孩子，现在都在外面工作，只有过节才轮流回来看看老人。平时只有她和老伴还生活在这里。她的老伴曾经是这里的小学校长，现在也退休了。库布岱的家在我们看来太小了，太破了。然而，这就是她爱的她的家。

2012 年　干了的小溪

2012 年　枯了的沙枣树

2012 年　听听自己唱的歌

2012 年　库布岱的家，那天翻箱倒柜没有找到钱请我们吃饭，老人很失落

2012 年　穿上蒙古旗袍，唱上一首家乡的歌

2013 年　“黄河十年行”全体在小木屋里住了一夜

2013 年　我们把在老人家吃住的钱藏在了枕头下面，老人送完我们回家发现了，追上来硬是把钱还给我们并说：不要钱，再给，就生气了

2012 年　湖水退去后长出的芒硝

2012 年　沙漠、芦苇、芒硝共存

在腾格里沙漠里白茫茫的芒硝，是我们中很多人初次见到的。带我们来的库布岱说，原来这些地方都是湖，没有水了，就长了这些芒硝。

2016 年　沙漠里的老树

芒硝是一种分布很广泛的硫酸盐矿物。芒硝在干涸的盐湖中，与石盐、石膏等共生。现代芒硝矿床产于内陆湖泊和海滨半封闭的海湾泻湖里。在干燥炎热的条件下，温度在 33℃以上蒸发时，形成无水芒硝；在 33℃以下或秋冬气温下降时，形成芒硝。世界上芒硝湖的分布，以中国和俄罗斯较多。中国主要分布在西藏、内蒙古、黑龙江、山西、吉林等省区。

芒硝在医疗上可以治疗消化不良、浮肿、水肿、乳肿、闭经、便秘。

很可惜，腾格里牧民原来挖芒硝卖给这里的一家芒硝厂，这也是他们生活中的一部分收入。可是随着化工污水流入沙漠，芒硝也被污染得不能用了。

2016 年，64 岁的库布岱和老伴养了 8 头骆驼、100 多只羊、两匹马。草原禁牧了，要是不禁，库布岱说她家那时有 2 000 只羊呢。

现在政府给每户牧民盖了一栋 60 平方米的房子，要自己盖的话给补助 4 万元。库布岱家在山上的老宅基地盖了新房。她说，我舍不得离开我们这块地方。我家旁边就是草原上的天鹅湖，我要守在这里。谁不爱自己的家呢，我们这里过去真美。沙漠里确实缺水，降水量小，蒸发量高，浅层连通的地下水资源是千百万年来大自然的积累，是人类和万物的救命水。

2016 年　沙漠里的湿地

库布岱说这话时，脸上充溢着自豪。

经我们邀请，2016 年库布岱在涝坝前用她那特有的女中音，为我们唱了两段蒙古长调。悠远、绵长……

库布岱说：今年的雨水好，雨下得好，雨下得不好的话水就往下走，水比以前少了。人有喝的，牛羊没的喝。

库布岱说：现在政府鼓励少放羊，如果不放牲口，政府一年给 1.3 万元，放牲口的给 8 000 元。像我 60 岁了养老保险一扣，政府一年给 5 000 元左右。当然必须先交够 15 年的，一年 3 350 元。交够了，就不扣了。

2016 年　目送

我们问库布岱，现在腾格里他们住的草原上，还有什么蒙古族的节日吗？库布岱说：蒙古族的节日没有了。现在跟国家的节日一模一样。那达慕、赛马节什么的政府搞，我们自己不开。敖包相会是我们自己开的，在私人的敖包，自己选的日子，一般都是夏天。意思是敬土地爷。

我们问库布岱："你觉得祖上传下来的传统到你们这代还有，到你孩子他们那代还会有什么呢？"库布岱的回答是："不知道了。"

不过库布岱说，现在她的闺女们都会唱蒙古歌，是学校老师教的。

我们要送库布岱回家，她却坚持说我们还没吃饭，饿了，硬不让送。我们只有目送她向远方的家走去。走向她离不开的那间小土房，离不开的家。

离开腾格里沙漠，经银川，"黄河十年行"就到了青铜峡。青铜峡峡谷的形成离不开大禹的功劳。

相传远古时这里是由黄河水形成的大湖，因贺兰山的阻挡而水流不畅。大禹来此，看到大河上游因湖水受阻而形成水涝，下游无水又旱情肆虐。为解救百姓苦难，这位治水英雄举起神斧，奋力开山，只听一声巨响，中间豁然出现一道峡谷，黄河之水得以疏通，下游旱情得到解除，上游也不再形成涝灾，农田滋润肥沃。

历史上有说：就在大禹劈开贺兰山的时候，满天的夕阳把牛首山青色的岩石染成了迷人的古铜色。大禹见此情景，兴致勃勃地提笔在山岩上写下了"青铜峡"

3个大字，从此这段峡谷便有了青铜峡的美名。

黄河上的青铜峡大坝

人们为了纪念大禹的功绩，就在他住过的山洞旁，修建了一座禹王庙，并写诗赞道："河流九曲汇青铜，峭壁凝晖夕阳红。疏凿传闻留禹迹，安澜名载庆朝宗。"

大禹劈山是传说，不过中国古代修的灌溉渠与堰，和现在大坝的区别是，渠、堰是因势利导，利用天然水的流量，利用水能。像都江堰，采用的就是水的天然流量，洪水时，六成水流入外江，枯水时六成水流入内江，浇灌出了"天府之国"成都。都江堰的飞沙堰还把今天水库无法解决的淤沙问题，早在2 600多年前就解决了。现代水坝的寿命百十来年，而古代先贤们修建的水利设施百年、千年至今还在用的不乏其例。

2016年，唐徕渠

黄河年平均水流量580亿立方米，仅上游地区农业灌溉就能用掉200亿立方米。所以，虽然黄河上游水流量大，但是很长时间以来，不管是政府也好，农民也好，很难从整个流域去想黄河的水还有多少，够不够用。

在缺乏节水意识的情况下，

黄河上中游流到下游的水量就很少，甚至发生过一年有 200 多天的断流。

2016 年　大管子引黄河水灌溉

现在，虽然国家对黄河流域各省份的用水进行了控制，促使上游地区不得不推行节水灌溉技术。这总算让黄河断流的情况有所缓解。

然而，由于管理成本太高、全局管理水平不高，目前黄河边农田在浇灌时，大水漫灌现象还是很普遍。

2010 年“黄河十年行”从银川市区往郊区开，到达唐徕渠。渠道边清风簌簌，垂柳依依，水资源专家王建站在渠边情不自禁地唱起了《柳堡的故事》。

从渠道的宽度和流速判断，唐徕渠可能是二级渠。中科院地理所尤联元研究员告诉大家，在宁夏，历史上灌溉渠道共分五级，最大一级是主干渠，最小一级是毛细管，其中还包括支渠、半渠和农渠。这五级渠道纵横交错，构成庞大而稠密的灌溉网系统，为宁夏平原的农田输送着水分。

站在唐徕渠道边可以看见对岸的闸门。闸门的作用是需要灌溉的时候打开闸门放水，不需要灌溉的时候放下闸门蓄水。洪水来了，干旱了，这个闸门起着关键作用。

2016 年　汉延渠

唐徕渠边，我们眼前的那片小小的环境，有大树，有芦苇，有小草。这样一片生境，让我们看到了河流的健康与丰富。从大禹治水到今天，我们先辈在与自然相处时，其实有很多非常好的经验。只是这些好的经验，有太多太多已经被我们遗忘了。

2012 年　古渠依然在迎接一天又一天的日出

2012 年　古渠连小草都留下了，而现在的大坝连大树也要砍伐

“天下黄河富宁夏”，黄河流经宁夏 12 个市县 397 千米，受益于引黄灌溉，黄灌区历来土地肥沃，水源充足。

宁夏平原早在 2 000 年前的秦、汉时代就引用黄河水灌溉，目前引黄灌区有唐徕渠、汉惠渠、汉延渠、秦渠、汉渠、惠农渠、西干渠、跃进渠等 14 条骨干灌溉渠，总长度 1 397 千米，引水能力每秒 744 立方米，年引水量 70 亿立方米，灌溉面积 21 万公顷。

唐徕渠建于唐武则天年间，后经各代整修，渠口开在宁夏青铜峡旁，经青铜峡、永宁、银川、贺兰等县向北流去，到平罗县终止，全长 322 千米，有大小渠道 500 多条，灌田 90 万亩，居银川平原 14 条大渠之首。

汉延渠修建于东汉顺帝永建四年（公元 129 年），由郭璜主持穿凿。相传它是在原来北地西渠的基础上延展而成的。

2016 年　古人修渠留下的

2016 年　大柳树下

“看河楼看河流，看河楼上看河流，河楼千古，河千古；千佛阁千佛像，千佛阁中千佛像，佛阁万年，佛像万年。”

这是“黄河十年行”在黄河边的五佛寺石窟抄下来的一段话。古人对河流的态度我们今天的人能理解吗？

今天，青铜峡大坝旁边建立了一座水利博览馆，那里展览着很多清代用的水法和乡规民约。讲解员特意告诉我们，清康熙、乾隆年间都在大拨银两兴修水利。从博览馆展出的照片中，我们也可看到当时水利设施颁布的制度。从展出的介绍看，只是到了晚清由于腐败，水利设施才有所败落。

今天呢？钱花在建大坝上的和花在修水利设施上的差距可不是一点半点。建水利设施要花钱，建大坝发电可是能赚钱的，还能从国家贷款。

十五、中国第八大淡水湖——乌梁素海

2016 年 8 月 21 日关爱江河的内蒙古朋友齐家带着几个朋友专程从包头赶到乌梁素海为我们租了船，让我们“黄河十年行”的一行人好好看看这片世界重要湿地。好好拍拍湖里自由飞翔着的鸟儿们。

“黄河十年行”，真是在以各种方式和关爱自然、关爱江河的人在一起走黄河呢！

2010 年　乌梁素海

2010 年　乌梁素海中的鸟

乌梁素海，位于内蒙古西部的乌拉特前旗境内，南望黄河，北朝阴山，总面积 293 平方千米。它的独特价值在于它是地球同纬度荒漠区最大的湿地型湖泊、我国第八大淡水湖、内蒙古第二大淡水湖，已被列为国际重要湿地名录，是很多来自北极圈的鸟类迁徙的中转站。湖中饵料充足，鱼类资源丰富，除盛产鲤鱼外，还有鲫鱼、草鱼、鲢鱼等 20 多个鱼种。芦苇、蒲草资源也很丰富。

我们上的是旅游的船，开阔的水面，芦苇荡不规则地分布其中，各种知名的和不知名的水鸟在湖面上游泳或者在空中飞过，同行的人无不为这个画面陶醉。

2016 年　乌梁素海

2016 年　海上起飞

乌梁素海是黄河改道形成的河迹湖，中国八大淡水湖之一，是全球荒漠半荒漠地区极为少见的大型草原湖泊，也是地球同一纬度最大的湿地，素有“塞外明珠”之美誉。

2002 年被国际湿地公约组织正式列为国际重要湿地名录，现在是内蒙古重要的芦苇产地。

最早的黄河沿狼山南侧的乌加河作主流东流，后因地壳隆起，黄河受阻急转南流，冲出一个较大的洼地，这就是乌梁素海的前身。以后，由于风沙东侵和狼山南侧的洪积扇不断扩展，致使河床抬高，乌加河被泥沙阻断，河水溢流到洼地形成了乌梁素海，而黄河主流被迫改由南侧东流。

乌梁素是蒙古语乌力亚素的转音；海即湖泊。《内蒙古资源大辞典》载：乌梁素蒙古语意为生长红柳的地方。

《水经注》的记载是这样的：乌梁素海原为黄河北支故道，北支（今乌加河）流经乌梁素海后与南河汇合。新构造运动使阴山山脉持续上升，后套平原相对下陷，于清道光三十年（1850 年），黄河改道南移，在乌拉山西部则留下了一个乌梁素海。当时仅在大卜尔洞、海壕两处有约 2 平方千米的河迹湖。清末，河套平原先后开浚几条大灌渠，灌溉渠道尾水汇入乌加河，流积乌梁素海。

20 世纪 30 年代，黄河数年水涨，后套多次被淹，后套灌区入海退水量大增，海子周围又修建起许多防水堤，水流不畅，海子水面逐年扩大。

1947 年，湖水淹没面积达到 800 平方千米，且由于湖堤断断续续，未经统一整修，决口频繁，形成 “水来人走，水退人回”的局面。

1949 年后，河套灌区灌溉系统经过整修，退水量受到限制，海子水位下降，两岸堤防全面加固增修，湖面趋于稳且逐渐缩小。

1965 年，海子水位 1 090 米，水域面积 470 平方千米。进入 20 世纪 70 年代，乌梁素海周边实施围湖造田，湖滨一带多垦为农田，湖区面积缩小为 250 平方千米。

1977 年，湖水持续上涨，湖区西北岸堤防决口，海子面积扩大至 290 平方千米。灌区排水系统建成后，灌溉尾水经过各级排水沟汇入乌梁素海。1977 年总排干沟建成后，年排水量增加到 3.5 亿立方米。

1980 年，乌梁素海至黄河出口疏浚，并建红圪卜排水站，扬尾水入黄河。总排干沟年排水量达到 5 亿立方米。至此，乌梁素海能够通过排水设施调节湖面水位，使湖水面积较为稳定，一般在 293 平方千米，湖面海拔 1 018.79 米。

遗憾的是，20 世纪 90 年代后，乌梁素海自然补给水量不断减少。而城市污水和工业废水排放明显增加，导致湖区面积急剧减少，生态功能严重退化，湖泊水体富营养化严重，沼泽化进程加快。

2006 年，乌梁素海再度大规模开发生态旅游区，并开始大量接待游客。

2008 年 5 月开始，乌梁素海明水区曾发生大面积“黄苔”，湖区野生鸟类的栖息生存受到极大威胁。

2010 年“黄河十年行”在乌梁素海时，领队赵连石说：“这里面临过度捕捞的威胁，从北极圈来此繁育的鸟类逐渐减少。2002 年被国际湿地公约组织正式列入国际重要湿地名录，是内蒙古重要的芦苇产地。渔民被禁止在此捕鱼，只有在保护区内工作的人才可以，鸟类才又多起来。”

2010 年，打渔

2010 年时，与旅游景区相比，

保护区内旅游设施很少，只有一两家餐厅。不过在码头停泊的几十艘汽艇，还是让我们为鸟类的生活担忧。而且要想在海子里考察，也只能乘汽艇。

一直以来，因为鸟类容易被惊吓，在鸟类自然保护区内发展旅游是很受争议的。“黄河十年行”第1年时，当地有个说法，叫作“协议保护”，即政府与企业签订协议，把保护区或保护区的一部分承包给企业。企业必须承诺，任何的开发活动都必须以保护自然资源为前提。不知这样的方法在乌梁素海奏效了没有。

我在网上找到过这样一段描绘乌梁素海的鸟的文字：

> 远看湖面，黑压压的一片，像是塘上残留的荷蒂。走近了才看清，原来都是鸟儿。黑色的是野鸭，白色的是白鹤，杂色的竟是鸳鸯。其实种类还多着呢，连当地人也说多得叫不出名字来。鸟儿看见人走近了，前面的就往后边飞去，如是一拨又一拨地飞飞停停，像跟你开着一个永远的玩笑，也跟你保持着一定的距离。这时，你会认同书上所说的：这是在全球荒漠和半荒漠地区中，为数不多的鸟类迁徙地和繁殖地。

“黄河十年行”每年走到这里，中国科学探险协会奇异珍稀动物保护协会的赵连石一定会告诉大家，这里是西鄂尔多斯，属于冈瓦纳古陆。亿万年来，地球曾出现过几次比较大的环境变迁，大批古生物相继灭绝，成了地球的过客，而西鄂尔多斯，却是地球上罕有的古生物的避难所，在几千平方千米这样相对狭小的区域内，聚集了世界上稀有及特有植物72种。

2016年　乌梁素海的鸟

2016年　横成排

赵连石说，这些植物的价值，是无法用钱来衡量的。以前没有人知道，后来有少数聪明人，依靠贩卖这些植物发了大财。

为保护这些珍稀植物，国家在此设立了自然保护区，但现在这些植物的生存环境正遭受着矿产业发展的威胁。矿产开采和厂房建设把自然保护区分裂成一个又一个碎片，而这种破碎化的环境不利于植物的繁殖。

换个地方等待

红碱淖。淖，与海子同义，在蒙古语中是湖泊之意。赵连石无不失望地告诉大家，有一种珍稀的海鸥，科学家曾经找遍全世界去寻找它的繁育地，多年未果，最后终于在我国的红碱淖发现了它，并把它命名为遗鸥，意为最后一种被遗忘的海鸥。

可是由于干旱半干旱地区蒸发量远大于降雨量，加上近年来大规模地超采地下水，红碱淖不断收缩，最终无迹可寻，而遗鸥不知是否寻到别的繁育地，或者因找不到合适的繁育地而灭绝了。

我们在乌梁素海采访海上监督管理大队的刘文斌说：监测显示，乌梁素海目前上游水体水质为Ⅴ类，入黄河的水经湿地过滤为Ⅳ类。

2010 年　红碱淖

水域生态环境恶化，不仅影响湖泊整体功能发挥，还直接威胁到黄河宁蒙段供水安全。

2016 年 8 月 21 日，天气不好，灰蒙蒙的。“黄河十年行”坐船在水面上拍照时，远看湖面，黑压压的一片，像是塘上残留的荷蒂。走近了才看清，原来都是鸟儿。鸟儿见我们船走近时，在水面上跳着脚，跑远了。

2016 年　捕鱼网旁边

阴天中的乌梁素海

捕鱼的船

2016 年　监督管理大队的刘文斌

也是一种惊扰

如果没有人的进入

显然，我们惊扰了湖中的鸟。打着记录黄河的旗号，就可以惊扰人家鸟的平静生活吗？这真的让我们很纠结。

离开乌梁素海，“黄河十年行”的大巴课堂又开始了。

凤凰网的李志题说：我觉得这几天我已经忘了时间的感觉，一直在路上奔波，又被不断切换着完全不同的景色，环境也是忽好忽坏。从尖扎到兰州以上那段大部分去年都已经走过了，今年的感觉水量有所变化，差别不太大。从贵德往西宁，一直到宁夏这边，感觉震撼还是蛮多的。

2015 年　乌梁素海水少了

一个是黄河从上游，感觉那不是黄河，就是一个个清水池子。因为所有的地方都已经被层层拦截了。往上走就是水库，水库的下面基本上没有什么水了。

腾格里沙漠的污水池，距离我们下车的地点也就 1.5 千米而已，才开始走的时候那么美丽的一片沙漠。走到里面就成了几个巨大无比的、无法想象的大池子。很难想象身临其境时的那种震撼。

其实，一下车我就感觉到有一股臭味扑鼻而来，虽然很淡，反正很不舒服，也不知道它是从哪里来的。越往里走，味道就越浓，真正走到池子边的时候，我在那儿站了一会儿实在是站不住了，恶心呕吐的感觉。

这么美的地方最后被糟蹋成这个样子，真的是非常可惜。我们走出沙漠后没多远，就是大片的湿地，还有水泡子。说明这个地方的地下水位是很高的，我们在沙漠里用手挖上 10 厘米，下面的沙子全是湿的。我以前对沙漠有一个误解，以为沙漠就是干旱，现在知道沙漠蓄水的能力还是蛮强的。下一点雨很快就渗下去了。太阳升起来之后高温，因有沙层的阻隔，水是不太容易从底下蒸发到空气当中的。所以说沙漠里的空气干燥，沙漠下面却有着很多水源甚至湖。如果污水一旦在沙漠里渗透，那污染是难以清除的。

很多时候，人类为了经济的发展，真的是鼠目寸光，现在通过污染环境获取的财富，若干年后还不知道需要消耗多大的财富来治理，也不见得能够恢复到原来的样子。

100 年以前的黄河究竟有多美，究竟有多壮观，我们已经无法想象了。

我觉得中国人是全世界表面看起来最为子孙考虑的。辛苦努力都是为了挣钱，给孩子提供一个好的教育环境，买房子，生怕孩子以后在城市里买不起房，娶不起媳妇。结果最后只是给他剩下了一个钢筋水泥的城市，原生态的风光完全没有了。包括我们今天到的乌梁素海，1949 年以前水面面积是很大的，现在的面积只剩下当初面积的 1/4 而已。

有专家预测说，可能 30～50 年以后这片海就只剩下一片盐碱地而已，已经没有那么多的水源能够保证这片海域了。想想还是蛮可惜的，今天我们有幸还能看到。说不定在我们有生之年再也看不到这片水域了。包括新疆、内蒙古很多原来水域面积挺大的地方，最后都消失了。

2013 年　高原上的大坑

2013 年　挖了的大坑旁边是这样的

社会学家黄纪苏在大巴课堂上说：我对环境问题的关注大概有 10 年了。我写过一篇文章叫《绿色环境与绿色社会》。环境问题不是一个简单的技术问题，不是一个简单的工业问题，甚至它不是一个简单的文化问题，它是人类文明问题，甚至可以说是人性问题。

中国以往 30 年大概是欲望特别膨胀的 30 年。这要归结到人类的竞争，人类的竞争有一些什么特点呢？

我们都知道，人类是从动物社会演变来的，动物社会本身就有竞争。不过，人类的竞争跟动物的竞争有一点不一样，动物的竞争它基本上是生理上的，而且这种东西它是有界限的，受制自己生理欲望的限制。例如，我这一顿饭哪怕要吃八碗炸酱面才饱，吃饱了就完了，这就是动物的竞争的特点。下一代那一顿给它找回来，要娶老婆，需要性伴侣，1 个不够，3 个、4 个有个够。人类最早也是这样，但后来我们发现从行为学、动物学，包括人类学、民族学来分析，人类的竞争跟动物竞争发生了一个特别本质的变化。

动物是生理性的，是可重复性的，且是简单重复。而人类的竞争是从动物竞争发展出来的，但开始翻番了，开始性质变了。

人类的竞争，我说是比较性竞争，我得到了那些我想要的东西，但我不以这些为最主要的目的，那以什么呢？我要跟其他人比较，你有了一辆夏利，我就得有一辆捷达，然后还有宝马、宾利，还有游艇，还有私人飞机。像南非的富翁就得坐着同步轨道的卫星去围着地球绕上两圈。

人类的竞争，就是别人达不到的，别人做不到的，我不在乎我有多少绝对量，我要的是这个相对量，我比别人多。贪官为什么有了几辈子花不完的钱他还要？为什么他们要的就没完没了？这些都构成了比较竞争的关系，简单地说就是所谓的攀比。

动物基本上是不攀比的，到了灵长类的动物有了攀比，也就开始接近人类的时候，这种东西开始出现了。

心理学通过恒河的猕猴做了一个实验，把猴子分成两组。他们想测验一下猴子的公正意识，什么叫公正意识？两组猴子，干的活不一样多，有一组猴子是干得比较好，用我们人类的话说是多劳了，就给这组猴子葡萄吃。另外一组猴子少劳了，就给黄瓜。

这样的给法，这两组猴子都相安无事，吃葡萄的高兴，吃黄瓜的也高兴。但是把实验条件改了一下，两组干的活还都是这样，一组还是多劳，另一组还是少劳，但是多劳和少劳的都给它们葡萄吃，于是多劳的那拨猴子就不干了，就造反了。

行为学家就说这就是猴子的公正意识。我们换一个角度，其实这就是我说的比较性竞争，有了这种比较意识，我跟它之间的比较，凭什么我干了这么多，它干的比我少，但是它吃的跟我一样。这种就是从低等动物向人类进化过程中一个非常重要的发展。

我们人类的历史就是这样一个一个循环、一个一个更新的东西。这可以说是人类文明发展的最基本动力。人类文明发展有没有其他动力？如创新、好奇心、审美。迄今为止，人类文明的构成，人类文明的基础和基本动力，比较性竞争，加上比较性意识，就是人类最基本的社会心理。这种社会心理如果给它推演一下，那就是等级制，不平等的社会结构，人类不平等的起源是非常古老的。

我再举一个例子，像嫉妒。嫉妒这个概念跟我讲的比较性意识，不是一回事，但是相当接近。马克思认为嫉妒是在私有制之后才发生的。我们中国的一帮专家学者甚至说嫉妒是一个文化问题，只有东方文化才有，西方文化没有，其实这些都是胡扯，都是对人类行为认知的浅薄。皮亚杰是哪个国家的？是瑞士人，近代最有名的儿童心理学家。他的认知发展理论成了这个学科的典范。他认为嫉妒，小孩是从一岁 9 个月就开始的。小孩子嫉妒的一个特点，本来妈妈没抱我也没事，但是一看到妈妈抱了别的孩子了，那他就不干了。

人类辩证意识很重要的一部分，是比较性竞争，在比较性竞争中人类要胜出。这就成了一个人类最基本的制度。人类最基本的社会关系其实就是这种比较性竞争，人类最基本的社会结构，也是由比较性竞争引出来的一个不平等的等级体制，这是人类最深刻的一个结构。我们一定要做人上人，我们要成功，成功的意思是什么？拆开来看，成功就是做人上人，我挣的比别人多，混的比别人好，娶的媳妇比别人漂亮，房子比别人大，车比别人豪华，别人没有的我有，别人有的我比他还要超过。几千年来这是人类发展的最主流。

人类提升为万物之灵，但与此同时人类又有了其他动物所没有的焦虑和痛苦。

所以，我说资源环境问题不仅仅是一个技术问题，也不仅仅是一个文化问题。不是说中国文化就如何如何，就特别厉害或者西方文化就如何如何，或者东非文化如何如何，不是，它是一个文明问题。这个问题在工业时代之前早就有。

人类对自然的索取，从狩猎文明、采集文明就已经开始了。只不过那时人类的这种改变自然、操控自然的能力非常有限。他想改变自然，没有能力。希望下雨，只能朝天磕头，大家求雨，不像今天可以朝天开炮，把云彩轰一遍，让雨下下来。农业文明是一个绿色文明吗？不是。

杜牧写的阿房宫赋有一句：蜀山兀，阿房出。就是把蜀山、四川那一带的山、森林、木头都给伐光了、伐秃了，于是阿房宫它起来了。

这就说明，农业时代的文明跟自然的关系也是索求的。我们今天说的黄河，黄河历史上一直称为害河，但是黄河到了汉代之后有了800年的安流，所谓黄河安流，就没出什么大事。历史学家们研究过，这跟当时游牧民族南压，把游牧的生活方式、生产方式带进黄河流域有关。这以后，黄河流域搞不了农业了，于是它让水土保持有了一定的恢复。如果还是继续农耕下去，那上游的沙漠化、水土流失会更厉害，就不会有800年安流。

工业文明要改造自然、改天换地的能力今非昔比。人类的等级结构、不平等结构依然在延续。到了20世纪八九十年代又要什么人均GDP。按说让一个人过比较好地生活，不太向自然索取，不太疯狂地开采、发展，是办得到的，但是因为财富分布太不平均了。

到了工业时代、资本主义时代，又出现了新的问题。资本主义工业时代以来，社会的流动，跟着是产品的流动，社会流动是由下往上，产品的流动是由上往下，正好是相对的，实际上它是重合的东西。下层阶级想变成中层阶级，中层阶级想变成上层阶级，中层阶级想拥有上层阶级拥有的，下层阶级要拥有中层阶级所能拥有的，于是产品由少数人的奢侈品不断地向下扩散。这是资本主义的一个特点。

资本主义还有一个特点是机会平等，这又加大了社会流动，加大社会流动的意思，就是底下人也有机会了。不管什么阶层您的能力不行了，就出局。这本来是一种社会进步，但是它给社会资源带来的是灾难性的毁坏。本来是少数阶级所拥有的、所消耗的资源，对环境的索取就是这么多。可流动使得上层阶级成了一个示范，示范有了，中层阶级也要，下层阶级也要。

这就可想而知对资源环境的索取量，就要比过去大得多，然后再加上资本主义工业空前的技术能力。农业时代弄一点枯枝败叶点点火，现在可以直接用亿万年形成的化石能源，地下采出来了。过去只能拿一点凿子、锤子向地球开战，现在打井机、掘井机都下去了，甚至多少吨炸药就炸了。两三百年以来，环境、资源受到的破坏是空前的。

再说说当前的中国、当前的世界跟环境是一个什么关系。20 世纪八九十年代以来西方一直讲可持续发展。其实中国在古代一直到近代就是可持续发展的模式，跟今天的不一样。小桥流水，驴马拉车，取暖不是用煤，用的都是可再生的树枝、树叶、木头、秸秆，这些都是可持续的，没有用化石能源。但是西方过来的“小火轮”就把这个文明打败了。所谓的西方文明，打败了世界很多文明、很多文化。印第安文化、非洲不少文化、拉美一些文化，被彻底地抹去了。

工业文明，对于人定胜天，对于机器，都采取了热烈的拥抱，甚至是下跪的态度。而且，现在全世界必须是一块儿干。假如中国要退回去了，弄不好人家打来了怎么办呢？我们能不出局？我说烧那些枯枝败叶，不烧煤，不烧那些化石能源，我觉得也挺好的。但如果哪个政府提出是这样，首先老百姓是不干的，因为他会跟西方相比。因为世界是一个竞争体系，如果老百姓一看到中国人过得不如外国人好了，按照比较性竞争这个人类原则，觉得中国人过得不如西方好，不如日本好，不如美国好，那对不起，老百姓就要推翻这个政府，要求政府改变路线。因为整个世界结构现在变成了一种价值观，一个统一的世界方案。

所以，解决资源环境问题，我说比较现实的，就是像中国这样的发展中国家也要降降速度。其实西方很多人也已经意识到了，他们的确降速比我们快，因为这样才有社会的正义。

我们中国，作为一个十几亿人口的大国，而且已经有了快速工业化、快速城市化，到了今天这么一个程度，我们有能力，也有义务，也有相对独立性。我们应该尽量解决好自己的问题，不能说把一切事情都推给国际上，推给这个世界体系。

我们用一种什么方式呢？我提出了四条。第一条量入为出，第二条适度发展，第三条价值多元，第四条相对平等。

量入为出的意思，就是平时老百姓说的悠着点来，不能竭泽而渔，杀鸡取卵，不能断子孙粮。

适度发展，舒适、便捷、快速、卫生，这是人类基本的、古老的追求。工业时代也提供了这样的便利，现代化能够满足这些需求是有道理的。但是我们不能因现代化又形成了非常异化的价值观。

价值多元，相对平等。价值多元是一个什么概念？我们人类的竞争，比较意识，不平等体制，已经形成我们人类生活的意义。一个人这辈子混得怎么样，活得好不好，往往以自己在这个不平等体制中所达到的高度，把所取得的位置作为衡量的标准，作为人生意义的一个标志。这辈子不错，混了一个副部级，这辈子不错当了一个亿万富翁，成为一个大腕，成为一个大师。这些都是在人类不平等体制、比较性竞争上建立的人生意义。

2016 年 “黄河十年行”大巴课堂上
黄纪苏讲得让每一个人都听入了神

其实，这非常单一，让人生充满了焦虑。但是，它又的确提供了各行各业、各个领域那种动力，最基本的动力。当然，这不是唯一的动力，也不是唯一的人生目标。人生还有一些其他的意义，那些意义可能更绿色、更环保。

之所以在讲“黄河十年行”时，写了这么多一位社会学家讲的社会竞争、人类发展原则，以及他所认为的发展模式：量入为出、适度发展、价值多元、相对平等，是因为，在“黄河十年行”7 年的行走中，黄河纪事基本是在记行走中的所见、所闻、所思、所想、所影响。这样从根上刨中国发展之路的起源、挖人类的发展模式、发展的时候并不多。而这正是 2016 年我们请到的社会学家黄纪苏作为“黄河十年行”的专家的意义所在。

黄纪苏的研究与思想，以往是以他自己的独特方式——话剧告诉公众的。例如，在社会上他著作的影响非常大的话剧有《无政府主义者属意外死亡，左派艺术家属意中死亡》《切・格瓦拉》《我们走在大路上》《猫和老鼠的故事》。

黄纪苏是通过一种艺术形式，为社会开出了一位社会学家治疗社会疾病的药方。希望这个药方不仅决策者能给予重视，每一个公民也能用它补补“身子”。

在 2016 年“黄河十年行”的大巴课堂上，一车人在为这样一位知识分子的学识、良知鼓掌时，也期待着社会学家的研究融入我们以记者的视角记录黄河的行走中。

十六、康巴什炒作“魔鬼城”

2016 年　今天康巴什的街上

2016 年 8 月 22 日，“黄河十年行”走进了康巴什。这里被人称为“魔鬼城”。不过 2011 年“黄河十年行”在这里采访当地领导时，他们认为那是外国记者的别有用心，是指手画脚。

2014 年“黄河十年行”时，草原生态学家刘书润在大巴课堂上给我们念了一首他写的歌词。歌名是《献哈达》：

芦苇荡传来了什么声音？
洁白的天鹅来了一群群。
蓝天上刮起了什么风？
飘来了朵朵吉祥的白云。
草原上为什么欢声笑语？
颗颗红心波浪滚滚，
因为迎来了尊贵的客人。
远道的朋友和亲人，
请喝下醇香的马奶酒。
这奶酒孕育着百草的清香，
蕴含着牧人诚挚的心。

刘书润说：现在的内蒙古歌已经发生变化了。蒙古国的歌还是倾诉，就是我给你讲一件事情，非常平淡，很少激情。而我们内蒙古的蒙古歌就激情澎湃，像蒙古国这样的不多。

今天的康巴什完全没有了昔日的模样，没有了芦苇荡，没有了天鹅来了一群群。当年的草原，现在是高楼林立。

其实，早在2011年8月，“黄河十年行”就近距离感受了鄂尔多斯，也就是康巴什的“羊、煤、土、气”给那里带来的霸气。那里当时成为中国人均GDP总量最高的地区之一，高达34%，引起了世界范围内的广泛关注。

2016年“黄河十年行”走进康巴什，同行的人说这里的人比想象的多。但建筑的多样与壮观，是如果不来无论如何也想象不到的。

4.5亿年前的洪荒时代，鄂尔多斯高原崛起，成为当今地球上最古老的陆地。旧石器时代，河套人在这里播撒下文明的火种。800 多年前，因为一代天骄成吉思汗长眠于此，鄂尔多斯高原名扬天下。

2016年　牛粪形状的博物馆

2016年　蒙古帽形状的歌剧院

2016年　书状的图书馆

2016年　康巴什的新闻大楼

史上的鄂尔多斯，曾经是一个水草丰美、“风吹草低见牛羊”的富庶之地，后来因自然气候的变迁、战乱、放垦等原因，这里的生态环境遭受了严重破坏。

2016 年　公共卫生间

“羊、煤、土、气”，让今天康巴什的核心区，四栋 12 层的党政大楼正对着宽 200 米、长 2 400 米的成吉思汗广场。成吉思汗和骏马的巨大雕塑，使整个广场尽显气势。广场南端矗立着新区六大地标性建筑，参照蒙古包形式设计的国际会展中心、以蒙古族三大历史典籍《蒙古秘史》《蒙古源流》《蒙古黄金史》卷页样式设计的图书馆、以岩石（一说为牛粪）为原型的博物馆、汲取蒙古族男女头饰造型设计的大剧院、隐喻天圆地方宇宙理念设计的多元文化艺术中心、取意马鞍模型的体育中心等。

2016 年　康巴什的政府大楼

2016 年　成吉思汗雕塑前没有了鲜花

2011 年，尽管我们对康巴什新区的人少，早有一定的心理准备，但是白天这里的寂静还是让我们感觉到了。这里除了在主要路段有指挥交通的协管员，很多十字路口的红绿灯前车辆不多，漂亮的交通设施成了这里的一道风景。

关于有人把康巴什形容成“鬼城”，2011 年“黄河十年行”采访康巴什新区领导时，他们是这样说的：完全是炒作，是别有用心，是对中国的发展指手画脚。是“美国《时代周刊》记者早上 5 点多拿着相机到图书馆和会展中心拍照，我们的清洁工刚出来打扫卫生，他拍了这个，就说是鬼城，是空城，是什么都没有，这不是瞎扯吗？”这位领导气愤地说。

2016 年康巴什政府大楼广场前，和 2011 年我们拍到的照片有很大不同的是，雕塑前盛开的鲜花没有了。

2010 年“黄河十年行”的生态专家王建说，发展过于迅速的城市能够保证可持续地发展吗？康巴什有丰富的矿产资源，为了国家和地方发展的需要，不可能不发展，但是发展总要有一个度。在一个靠地下水发展与生活的城市，应该发挥自己的特色，而不是一味地强调规模。应当尽量减少不必要的耗水。例如，在康巴什政府广场上建能喷 28 米，相当于 10 层楼高的喷泉，是不是有必要；种植生长中需要大量水浇灌的外来植物、鲜花是不是有必要？只是为了美观，就不管不顾地挥霍资源，是发展，还是什么？

2010 年从这个城市旁边流过的乌兰木伦河，已经断流，只有一小段还有水。王建说，他 2010 年 7 月来这里做调查的时候，政府大楼里装修十分精良的厕所，居然连冲的水都没有。

2011 年　康巴什的水源地乌兰木伦河

2011 年，距离核心区不远的乌兰木伦河，康巴什的母亲河，康巴什重要的水源地，干涸的河底里扎着帐篷。

2011 年针对记者们最关心的康巴什水资源利用问题。康巴什新区的一位领导说，康巴什实行水资源三三制，1/3 由乌兰木伦河提供，鄂尔多斯每年有 3 个月的汛期，这段时间在乌兰木伦河蓄水；1/3 抽取地下水；1/3 使用再生水。

同行者中有记者问道：“抽取地下水，现在地下水位已经下降，再导致地下漏斗怎么解决？还有，国内再生水利用率普遍较低，康巴什能有 1/3 的水来自再生水，是已经在用了，还是规划？”

领导的回答是：靠地下水不是长期办法。还是要在“涵养水源”和“水权置换”这两点上下功夫。

2011年生态学家赵连石认为，人工营造生态，首先要尊重当地的生态，如果跟当地生态不对应，会成为负担。康巴什新区每天需要大量的水来浇灌这些花花草草，是不是合理呢？能不能成活，能活多久，能浇多久，有待时间的验证。

2016年　广场上也还有要靠浇的植物

2016年，为什么我们看到的广场上很多雕塑前的鲜花没有了，是因为没水浇了，还是认识到了这样用水生态无法承受？

库布其和毛乌素两大沙区占鄂尔多斯市国土面积的40%，年降水量不足400毫米。东胜区也就是康巴什所在地，成为我国北方缺水严重的城市之一。

康巴什因何在沙漠中崛起？在我们的采访中康巴什新区领导说：鄂尔多斯对国家具有两道防线的责任，一是国防防线，二是生态防线。“从浑善达克沙漠一直到毛乌素沙漠，要保证整个中国内陆地区和北京不刮沙尘暴，保证他们的生态要好、空气要好。在这样的情况下，就是要城市化，用城市化推进产业化。让当地的农牧民退牧还草、退耕还草，集中起来，给予教育、住房、医疗保障。否则这些农牧民放羊、开荒，破坏生态是很严重的。”

不过，2014年“黄河十年行”时，草原生态学家刘书润不太同意这一说法。他认为牧民才真正懂得如何爱草原，如何才能在草原上生存。

针对外界对康巴什人的传言，康巴什新区这位领导介绍：新区现居住人口58 000多人，2011年年底整个新区的建设投资将达到340亿～350亿元，这其中包括建筑软件、硬件，水电路讯气暖、设备办公，以及续建、新开工的工程等。

财大气粗的康巴什，建在乌兰木伦河边的雕塑公园，有40个国家的艺术家参与设计。2011 年“黄河十年行”中的丹麦社会学家米晓琳看到丹麦著名雕塑家的雕塑后说：“感觉很奇怪，大漠深处会有丹麦著名雕塑家的作品？他在欧洲的出场费是惊人的。”

有钱就是任性，在康巴什体现得十分充分。

今天康巴什的老百姓到底是怎么看康巴什的？

2016 年 8 月，内蒙古志愿者齐家和她生活在康巴什的朋友给“黄河十年行”发来这样一些微信。

齐家说：以前，新区没有人，大家叫那里是“鬼城”，据说，第一天有人掉了一万元在路上，第二天回去还在原地，你们在那里要注意脚下。

齐家说：我出生在鄂尔多斯市。常听父母讲，那些年，因为缺水鄂尔多斯饿死过人。现在的康巴什，有世界第一大规模音乐喷泉，最高喷高可达 209 米，世界第一激光、水幕投影音乐喷泉。据了解现在的康巴什引了乌兰木伦河在新区流淌，当地的缺水现象得到缓解。

2011 年　康巴什的喷水广场

2011 年　康巴什雕塑公园中丹麦艺术家的作品

2011 年　康巴什新城的马

齐家说：2005—2013 年，鄂尔多斯经济大发展、大跨越，政府举债，全民放贷，房地产兴起。后资金链条刺激的房地产泡沫破裂，新区的高楼大厦很多被空置，政府要求党政事业单位必须到新区办公，近几年新区街道可以看到一些商业形态了，但房屋住宅空置率仍然很高。

2016 年　康巴什的街道旁

近年来游客有所增加，一些国际性的会议、活动，常常到这里举办。曾有人戏称，把北京协和医院搬到鄂尔多斯，那些空房子就都卖了。

齐家的朋友说：康巴什的住户基本都是在康巴什或周边工作的人以及部分家属（以老人看孩子为主）。康巴什现在以发展旅游为主，企业税收相对较少，主要是辖区企业太少。不过，近期康巴什总体上的房价呈上涨趋势。建筑都很好看，就是人稀了一点，喜欢清净点的人来了会很舒服。

齐家的另一位朋友说：自打煤炭业下滑，她的几位朋友没有不喊穷的。

如今，在整个内蒙古地区，康巴什的消费都算高的，房屋价格最高峰时上过两万多元一平方米，现在一平方米几千元就可以买到了。

齐家说：对于现在的鄂尔多斯来说，也是在大起大落中寻找新的发展思路，鄂尔多斯也曾是生养我的地方，我坚信它会“羊煤吐气”，它依然会缓慢地崛起，重现成吉思汗当年叱咤风云的雄姿。

热爱自己的家乡，让齐家对康巴什充满了希望。“黄河十年行”会见证这个过程。

2014 年“黄河十年行”时，草原生态学家刘书润告诉我们：鄂尔多斯高原是第三纪残遗植物避难所。为什么叫古老残遗种，以哪儿为界限呢？就是第三纪、第四纪，第三纪以前叫古老残遗种。第四纪就是现代种。第四纪发生了巨大的冰川期，大陆植物都毁灭了，所以有的叫第三纪残遗。这里还是地球最北部的生物多样性中心。

2016 年　康巴什新区边的山山岭岭

2016 年　鄂尔多斯的沟沟坎坎

中国是世界上生物多样的国家之一。不过，其他生物多样的国家都在南半球。为什么呢，因为北半球发生了巨大的冰川期，大部分植物都没有了。特别在欧洲，那么大的苏联，植物种类很少，欧洲就没有多少种。

刘书润说：地球上最北部的生物多样性中心有 4 个方面的特点。有人对这 4 个特点又做了发挥，变成了 4 个世界之最。

（1）它的植物种类组成有古老残遗特有植物。在别的地方，有一两种残遗种就不错了，神农架也就十几种，就成了国家重点保护中心了。可是，鄂尔多斯高原这个地区我统计了一下，93 种。这是世界上独特的地区。

（2）这里不仅是个别植物特有种，还是古老残遗组成的生态遗种，这就更高一级了，又是世界上其他地区所没有的。

（3）这片古老的土地，从古代开始就有陆地，没有被海水侵占。鄂尔多斯最古老的物种从来没有大面积完全被海水吞没，所以它就留下来了。只是有一部分淹没，没有全部淹没。

另外，这里的一些物种经历了地球演变的全过程。从海生到陆生、旱生，再到脱旱生，这几个步骤它都经历过了，别的地方不可能具有这个条件。

所以说，鄂尔多斯高原经历了地球演变的全过程，而且是地球上一个完整的史书，这又成为区别于其他地区所独有的特点。

（4）这个特点不够世界级，可也差不多，就是它古老的文化。这一地区有很多很多古老的民族，像匈奴，像西夏繁荣，都在这里居住、繁衍。古老的民族，跟欧洲人差不多。古老的文化也是。当然我们还不好说是世界级。

2014 年　地球史书，远处是大河

2016 年　黄河从鄂尔多斯高原走向晋陕大峡谷

2016 年　地球史书上的企业

2016 年　“黄河十年行”的记录

2016 年　地球史书上的开挖

非常遗憾的是就在 2016 年 8 月 22 日，“黄河十年行”马上就要看到晋陕大峡谷的老牛湾时，大规模的开挖展现在我们眼前。

露天煤矿，对我们人类来说是财富。可这种开采对大自然来说是什么？是伤痕。那大自然会痛吗？

在“黄河十年行”的大巴课堂上，刘书润教授曾经很沉重地强调了一点：“我们保护的力度和破坏的力度不成正比。我们对这么宝贵的植物竟如此无视。很多古老物种被砍伐之后种上了酸枣树。我们搞绿化，是把四周古老植物都砍了，搞绿化。这样的破坏力度也是世界上少有的。”

2014 年在“黄河十年行”的路上，我写了这样一条微信：一代天骄之地，露天煤矿遍布，生态破坏严重。强旱生植物四合木是最具代表性的古老残遗濒危珍稀植物，被誉为植物的“活化石”和植物中的“大熊猫”。内蒙古半日花，被国家列为二级保护植物，皆将毁于内蒙古之乌海、鄂尔多斯之煤矿大开挖中。

2016 年　没有大开发的晋陕大峡谷里的生活

2016 年　沉默中的晋陕大峡谷

2016 年　千百年来的山野生活

2016 年　自然的雕塑与人的制造

2014 年进入晋陕大峡谷，同行的志愿者江西林业厅的周云南也写了一条微信：站在晋陕黄河大峡谷，对面坡上看了 10 多分钟运煤大卡车，来回一辆接一辆，中间几乎没有停过 10 秒钟的空档，这一段与运煤车同行，提心吊胆。他们重车熟路，速度之快，无视旁车。

走进晋陕大峡谷，少有人在此欣赏黄河的伟岸，唯有拉煤车川流不息。

污染严重的山西，同时也腐败严重，最终牺牲的就是晋山、晋水与晋民。

老牛湾位于山西省和内蒙古自治区的交界处，以黄河为界，南依山西的偏关县，北岸是内蒙古的清水河县，西邻鄂尔多斯高原的准格尔旗，是一个鸡鸣三市的地方。黄河从这里入晋，内外长城从这里交汇，晋陕蒙大峡谷以这里为开端，我国黄土高原沧桑的地貌特征在这里彰显。同时也有大河奔流的壮丽景观。

“黄河十年行”7 年来第一次登上老牛湾边的山上。

老牛湾是长城与黄河“握手”的地方，是中国最美的十大峡谷之一。整个老牛湾旅游区由“三湾一谷”组成，分别是包子塔湾、老牛湾、四座塔湾和杨家川小峡谷。

在老牛湾，登临高处，包子塔湾景区的黄河九曲十八弯美景尽收眼底，用“断崖万仞如削猴，飞鸟不度山石裂”来形容包子塔最为合适不过了。泛舟漂移，两岸鬼斧神工，断臂悬崖，黄河曲折多变，弯转迤逦，黄河在此回头，转折了一个近乎 360°的圆湾，将其围成一个半岛，有人形象地称之为“中国的科罗拉多”，此为整段峡谷最摄人魂魄之处。

建成于明成化三年（公元 1467 年）的老牛湾古堡坐落在紧靠黄河大峡谷的悬崖峭壁上，是明防御系统的屯兵城堡，古堡北端的望河楼是兵营望之处，它是明代建筑风格的精品，也是老牛湾景区的标志之一。老牛湾古村落建筑依山就势，错落有致，所有建筑就地取材，全部用当地的石头、石片堆砌而成。造型各异的民居古院因势向形。石墙、石院随形而就，石碾、石磨、石仓、石柜随处可见，整个村庄可算是一个经典的石头建筑博物馆。

2016 年　近看老牛湾

2016 年　黄河从这里流过

2016 年　古堡

网上介绍的老牛湾杨家川小峡谷，全长 8 千米，沿线贯穿着一条以长城、古堡、古村、古庙、栈道、码头等组成的风格独特的风景线。河岸两侧峭壁直插云端。樵夫药师踏歌而行，谷底怪石嶙峋，山泉喷涌，珍禽鸣唱，深邃幽静的原始自然风光构成了一幅美丽的山水画卷。

老牛湾渡在清代边备废弛之后逐渐兴起。老牛湾虽然险峻异常，河岸直立，河道弯曲，但水势平缓，是天然的良港码头，吃水最深吨位再大的船只也停靠无碍。

同时，老牛湾常年有士兵驻扎，可确保人身财产安全。那些精明异常的商家审时度势，将这一座壁垒森严的兵营要塞三下五除二就改造成了一座边地商城。

至今，老牛湾还是探险者们所向往的好去处。泛舟黄河，登临长城，野餐露宿，随心所欲享受大自然的自由空间。

黄河天险成就了老牛湾的雄伟，长城古堡为她增添了无限神韵，黄土文化和边塞文化正吸引着各方的学者、艺术家和旅游者。

2016 年　大山能这样种吗

不过，网上也有人说：“老牛湾的步伐也像老牛一样慢，那里的人似乎依然脸朝黄土背朝天，过着古老的、让大城市人‘羡慕’的田园牧歌式的生活。素面朝天的老牛湾毫不走样地保留着岁月的痕迹，让我感受着古朴与苍凉的魅力。”

在老牛湾我们发现，大山上有很多垒着小白石头的坑，这显然是在绿化大山。可惜，多数是只见坑不见树，或小小的树。我们问在一边卖小米、大枣希望靠旅游改变生活的老乡，他们说：“这都种了两年了，没见长。”

其实，没有垒着小白石头的大山倒有萌萌的绿草和艳艳的小花。

2016 年　老牛湾的人与自然

2016 年　老牛湾边的村庄里

古老的黄河、自然的大山，今天的人什么时候才能恢复友好地和你们相处？

十七、黄河曾引领中华民族迈入世界文明殿堂

2016 年 8 月 23 日，“黄河十年行”进入黄河流经的河曲、保德和介休。陕晋大峡谷在这里一展其绝壁与土丘陵沟壑的特色。

黄河河源至内蒙古托克托县河口镇的上游河段，以及中游下端的禹门口至桃花峪，虽也有如龙羊峡、积石峡、刘家峡、红山峡、青铜峡、三门峡等著名峡谷，但它们都被一系列宽谷盆地分隔（如今几乎都建了水电站），改变了峡谷的本来面貌。

唯有内蒙古河口镇至山西禹门口，才构成了黄河干流上最长的连续峡谷——晋陕大峡谷。

2015 年　黄河在今天的禹门

在河套地区呈东西走向的黄河，此段急转为南北走向，由鄂尔多斯高原挟势南下，左带吕梁，右襟陕北，深切于黄土高原之中。谷深皆在 100 米以上，谷底高程由 1 000 米逐渐降至 400 米以下，河床最窄处如壶口者，仅 30～50 米。

由于黄土丘壑泥沙俱下，晋陕大峡谷河段的来沙量竟占全黄河的 56%，尽管它的流域面积仅及黄河的 15%，但可以说真正的“黄”河是在这里成就的，深涧腾蛟，浊浪排空，黄河峡谷的典型风貌尽集于此。其中又以禹门口以上的龙门峡最为壮观。李白谓之“黄河西来决昆仑，咆哮万里触龙门”，恰好点出晋陕大峡谷在此达到最后的高潮。

2015 年　禹门边的祈祷也没逃脱开发

今天，网上对晋陕峡谷的描绘还是这样的：晋陕峡谷只有 720 千米长，却是黄河 5 464 千米中水势最为凶猛的一段，是黄河魂魄之所在。它是华夏民族的摇篮，这里很早就有远古先民生息繁衍，是华夏文明发祥地——中原古地的核心区域，黄河东岸的河东传为尧、舜、禹古都所在。黄河西岸有中华民族的始祖黄帝的陵墓，正因如此黄河才被称为母亲河。黄河东岸的河东、黄河西岸的河内、黄河南岸的河南三地在汉代为三辅之地，共同为帝国的心腹之地。这一地区历来都是建都黄河流域王朝的王辅之地。

2014 年　“罗马”柱

2014 年　山的“思想者”

水与石的较量，成就了神奇美丽、雄伟的黄河百里画廊——晋陕大峡谷。

由于受黄河自然水动力、风动力及冻融循环等外力的作用，这段河岸形成了富有诗情画意的天然水蚀地貌奇观，其形态表现极富艺术感染，有的像密密麻麻的“天书”，有的像动植物人形，有的像音乐符号，有的像蜿蜒曲折的“迷宫”。有人称其为黄河魂的真实写照。随着不同季节光线的变化，它展现出各异的迷人风采。站在它的脚下，仰视它的伟岸，感叹大自然或温柔、或刚强。

2014 年，站在黄河晋陕大峡谷边的生态学家刘书润看着眼前平静的黄河，心情却难以平静。

刘书润说：在这条峡谷的自然和文化廊道里，有黄河仰韶文化、马家窑文化到大渡河上游的哈休文化、岷江上游的营盘山文化和沙乌都文化、宝墩文化、三星堆文化、金沙文化的衍生轮廓和脉络，也有青藏高原到黄土高原游牧文化、狩猎文化、农耕文化和原始宗教文化、本教文化、道教文化、藏传佛教文化、汉传佛教文化以及藏文化、羌文化、回文化、汉文化的发展历史轨迹。置身其中，如同走进中华民族先民的生活场景，有一种穿越时空隧道的特殊体验。

2014 年　生态学家刘书润在晋陕大峡谷

中华民族能够脚踏黄土迈入神圣的世界文明殿堂，与黄河之水给它的精神滋养不可分割。九曲黄河的山山水水，养育了九曲黄河各族人民难能可贵的秉性和风范，也造就了由九曲黄河各族人民所建树的“和而不同”的文化和风俗。

可是，今天的晋陕大峡谷呢？

站在晋陕大峡谷黄河边的刘书润感慨：黄河，太像中华民族了，历尽苦难，忍辱负重，自强不息，仍然坚忍地向前奔腾流淌。世界范围内，没有一个国家，没有一个民族能对母亲河进行这么长时期的、持续的开发和利用，很多农耕大国的文化都已经断灭了，唯中华民族还在延续着，唯有黄河仍然流淌在中国大地上。

百度上介绍：河曲县是山西省忻州市下辖县，位于忻州市西北部，地处晋、陕、蒙能源金三角的中心地带。被神府煤田、准格尔能源富集区、朔州工业区、河东煤田等大工业包围。

2014 年　黄河在这里有了“小岛”

2016 年　黄河在峡谷咆哮已成昨天

境内已经或即将建成的神朔铁路、朔准铁路、黄河龙口大桥、韩河公路、沿黄公路和府谷至河曲公路桥等交通网络，使河曲融入晋、陕、蒙金三角区域经济板块，是承接呼、包、鄂、榆、忻、朔经济发展辐射力的枢纽带。

到2010年，河曲县总面积1 323平方千米，辖4镇9乡340村。

神府煤田、准格尔能源富集区、朔州工业区、河东煤田让这里黄河两岸的百姓一下子富裕起来了。可这里的黄河却瘦了、脏了，没有激流了。

黄河要咆哮，黄河子孙要发展，百姓要过有钱的日子，到底要什么？能都要吗？这是一个很难回答的问题。

介休，因史出春秋时期割股奉君的介子推、东汉时期博通典籍的郭林宗和北宋时期出将入相五十载的文彦博三位贤士名达，素有“三贤故里”之称，文明史逾2 800年。

介休境内已发现的陆栖动物有60余种，其中鸟类19种，哺乳类16种，爬行类27种，两栖类2种。大型动物有山羊、豺、狼、豹、野猪等。在野生动物中，豹、梅花鹿、金雕3种属于国家一级保护动物，穿山甲、马鹿、勺鸡等10种属于国家二级保护动物，啄木鸟、刺猬、豹猫等6种属于山西省保护动物。

中草药材有猪苓、地骨皮、香加皮、荆芥、山桃仁、酸枣仁、麻黄、黄芩、板蓝根、紫苏、椿根皮、绵贝、元胡、大叶三七、荔枝草、野山参等。

然而，黄河在介休的今天……

“黄河十年行”走在这段时，拍到的照片真的让人心里有点疼。

晋陕大峡谷，知名度随着旅游业的发展正在攀升。它的奇、险、峻，都是很有特色的。有些地方甚至还藏在深山人不知处。

可是，资源的丰富、求发展的迫切，让这里的黄河及两岸在变着模样。

走在保德的一路上，黄河岸边绝壁的一个个洞，“黄河十年行”已经看到几年了。绝壁上的

2016年　黄河边的洞

一个个洞，有长长的一段，不知道那是为什么开凿的，是路吗？

保德县地处吕梁山北麓的黄河之滨，三面群山为之屏障，一面大河为丘陵，境内地表黄土覆盖较厚，由于受流水的长期侵蚀，形成千沟万壑、坡陡沟深、丘陵起伏的地形，具有明显的土丘陵沟壑特色。

应该说，保德县境内水利资源较为丰富。地表水除黄河外，境内共有 18 条河流，其中朱家川、小河沟河有长年流水，其余为季节性河流。

黄河天桥峡谷中，泉水多从河底向黄河排泄。少数泉水出露在岸坡，从天桥到铺沟，沿黄河 10 千米分布有百余泉点。

在百度上，查介休、保德这样的县，介绍的格式十分统一，而且都有介绍这个县的第一、第二、第三产业。我们选 2013 年的保德看一看。

保德县共有 4 个镇、9 个乡、343 个行政村、383 个自然村，人口 160 035 人。经济发展靠的是什么？

第一产业

2013 年 1 月到 10 月，全县生猪存栏 3.5 万头，牛存栏 0.3 万头，羊存栏 9.6 万只，家禽存栏 21 万只，肉类总产 0.24 万吨，禽蛋总产 0.15 万吨，奶类总产 180 吨，畜牧业总产值 1.5 亿元。

2013 年 1 月到 11 月，保德县设施农业总面积达到 3 675 亩，总产值达到 0.6 亿元，2014 年将继续打造 5 个百亩园区、10 个五十亩园区，投资 1 亿元的繁庄塔千亩园区建成投入运营。“两红”种植面积已发展到 10 万余亩，农产品加工厂 40 余家。

第二产业

2006—2010 年，保德工业总产值达到 89 218.8 万元，比“十五”末同比增长 33.4%；实现销售收入 90 608.7 万元；实现利税 18 314 万元，同比增长 34%。

截至 2013 年 11 月，保德县共有 11 座煤矿，总产能提升到 1 960 万吨，其中 5 座生产矿井，6 座基建矿井，截至 8 月底生产原煤 1 290.77 万吨。总投资 55.25 亿元的同德氧化铝项目完成投资 12.1 亿元，预计年底可完成主体工程建设。王家岭循环工业园区一期 500 万吨矿井建设接近尾声，配套建设的运煤专线 10 月底建成通车，800 万吨选煤厂年内可投入生产。年产 50 万吨的高耐特石油支撑剂生产项目一期工程和总投资 2.2 亿元的煤层气输气指挥中心已进入试运行阶段。

第三产业

2012 年，在保德县在第七届中博会上，成功签约总投资 2.37 亿元的保德煤层气发电项目；在台湾招商大会上，成功签约大型物流园区项目 1 个，引资 2.4 亿元。截至 2013 年 10 月，全县储备项目 50 个，涉及资金约 559.8 亿元，其中特色产业项目 9 个，新能源新材料及装备项目 7 个，生态农业项目 12 个，服务及文化旅游项目 3 个，新型工业化项目 19 个。

2013 年 11 月，保德县投资 7 000 万元的冯家川康熙万亩红枣观光园南北大门、红枣展示厅、碾盘枣园主体工程已完工；2013 年 12 月，飞龙山森林公园与繁庄塔高新农业示范园经大新公路连接贯通。

2016 年“黄河十年行”的大巴课堂上，来自企业的“绿家园”志愿者张玲介绍说：“发达国家有道德企业。道德企业是什么意思？就是说如果这个企业有排污，那么它要做什么呢？要照顾残疾人，要做公益。然后有专门的行业会给它们打分。做得最好的可评五星，做得差的是一星。这些星会印在它们的产品上面，消费者买东西时是会看的。这其实也是一种信息公开，是社会的透明与公众的参与。

“五星企业生产出来的产品可能比一般的贵一些，但公众可能就愿意为它多掏一点钱。这样社会就形成了一个良性的互动。每一个社会成员会参与到经济发展、治理污染、发财致富中。我们中国应该建立这样的机制，消费者应该为好的厂商多花一点钱，自己也吃一个安全，吃一个长寿。”

张玲说：“民间组织和媒体，就是关注社会生态的探照灯。”

《南方周末》记者王轶庶在大巴课堂上说：“在乌梁素海看到那些鸟时，我并不怎么惊奇，因为我住的乌镇有些地方的鸟不比那儿少。我家小区附近的一片湿地，没有人管，那里的鸟目测几千只都有了，主要以白鹭为主。乌梁素海这边应该用心保护，要做旅游，如果自己把这个环境搞坏了，他们也没得赚。

“现在有些地方明白了这个道理，不再图眼前小利。但是我也担心，以后旅游团多的话，每个船都那么按喇叭吓着鸟的，也会有问题。”

退休前在海关工作的钱梅在大巴课堂上说的是："咱们在康巴什住宿酒店时停水，可街上看到的建筑又确实宏伟得让人震撼，对比太强烈。在这样水资源如此贫瘠的地方，建如此豪华还超大的建筑群，各种各样的雕塑，到底有多大的必要？虽说是政府的工程，可花的是老百姓的钱，又给老百姓带来多少好处了呢？还有，政府这样的行为有监管吗？这种超豪华的建筑越来越多，对资源的破坏也就越来越严重，是拉动经济发展，还是糟蹋了很多钱？看着辉煌，可能隐藏了很多令人痛心的事儿。

"咱们只是普通的老百姓，管不了那么多。可也希望更多的政府官员关注这样的事，能够吸取教训，将来应该做得更好一点。"

钱梅说：今天路上沿着黄河往南走，黄河水真少，黄河大桥架的真高，河床非常宽阔，水却只有小小的一溜儿，可怜。我刚刚在朋友圈里说，发展经济和环境保护矛盾很激烈，能不能缓和一点。我们当然都希望过好日子，不希望饿着肚子来环保，那样肯定也不行，但是发展了，住上了高楼，吃上了大鱼大肉，都"三高"了，还要天天吸着雾霾，然后再怨声载道。

2011 年　"黄河十年行"在风陵渡

2013 年　发展

怎么才能和谐地发展？这个问题大家都意识到了，但做到好像很难。

风陵渡也是"黄河十年行"每年都要下车拍照的地方。这里的变化我们也还在一年接一年记录着。2013 年黄河在这里虽然颜色还是黄的，但还能称得上是一条大河。

风陵，神话传说中女娲氏之墓，位于潼关故城东门外黄河岸河滩。风陵处的渡口叫“风陵渡”。清淡文远咏《风陵晓晓》诗：

洪波一片接天时，
几叶扁舟渡晓晴。
秦晋漫云南北限，
此陵自古达潼城。

可是，2016 年，“黄河十年行”在风陵渡拍到的照片却成了这样。

2016 年 8 月 24 日，“黄河十年行”过黄河风陵渡后直奔潼关。

2016 年　风陵渡边人气多了

潼关位于闻名遐迩的古军事名关，距西安仅 20 千米，奔腾南下的黄河，穿秦晋峡谷。在潼关古城外，兼容了西来东去渭、洛河水，三河交汇后在此忽急折东流。

古潼关居中华十大名关第二位。马超刺槐、十二连城、仰韶文化遗址等名胜古迹星罗棋布；风陵晓渡、谯楼晚照、秦岭云屏等潼关八景，引人入胜。

清代大诗人、大书画家张船山《潼关》云：“时平容易度雄关，拍马河潼自往还。一曲熏黄瓜蔓水，数峰苍翠华阴山。登障版牌丁男壮，呼酒烹羊守吏闲。最是绿杨斜掩处，红衫青笠画图间。”

当代文人陈运和的诗是今天的写照：“风陵渡至今已没船，老潼关代替有铁桥。”

从风陵渡到潼关，“黄河十年行”从窗外切切实实地体味着文人墨客对这里的描述，也遗憾着那里人为的变化。

2013 年，黄河水利史专家徐海亮在“黄河十年行”大巴课堂上讲的让我们得意于有幸亲耳听到这一带的历史、地理、自然和文化。

徐海亮先生说：潼关以水得名。《水经注》载：“河在关内南流潼激关山，因谓之潼关。”潼浪汹汹，故取潼关关名，又称冲关。

潼关设于东汉末，当时关城建在黄土塬上，隋代南移数里，唐武则天时北迁塬下，形成今日潼关城旧址。

唐置潼津县，明设潼关卫，清为潼关县，民国时袭之。历来为兵家必争之地，素有“畿内首险”“四镇咽喉”“百二重关”之誉。

徐海亮先生说：说起潼关古城，不得不提及三门峡水库最初建立的规划。按照当时所讲，潼关古城应该静静地躺在水库下面。但事实上是：人搬了，城拆了。而三门峡蓄水之后，水从来没达到或者淹没过古城。

但还是有人研究过：三门峡大坝，把八百里秦川淹了四百里，让历史上并不缺水的潼关元气大伤。

潼关，也是黄河与渭河的交汇处。

2010 年　“黄河十年行”在渭河与黄河汇合处

2016 年　黄河、渭河交汇处成了湿地公园

从 2014 年起，“黄河十年行”到渭河与黄河交汇处发现，那里修起了一道土坝，渭河准备入黄的滔滔大水为了旅游被拦出了一个月亮湾湿地公园，让原来两条大江的交汇处大大改变了模样。

2015 年“黄河十年行”时，黄河水利史专家蒋超先生指出：“两河汇聚处填河，再把末端堵住，这种擅自修改河道的行为不但违法，而且一旦水大发生决堤，首先遭殃的就是旅游景区的设施以及附近人的生命财产。

“当地政府知道这样的危险性吗？这样的改变，有专家的参与吗？如果没有，那在政府缺少有效干预政策的情况下，开发商在黄河上的作为，难道真的只能等出了事儿才能引起重视吗？”

2010 年“黄河十年行”在黄河与渭河交汇处时，见到当时正在扫马路的刘金会，和她一起到她家坐了一会儿，决定把她家定为“黄河十年行”要用 10 年的时间跟踪采访记录的一户人家。她家因修三门峡大坝移民到渭河与黄河的交汇处。现因拦渭河水，修江边的湿地公园，她要再次搬家。

2011 年“黄河十年行”到老人家时，我们得知她依然在做清洁工，每天上午 7～11 点，下午 3～5 点是工作时间，一天挣 16 元。但年纪大了，队长说要解聘她。虽然她家门口种了菜，但这里交通不方便也卖不了多少，只好放着自己吃，或者让孩子们带走。

2011 年让老人着急的还有一笔钱，就是没有给她本应按月给的老人补贴。刘金会告诉我们：人家别的村，过了 60 岁都能拿到养老金，他们村却迟迟不给。一个月也是百八十元呢。

老人自己过日子，别的不想争了，这笔养老金，她倒是想找人问问为什么不给呢。

关于征地补偿的问题，2013 年我们去时，刘金会说依然还是没有着落。老人还告诉我们：“一个村民情急之下打了协调赔偿的领导，最后被送进拘留所。自那以后，补偿的事宜也没人敢再提起。”

2014 年“黄河十年行”时，刘金会的女儿告诉我们，老房子还没拆，连房子带院子政府给了 31 万元的赔偿。

2016 年　这是去年给我拍的照片

2015 年，刘金会的女儿希望我们再拍拍她家的老房子，说下次来可能就看不见了。

2010—2016 年，“黄河十年行”每次来到黄河与渭河的交汇处，刘金会都会站在家门口的大河边给我们唱秦腔。刘金会唱的秦腔《劈山救母》讲述的是沉香悲情的身世。有时唱着唱着老人家就会感伤起来。

前两年，我们要离开时，老人会握着我的手说，一个人很孤单，你们以后每年都要来吧。后来老人又告诉我们：我一个人住在这河边，不害怕了，我信主了，信基督教了。

刘金会的外孙女考上大学了。家里没有人喜欢秦腔，更没有人跟她学秦腔。

2016年我们到刘金会老人家时，4位老人已经等在那儿了。去年也是他们4位老人在河边给我们有拉有唱地唱了秦腔。老人们说，就是在一起玩玩吧。当然，我们每年听了后，也会给他们一点钱。虽然我们知道刘金会他们唱秦腔不是为了钱。

秦腔是中国汉族最古老的戏剧之一，曲调高亢，歌曲多以民间故事和有教育意义的题材组成。刘金会他们向我们介绍，现在村子里唱秦腔的人不多了，年青一代多半出去打工。唱秦腔从长远看给当地老百姓带不来切实的经济利益。

所以，秦腔在山西、甘肃、青海、宁夏等发源地都面临着失传的问题，就连西安最有名的秦腔馆也没能逃脱关张的宿命。

中国这些博大精深的艺术要被评为非物质文化遗产，不给它们提供一个能让它们活下来的平台，那能行吗？

2015年“黄河十年行”与刘金会他们告别时，4位老人一直不离去，车已经开得很远了，他们还在向我们招手。对这样的老乡，我们除了年年来，除了来时带上上一年给他们拍的照片，也做不了什么了。可刘金会说，每年都盼着我们呢。

2016年，刘金会家老房子还没拆，但草长得老高了，加上近40℃的高温，我们只好到新修的景区里，听4位老人拉胡琴唱秦腔。秦腔，谁也听不懂，可这伴随老人们一生的唱腔，在大河边，还是深深地感染着我们，让我们的思绪随着河水和秦腔也漂漂的。

刘金会说，以前这河水是流动的，拦坝以后，就成死水了，我肯定是不喜欢的。前几天有两个好漂亮的小孩在这里淹死了。原来这儿河水流动的时候，没有人游泳。现在给拦上了，才有人游。原来渭河那么大的水，没有人敢游，也没淹死过人。这句话不知为什么老人说了好几遍。

2016年，与前几年相比，黄河和渭河的交汇处水位下降了，黄色的河水退去，裸露出沙滩，绿色的植物，公园的景点，替代了一望无际的渭河水面。

2012 年　老城墙顽强的残留

2011 年　“黄河十年行”在渭河与黄河交汇处

有 3 年了，我们到那时，古城遗留下来的断壁残垣旁，施工队一直在抓紧作业，要把当地水上乐园产业搞起来，推动致富。

“黄河十年行”还有 3 年，我们在记录。

十八、黄河在两座大坝前

2016 年 8 月 24 日“黄河十年行”走过黄河上两个著名的大坝——三门峡、小浪底。

在三门峡，看过被大坝横断的黄河后，我们拍到了没有大坝的黄河边的落日。和我们同行的学者，话剧《无政府主义者属意外死亡，左派艺术家属意中死亡》《切·格瓦拉》《我们走在大路上》的编剧黄纪苏说：“美得想骂人。”

今天，黄河上有大大小小 50 多个截断大河的水坝。我去过国外很多漂亮的地质公园，黄河大峡谷完全可以跟它们媲美。但我们这些天然宝库没有得到重视和应有的保护，知名度也很低。像青海贵德国家级的地质公园，非常漂亮，但根本没有多少人知道。如今，龙羊峡、刘家峡、三门峡这些水库和大坝已经改变了原有的黄河边的地形地貌。

传说当年大禹治水，来到这个地方，发现一块巨石挡在这里，于是连砍两刀，把巨石砍成 3 块石头，分别是人门石、神门石、鬼门石，三门峡由此得名。现在这 3 块石头被淹在水库的水下。

2012 年　高山出平湖（摄影/宋文）

2010 年 8 月 16 日，“黄河十年行”走到三门峡水电站的大坝前，不管对这个水电站持有什么态度的人，都不能不被眼前的阵势所震惊。黄河，竟以这种形态展现在我们的眼前。这些照片一定不是当艺术片在拍的。可被人工“雕塑”的黄河，却用它的方式，向人们展示着它的艺术魅力。

站在这泥沙俱下的世界，看到这泥沙的飞舞，即使是照片，也不能不让人展开想象的翅膀。而这想象，我相信，对大多数人来说，早已经超越了对水电本身所具有功能的认知。

黄河委员会的专家齐璞告诉我们，空库排沙是把库区原有的蓄水排空以后利用上游洪水冲刷库区淤泥。这样不但可以输送上游来沙，还能带走一部分库区原来淤积的泥沙。所以从大坝排沙洞出来的是很稠的水。

2010 年　水坝前的排沙

生态学家王建说：很多时候技术问题不难解决，难的是如何兼顾上中下游的利益。我们可以用各种办法去“规矩”黄河，但我们无法改变黄河的本性。泥沙堵在一处，在别处就会淤积；水从这边取多了，那边可取的水就少了。

2010 年　沙在吼

2010 年“黄河十年行”时，人类学家罗康隆告诉我们，从黄河入海口一直到源头，齐鲁文化、中原文化、晋商文化、蒙古文化、藏族文化依次呈现。而在黄河上建造的 3 000 多座大大小小的水库，不知淹没了多少我们还没有来得及了解和记录的文化。

2010 年　取自三门峡水库的水样

如今，三门峡电站大坝前那块水中的“中流砥柱”石保留了下来。很奇特的是在建坝之前的几千年里，“中流砥柱”石无论河涨河落从未淹没在水下，因此成为中华民族的象征之一。当年建坝的时候，也有人建议把“中流砥柱”石炸掉，原因是怕它会挡住水流，影响发电。当时的总理周恩来最后批示，让这块“中流砥柱”石幸存下来，而事实也证明它的存在并没有影响发电。

自三门峡建成以来，一直毁誉参半。三门峡建坝之初，就遭到水利专家黄万里的反对，黄万里认为，黄河携带泥沙是天经地义的，建坝拦沙，使泥沙全部铺在了从潼关到三门峡的河道里，潼关的河道抬高，渭河成为悬河；关中平原的地下水无法排泄，田地出现盐碱化甚至沼泽化。

2011 年　三门峡大坝前成了鸟儿歇息、觅食之地

果然，在三门峡建成一年后，黄万里的担心成了事实。三门峡水电站作为新中国第一项大型水利工程，被许多人认为是一个败笔。

不过，这举世闻名的万里黄河第一坝，现在每年入冬以后，就有来自西伯利亚的成千上万只白天鹅在这里自由自在地飞翔、漂游、嬉水、觅食，安详地休养生息，三门峡也因此有了“天鹅城”的美誉。

2012 年“黄河十年行”是深夜赶到的三门峡大坝上的。国家电力公司西北勘测设计院高工黄玉胜说：“三门峡立项之初就遭到陕西方面的坚决反对，当时陕西不少政府官员通过多种渠道力陈此项目对陕西的影响。其中，最为显著的事件是，在 1955 年第一届全国人民代表大会第二次会议上，苏联专家提出的‘高坝大库’的三门峡水利工程方案虽然被全票通过，但水利专家清华大学教授黄万里坚持反对，直至生命最后。”

2012 年　夜色中的三门峡大坝（摄影/宋文）

2012 年　半辈子的研究，在半夜阐述

1958 年，在三门峡工程开工一年后，陕西仍在极力反对三门峡工程。理由是：沿黄流域水土保持好就能解决黄河水患问题，无须修建三门峡工程。但三门峡工程并没有因此停止。1960 年，大坝基本竣工，并开始蓄水。

黄玉胜说："1961 年下半年，陕西的担忧变成现实：15 亿吨泥沙全部铺在了从潼关到三门峡的河道里，潼关的河道抬高，渭河成为悬河。关中平原的地下水无法排泄，田地出现盐碱化甚至沼泽化，粮食因此年年减产。"

黄玉胜说："三门峡水电站作为新中国第一项大型水利工程，有人说是一个败笔。但作为中华人民共和国成立后治理黄河的第一个大工程，其探索方法、积累经验的作用是不可小看的，丹江口、小浪底、葛洲坝、三峡等大工程都从它那里得到了极其宝贵的经验教训。但是，同样不能因此就拒绝做深刻的反思。例如，决策与管理的科学性、民主性，部门之间的协调机制。"

2013 年 7 月 27 日，我们又是在夜色中来到了中华人民共和国成立之后，在大江大河上修建的第一座水泥钢筋大坝前。

2013 年　三门峡在泄洪

一路上，黄河水利史专家徐海亮先生在大巴课堂上，为一车的人指点着那里的历史与文化，过荥阳的汜水河时，徐海亮先生说："这条北入黄河的河流旁边，有座虎牢关，是古代著名的关隘，其中有唐朝李世民在这里的战场。"

经过巩义的伊洛河，徐海亮告诉我们："这条河的河边，就是伟大的诗圣杜甫的故乡。"

在偃师县，徐海亮先生告诉我们，这里的二里头文化，是可以考古和有文献佐证的中华第一个国家意义上的夏王朝。

经过洛阳，徐海亮先生讲了洛阳九朝古都和黄河的联系。

经过渑池，徐海亮先生讲起这里的仰韶文化，说这是中国古代文化的重要标志性考古圣地。

走在今天的黄河边，如果不是徐海亮先生在给一车的人讲黄河两岸的历史、黄河两岸的文化，是没有几个人知道这里的黄河与这里的人之间所发生的故事的。

2016 年　三门峡大坝

三门峡大坝，虽然已经让设计者看到了它的问题和带来的灾难，但它依然拦在黄河上，靠人为地在打开“开关”合上“开关”控制着黄河。

2016 年　三门峡大坝前

不知道当“黄河十年行”最后一年，我们再拍它时，这里的黄河是不是还在人的掌控之中？而人的掌控，又会给黄河带来什么呢？

2016 年 8 月 24 日晚上，“黄河十年行”到小浪底时，我们第一次接触了两位小浪底水库的管理者。他们坚定地认为小浪底水库吸取了三门峡水库的教训，加上是国外水利专家参与设计和建设的，运行这些年抵御了洪水，疏通了黄河里的沙，灌溉了农田，还发了电。他们说这些时，有些慷慨激昂，显示着对职业的专注与热爱。

不过，在我们问他们，现在小浪底水库里的淤沙占了多少库容时，他们说不出具体的数字，但很痛快地答应帮忙查一下。

黄河的含沙量之大，是三门峡水库修建时没有给予足够重视而成为败笔的一个重要原因。小浪底水库的库容是不是也超过了设计的预期，“黄河十年行”还会跟踪采访。

不过，2010 年、2013 年“黄河十年行”到河南时，郑州环保志愿者崔晟说，自从小浪底水库修建以来，上游来水量减少，平常水面宽最多不过三十几米。崔晟认为，不应该在黄河上修建大坝，要让它保持自然流淌的状态。

黄河水利科学研究院的齐璞高工，当然不同意这一观点。他认为，小浪底具有调水调沙的功能，可以利用人造洪峰的办法冲刷淤积的泥沙。但他也承认，现在花园口的水位比以前降低了十几米。

2010年“黄河十年行”第一年时，为帮助大家了解小浪底水库，中国科学院地理所研究员尤联元给大家讲了这个水库大坝调水调沙的原理。

小浪底水库大坝所在地，介于上游的山区和下游的平原之间。黄河在这里被拦腰截断，上游就形成了一个水库。如果没有水库大坝，黄河就携带泥沙直接流到下游地区，洪水危险大，河床淤积严重。水库大坝建成后可以对其进行人为调节。下游水量大的时候，为防止洪水泛滥，放下闸门拦截上游来水；下游水量小的时候，打开闸门放水。下游泥沙多的时候，打开闸门放水，利用大的水量输送泥沙；下游泥沙少的时候，可以少放点水。

防洪和减淤是小浪底水库承担的两个最重要的任务，同时也兼具一定的发电和灌溉能力。

水库是人工湖泊，与天然湖泊一样，避免不了泥沙淤积问题。这也是所有水库大坝工程包括小浪底和三峡工程面临的真正挑战。

“黄河十年行”生态专家王建，这些年来坚持认为自然有其自身规律，人类应该遵循这种规律，小浪底建成以后调水调沙能力没有达到预期效果，而且带来一些负面效应。例如，自然的江河被人为地“规范”了、移民问题、对生物多样性的影响……

王建认为：由于过去我们人类缺乏对大自然的认识，觉得这些水不用就白白流走了。其实，自然不仅仅是为了我们人类而存在的，江河也不只是为了人类才有存在的意义，受惠于它的还有地球上其他的朋友。

美国女科学家蕾切尔·卡逊写的《寂静的春天》，说的就是春天没有鸟叫了，人会感觉到孤独。为什么大家有了钱想去旅游？是不是想去看大自然，看大自然里那些与我们人类不同的一些其他生命生存的环境与生存方式。

可是现在，因为我们人类需要富裕，需要发展，就只想到我们自己，而把大自然中的那些朋友忽视了。

2011 年，“黄河十年行”摄影师乔乔告诉大家，那年春天，他在黄河小浪底拍鸟。突然而来的排沙，让正在黄河边筑巢的鸟窝顷刻间被冲走。而他跟踪拍摄的那窝正在孵化中的鸟只差一点点就丧命水中。那次冲走的鸟窝用乔乔的话说是不计其数。乔乔问我们大家：“要来大水了，谁能去通知正在生产与孵化的鸟们呢？”

乔乔知道，他的观点今天不是主流。我们现在的发展速度越来越快，对能源的需求越来越大，如果不建这些水电站，就得建更多的火电站或核电站。

王建另有说法：“我们为什么非得开源，不能节流呢？中国单位 GDP 能耗是发达国家的 5～10 倍。我们存在大量的浪费，这样的浪费是很多国家难以比拟的。”

2011 年我去日本时发现，他们的厕所都有很好的节水设计，马桶上方会有一个小洗手池，洗完手后的水直接流到马桶水箱里用来冲马桶。我问在日本做生意的一些中国朋友为什么不向中国引进人家的产品，不是很简单吗。他们说：“嗨，这点儿水，我们中国人不在乎。”

用电更是这样。我们修的这些大坝，就说紫坪铺，姑且不论它是不是诱发了汶川地震。就说震后，它有几个发电机组不能运转了，因为如果蓄水太满，两边的山都震酥了，所以只能低水位运转。很多发电机组停在那儿，是不是浪费？

花那么多钱建了，不能用。就像我们花 1 万元买了一个功能很全的电脑，可是只用来打字，当钢笔用。这样的浪费，在中国可以说是太多了。大自然、大江大河在这样的浪费前，充当的只能是受害者。

2010 年　小浪底的排沙

网上对小浪底有这样的介绍：小浪底水利枢纽是治理开发黄河的关键性工程，属国家“八五”重点项目，工程于 1997 年截流，2001 年年底竣工。小浪底位于河南洛阳以北 40 千米的黄河干流上，上距三门峡水库

130 千米，下距郑州花园口 115 千米，是黄河干流三门峡以下唯一能够取得较大库容的控制性工程。

2016 年　小浪底也成了鸟的家园

小浪底工程坝址控制流域面积 69.42 万平方千米，水库总库容 126.5 亿立方米，调水调沙库容 10.5 亿立方米，死库容 75.5 亿立方米，有效库容 51.0 亿立方米。小浪底工程的开发目标是以防洪、防凌、减淤为主，兼顾供水、灌溉和发电等。

2012 年“黄河十年行”时，黄玉胜和齐璞两位专家虽在三门峡问题上存有异议，但对小浪底则有些相同的看法。二人皆认为，黄河小浪底大坝工程是黄河三门峡工程失败后的补救。小浪底工程的设计和调度充分吸取了三门峡工程的经验教训。

小浪底的功过是非人们还在争论着。可 2016 年 8 月 25 日，“黄河十年行”来到郑州花园口，看到这里的黄河几乎快没水了，干了，河床里长了草，河床里长了大树，河床里盖了房子。

花园口的变化，“黄河十年行”已经记录了 7 年，可以说变化太大了。这和小浪底在花园口上游被大坝截断有没有关系，还有待专家出来说话。“黄河十年行”拍到的是 7 年来一年年看到的黄河在花园口的变化。

2010 年　花园口

黄河这样的变化，在“黄河十年行”的记录中虽然是一目了然，可我们还没找到能站在这里、能把自己的研究与考察和“黄河十年行”的志愿者说说这到底是怎么了的专家。

2011 年　黄河在花园口

2012 年　郑州花园口的黄河（摄影/雷东军）

2012 年　在被治理中的水位

2013 年　花园口河边

2014 年　黄河在花园口

2014 年　繁忙的黄河河道

2016 年　花园口看过去是黄河大桥

2016 年　“黄河十年行”在花园口

花园口，在中国人的心里是有伤的。花园口决堤，又称“花园口事件”“花园口惨案”，与中国抗战史上的“文夕大火”（长沙大火）、“重庆防空洞惨案”并称三大惨案。1938 年 5 月 19 日，侵华日军攻陷徐州，并沿陇海线西犯，郑州危急，武汉震动。6 月 9 日，为阻止日军西进，蒋介石采取“以水代兵”的办法，下令扒开位于中国河南省郑州市区北郊 17 千米处的黄河南岸的渡口——花园口，造成人为的黄河决堤改道，形成大片的黄泛区，史称花园口决堤。

花园口决堤后，如脱缰野马，奔泻而下的黄河水，卷起滔天巨浪，历时 4 天 4 夜，由西向东奔泻的河水冲断了陇海铁路，浩浩荡荡地向豫东南流去。淹没了中牟、尉氏、扶沟、西华、淮阳等地，又经颍河、西淝河，注入蚌埠上游的淮河，淹没了淮河的堤岸，冲断了蚌埠附近的淮河铁路大桥。蚌埠向北经曹老集至宿县，也都成了一片汪洋。据不完全统计，河南民宅被冲毁 140 万余家，淹没耕地 800 余万亩，安徽、江苏耕地被淹没 1 100 余万亩，倾家荡产者达 480 万人。89 余万老百姓猝不及防，葬身鱼腹，上千万人流离失所，并造成黄泛区此后连年不断的灾害。这是蒋介石没料到的后果。

河南省档案馆的记载死亡人数为 89 万人，受灾人口高达 1 200 万人。花园口决堤事件给黄河下游豫（河南）、皖（安徽）和苏（江苏）等地的中国百姓带来了深重的灾难。

网上有这样一段故事：6 月 9 日的晌午，太阳当空，晴朗无比。邻村有一家人到我们村娶新娘，喇叭声脆，花轿耀眼，引得我立在村头观看。忽然觉得脚下颤动，接着隐约听到闷雷样的嗡嗡声由远及近，震得耳膜发麻，不多时洪水就涌了过来。开始水流很急，水量不是很大，浑浊的黄水像长蛇一样嗖嗖前行，淹过了抬轿的两个壮汉的膝盖，几分钟的工夫水就涨到齐腰深。我看到抬亲的男人将花轿高高举过头顶，踉踉跄跄地抬着新娘子走。没过多久，大水呼啸着冲下来，几米高的浪头跳起来，将花轿卷得无踪无影。

村里人像炸窝了一样四处躲水，可洪水来势凶猛，我的姑姑住在下面的村子里，一家7口人眨眼间就被黄河水卷走了……

黄河人家的苗德中，是“黄河十年行”要用10年跟踪采访的小浪底的一户人家。苗德中一家是小浪底的水库移民。前些年“黄河十年行”到他家，他都在忙着自家的农家乐。这些年，他把饭店交给孩子了，时不时地会和老婆一块儿出去旅游，到处去看看。

2016年，农民修的历史旧址

2016 年　农民为历史人物立碑

2016 年　农民用自己的方式留住历史

2016 年到老苗家又有了新情况，他把家对面的院子做了个当地历史人物纪念地，为的是让年轻人记住打江山的英雄们。所有的费用都是他自己掏的。农民有了钱，开始做这样的事，在我们“黄河十年行”的记录中，老苗是第一个。

2014 年苗德中告诉我们，小浪底每年常规都是 6 月 19 日开始调水，调到 7 月 1 日开始排沙，7 月 10 日结束。每年就排一次。今年水库缺水，下面干旱，6 月 19 日都没有开始调水，一直到 7 月 1 日才开始调水，到 7 月 5 日才开始排沙。排到 7 月 9 日就结束了。今年水少，天比较旱，一般排水时间，水库里面没有水。每年调水都是先把水泄光，然后再排沙。

2010 年　在苗德中家大树下采访小浪底移民村的村民

2011 年　苗德中在门前的大树下给我们讲村里的变化

2012 年　苗德中给我们比画：你们 2010 年、2011 年采访时的那棵大树被砍了

2014 年　大树和房子都被砍了，被平了

2014 年　那是你们第一年来的大树那儿

2014 年　黄河人家

2014 年我们问苗德中，小浪底水库是不是也有寿命年限？他说，肯定有。现在小浪底水库的库底淤积的沙子越来越高。过去调一调沙就在中心码头，现在是水一放，泥沙直接出来了。水库排沙也是为了把水库里面的沙子往下游排，但是再怎么排也排不干净。将来这个库肯定要报废，要是按照现在的速度，那就是十几年的时间。

关于水库的寿命，显然当地农民的说法和小浪底管理人员说的不一样。

2014 年，我们问苗德中现在的生意比以前好吗？苗德中说，生意不如往年。因为反腐对餐饮住宿影响很大。现在官员吃饭都在小食堂，人家不来这个地方吃了。现在公家单位回去不好报销，就少吃点。以前即使淡季，也能正常运转，现在正常运转都有问题。

2014 年，苗德中说：现在是淡季，正常情况下，我一天的费用大概在 2 000 元。十几个人，连工资带其他，一个月下来多的能到 10 万元，少的也有 5 万元。

苗德中说：黄河人家是股份制，我是管理者，也是经营者。现在我们村已经没有农业收入了。山上的房子全都拆光了。原来山上的房子全平成了地，政府给了承包商，他们平了地，我们谁想租再租。就是移民都搬到 40 千米以外了，要来这儿种地也不容易。但我们要租，有优先权。

2016 年，我们问苗德中，你们山上的地有人租了去种吗？老苗说：现在谁还种地呀，承包商一年定期给我们 10 万千克麦子，那个地现在就荒在那儿呢。按合同，承包我们地的企业承包了 30 年。

地不种还给人麦子，水电站办事就是新鲜事多。苗德中说，当年为乡亲们争这块地，他是寸土不让来着。

苗德中说："去年你们来时，我不在，我带全家旅游去了。现在农民条件好了，前几天，我的孩子们去青岛、日照玩刚回来。"

苗德中也60多岁了，2014年、2015年都是他自己开着小面包车带我们上到山顶看小浪底水库的。

2014年我们问老苗，你觉得小浪底发电是不是应该给你们这些移民一些股份或补偿。老苗说，我说要给就能给吗？就是给了补偿也到不了老百姓手里，政府还缺钱呢。现在我们镇政府外债都是几百万元。人家搞形象工程，例如，墙上刷涂料、创建卫生城市，那都是钱。形象工程花了大量的钱，包工队的钱都还不上。

我们问：你觉得创卫工程是不是把你们这儿搞得漂亮了？老苗说：实际上这个治标不治本，不解决根本问题。就是"表面光，驴粪蛋"。

2014年，苗德中接受"黄河十年行"采访

水电移民苗德中因为精明能干，一个黄河人家的农家乐让他一家人走上了小康之路。但是他还是认为这个库早晚是要报废的。报废了以后，他的靠大坝游为主要客源的黄河人家怎么办，他不能不谋划。我们邀请苗德中有时间和我们一起走黄河，他说很有兴趣，说你们要告诉我，我一定参加。

2016年，苗德中除了在自家院子对面建了历史人物纪念地，黄河人家的农家乐也不管了，让孩子们管理。用他的话说：我只是参与，因为还有事要做。做什么呢？移民纪念册。

目前，老苗已经拍了七八万张照片，每个村民照一张，把他们的出生时间、个人简历、爱好写出来，建立了一个微信群，再发给他们本人审核。名字对不对，出生时间对不对，简历对不对。认为写得不适合的，再把简历发来改。现在大概已经有 2 000 个移民了。

老苗说，如今挨家挨户已经做了 90%户了，按人也已经 70%多了。因为大部分人在外面打工，现在都有微信，直接发微信就行了。

我们和老苗说：“人家都是写家谱，你是在写村谱。”

老苗说：“相当于村志。”

我们说：“村志，很大的工程呀。”

2014 年　“黄河十年行”在黄河人家

老苗说：“我计划三年时间完成，这都一年半了，2016 年年底能把资料收齐，现在有微信要快一点。只是大多数照片都是用手机拍的，像素不行。我现在尽量要求他们用相机拍。也有好多人给我提建议，拍全家福什么的。我说要是搞得复杂了，有好多家不适应。就每户一页吧。”

我们问老苗：“有人帮你一起做吗？”他说：“就我一人做，靠一种精神就能做。”

2016 年　“黄河十年行”在苗德中家

同行的社会学家黄纪苏说："您可以当一个民间的司马迁，民间的历史学家了。"

老苗赶忙说："文化太低了，现在也在找退休教师，请他们帮忙，看看我整理搜集的移民纪念册。"

从一个农民到水电移民，然后开了一家饭馆，挣了钱开始搞饮食文化，再建历史人物纪念地，再为一个村子的水电移民写村志。60 多岁的苗德中是新时代的农民，也是水电移民的一个典范。"黄河十年行"会继续跟踪这户有意思的人家，这位有意思的人。

2016 年，"黄河十年行"在花园口时赶上了大暴雨。雨真大，迅速淹了马路，大水冲入我们吃中饭的小饭馆。女老板无奈地说，她家的小饭馆今年已经是第五次被淹了。

离开花园口，"黄河十年行"在雨中直奔黄河向大地最后吻别的地方，山东东营。

十九、青海省政府新闻发言人就柽柳保护做出的承诺

民间环保组织"绿家园"发起的"黄河十年行"2016 年是第 7 年走在黄河两岸。这一行走，旨在用媒体的视角记录黄河及黄河两岸 10 户人家 10 年中的变化。

2016 年 8 月 10 日，"黄河十年行"从西宁出发，8 月 12 日到达黄河源头约古宗列盆地，然后沿黄河行走了 15 天，从源头青海省玉树州曲玛莱县麻多乡约古宗列曲，到甘肃、宁夏、内蒙古、山西、陕西、河南、山东直至黄河入海口，单程约 8 000 千米，于 8 月 26 日走到了黄河流向大海的山东省东营市。在那里，黄河在向大地做最后的吻别。

7 年来，"黄河十年行"见证了今天黄河生存的艰辛，也经历着我们行走中的不易。见证着国家政策对大自然的越来越倾斜，也感受着参与者对这一记录的使命感。这双重艰辛、双重感受，在这个平台上绿家园和专家、记者、志愿者们一起经历着、分享着、着急着、快乐着。

东营，黄河入海口的湿地及黄河故道，为国家级黄河三角洲自然保护区。总

面积达 15.3 万公顷，是全球暖温带最广阔、最完整、最年轻的湿地生态系统，是国际重点保护的全球 13 处湿地之一。

2016 年　黄河入海口的化工厂

2016 年　黄河在这里吻别大地

黄河流入大海的地方叫仙河镇。据当地人说，仙河镇，原本为仙鹤镇，因这里曾是仙鹤的栖息地。现在，仙鹤一去不复返，看到的只有房子、路和林立的工厂。人进则自然退，这是农业文明和工业文明的共同特点。自有人类以来，在仙河镇的黄河三角洲，一直上演着人进自然退的大剧。

湿地，被生态学家们定为大地之肾和基因库。因为它可以排毒，稀释污染；因为它不单鸟类和植物超多，还有在不断发现着的新种；因为它还有承担起调节气候的作用；洪水来了，它可像大缸一样把水吸纳。干旱了，它可以慢慢释放，为大地解渴。

可是，自从有了我们人类，对那里就是一会儿围湖造田，一会儿打井挖油，一会儿发展蓝色经济——化工产业，因为那里有水，因为人类把那看成了有丰富的资源。

不知道这样的人进自然退，还要到什么时候？

2013 年和 2014 年，在“黄河十年行”的大巴课堂上，黄河水利史专家徐海亮让我们更多地知道了，原来从北京到山东东营，途经的很多河流都曾是黄河入海口。例如，廊坊附近的山经河，是 5 000 年前，黄河可追溯的最早的入海口。如今，天津至郑州的黄淮海平原，就是黄河经数次改道，并携带大量泥沙在渤海凹陷处沉积形成的黄河三角洲。今天，这里是中国湿地和濒危鸟类的国家级保护区。

从徐海亮那儿我们还知道，原来治理黄河泛滥的英雄不仅仅是大禹，“虎门销烟”大英雄林则徐对黄河改道居然也有过重要的预测，对黄河的治理做出过杰出贡献。

自古以来，每年约有 22 亿吨泥沙通过羽贡河道在黄河三角洲的黄河入海口附近堆积，填海后形成我国最年轻的新增国土。这也是华夏文明中最宝贵的地质状态。

可自从我们在黄河上、黄河边大兴土木，以及上游过多的水利设施把泥沙拦住后，现在每年能通过黄河入海口的泥沙就只剩下不到 2 亿立方米，少了 20 亿立方米。

从 2010 年 8 月，“黄河十年行”第一次来到东营港临港工业园区，当地的志愿者任增颖就告诉我们，为了建工厂，天然湿地国家级自然保护区的土被挖后一车一车地运走。2014 年任增颖调离了东营，她告诉我们：5 年来仍然自费往返于此处上百次，她要用镜头记

2016 年　没有化工厂的黄河入海口处本是这样的

2014 年　志愿者 5 年的记录

2014 年　这里是黄河入海口所在地（摄影/任增颖）

录这里变迁的过程。

任增颖说："在与黄河三角洲国家级自然保护区一千二管理站仅仅一路之隔的东营港临港工业园区内，人们看到了'新大陆'，湿地被挖了。"

2013 年 12 月初，任增颖再一次利用周末时间去调查化工厂恶臭气味的分布情况。那次调查后她告诉我们："当时，这里正在紧锣密鼓地施工，我无意中走到人工运河边看水的颜色是否正常，这时，有两条小鱼向我脚旁边的水岸边游来。正当我莫名其妙地看着这两条鱼的时候，其中一条鱼忽然摆动着尾巴，然后慢慢不动了，另外一条鱼则游走了。我当时的感觉很是异样，再一看，那条鱼已经死了。我接着走向当时的工棚，问了一个施工者，他的回答让我更吃惊："这里死一条鱼算什么？夏天的时候，经常是一片死鱼。" 直觉告诉我，这河里的水质有问题。

2014 年　化工厂边的水是黑的

2014 年　井里的水

2014 年　工厂旁的湿地

2015 年　"黄河十年行" 在东营

2015 年　东营化工厂出来的水

2015 年　“黄河十年行”在记录

东营这个临港化工园区，从 2010 年 3 月第一个化工厂未经允许投产发生事故之后，污染的事儿就没断过。尽管各路媒体曝光过多次，问题依然存在。如果用句不算恰当的话来形容，是“坚持不懈”。这样的努力投产，在扩建的过程中产生了诸多的生态、环境、社会问题。

中科院研究员谭嘉欣在接受“黄河十年行”采访时说：“渤海湾衰竭有很多方面的原因。水质、过度捕捞，还有生物链的破坏。”

谭嘉欣说：“因为我的研究是工业污水对水质的影响，所以主要是采了一些抽样，看看工业污染河流、湿地的情况。测了几个点，特别是滩涂贝类的捕捞情况。例如，水质稍微好的库东的那一片，它的年产量，一个月有 250 多千克。但是，相对水质差的情况，一个月只有 50 多千克。

2010 年，湿地上刚刚有拔地而起的化工厂时是这样的

“那个化工园区对海洋的污染，用老百姓的话说肯定会对贝类有影响，但是具体影响到什么程度，大家很模糊，完全没有所谓的科学的说法。”

谭嘉欣还说：“我很感兴趣的，也是一直在讨论的，是仙河镇人民对这个化工厂的态度。

“现在，仙河镇的居民有 2/3

是油田的职工。我走访了很多新港周边的一桩西采油一队、采油六队、采油七队、采油八队，了解到很多油田职工对化工厂的态度。应该说，他们内部也不断地向上级领导反映化工厂情况。

“例如，化工厂南边的一队。我了解到，很多女职工怀孕了就脱岗。因为离化工厂十几里的海上钻井平台，都能闻到毒气的味道。这个情况非常普遍。

“2007 年以后，这个情况也在一级一级向油田的领导反馈。

“他们也说到，2013 年，他们自发组织了一些所谓的上街游行。可是，最后也是不了了之。例如，领导收到通知后说，第二天可能会有行动。他就跟下面的人说，明天大家安分点，管好自己的人。

“所谓的环境维权，一是因为涉及自己的工作，二是单方面很无奈。油田毕竟是一个企业，没有办法来跟地方政府进行一些全面的沟通。”

2011 年　集三大重要之地于一身

2011 年　自然保护区的大门口盖起了厂房

如今，成为山东蓝色经济园区的这里，鸟虽然不多了，但是大牌子上的身份却在不断地增加着。自然保护区的大门口，2010 年还是远远地看到有工厂。2011 年化工厂就建在门口了。

不知何故，黄河三角洲自然保护区一千二管理站的门牌在 2011 年 12 月前后没有了，所能看到的是当时大门遗留下的石桩子。

当地人说：东营，原来的湿地现在变成了成片的化工厂。每到晚上或有大风的时候，整个东营港就被难闻的气味所笼罩，就连距离东营港 15 千米远的仙河社区也难逃空气的污染。

2014 年　保护区成了军事管理区

2014 年　从军事管理区出来的车依然繁忙

2014 年　我们站的地方原来是自然保护区的大门

2015 年　保护区大门的石桩子还在

2016 年　竖有保护区大门的石头桩子和高压线同在

2016 年　竖有保护区大门处建了化工厂

化工园区所在的区域是 1963—1975 年的老黄河口故道。这条故道，前些年“黄河十年行”的记录是生活污水和雨水的收集地，收集以后就直接排入海里。当地人告诉我们，化工园区内污水处理厂排放的达标水也从这里排到海里。但参加“黄河十年行”的一位水资源专家不无担忧地说：“这么一大片园区，进驻近 70 家化工厂啊！”

“黄河十年行” 2012 年采访了黄河入海口国家自然保护区的研究人员。得知区内水生生物资源达 800 多种。其中分布着各种珍贵、稀有、濒危的鸟类，现已证实的 187 种鸟类中，被列为国家一级保护的有丹顶鹤、金雕等 5 种，国家二级保护的有 27 种，世界存量极少的濒危鸟类黑嘴鸥在保护区内却有较多分布。

2013 年　黄河入海口处，也立着这样的牌子（摄影/任增颖）

2014 年　保护区的牌子还在（摄影/任增颖）

2013 年　还有这样的桩子（摄影/任增颖）

2014 年　没入草中

2011 年　养殖的虾

2012 年　盐场和化工厂共存

2014 年　湿地成了盐池

2015 年“黄河十年行”再到这里，这些牌子、桩子就都不见了。

黄河入海口的生态环境系统也是典型的近岸型海洋环境生态系统，是海洋贝类的重要栖息地，也是鱼类、虾、蟹等主要海洋经济生物产卵、育幼及索饵的场所，具有重要的生态价值和经济价值。

黄河入海口如今有3个国家级的大牌子：国家级自然保护区、国家级地质公园、国家级风景名胜区。而我们看到的却是越来越多的化工厂厂房在黄河入海口的湿地上拔地而起。原本自然的湿地，成了大规模的养殖场。养殖的虾卖不出去或者死亡率很高又改成了盐场。

2015 年“黄河十年行”到这里，我们就看到一堆一堆的盐堆在盐池边。2016 年“黄河十年行”在那里时，盐场的职工告诉我们，他们的期望值是一吨盐能卖到 100 元，可是现在只能卖到三四十元，所以只好等着价钱好了再卖。不过这些员工也告诉我们，已经有很多的盐场倒闭了，而这些养殖场和盐场却把黄河口的湿地改变了模样。

2016 年 8 月 26 日，让“黄河十年行”最高兴的是，前两年我们拍到的工厂里流出的黑黑的污水现在看不到了。河里的水是清澈的。当地司机说或许是因为这两天下大雨，让这里的水质有了改观吧。

每年都陪我们来的任增颖告诉我们，当地政府和企业是花了大力气进行了改造的。所以，记者们镜头里的黑水变了颜色。我们一年一年的报道，应该说是见到了成效。

不管怎么说，东营今天的水清，在“黄河十年行”的记录中是一个好的案例。

今天的东营水虽然清了，但是味道还是浓浓的臭。多希望“黄河十年行”结束的时候，黄河母亲向大地最后的吻别，是她原本自然的颜色、自然的味道。

2010 年 8 月 13 日早晨，我们在东营马路上拦下一个正在骑车的大爷，问了些基本情况，得知这位大爷在胜利油田刚建时就来了，而且他也愿意接受我们的采访。于是我们跟着他回家了，他成为“黄河十年行”要用 10 年的时间跟踪采访的一户。

大爷叫范建玉。走进他家，从家里的装修可以感觉这是一个小康之家。老两口儿加上两个儿子，两个儿媳妇，两个孙子，家里一共 8 口人。

2016 年　等着出售的盐

2016 年　这里的水清了

2016 年　原来流出黑水的大管子不见了

不过两个儿子并不和他们一起住。

2010 年　“黄河十年行”在范大爷家

范大爷告诉我们，他退役后被分配到胜利油田运输大队来到孤岛。他给我们描述，当时这里一片荒芜，到处都是芦苇荡，鸟儿比现在多多了，鱼虾河蟹更不用说。那时的人们住的是苇子盖起的草房，种的是水稻。

2010 年范大爷告诉我们，他退休后每月可以拿到 3 000 多元的退休金。可他的老伴儿因为当年是随他来的家属，年轻时在油田还能找到打扫卫生这样的工作。上了岁数以后，就找不到这样的工作了。每个月只有 200 元的生活费，由油田发给。

2011 年 8 月 29 日，我们再到范建玉家时，他陪老伴儿去买菜了。范大爷说，老伴儿的问题解决了，现在油田每月给的退休金涨了好几百元，现在家里没有愁事了。去年大儿子买了车，今年小儿子也买上了。老人现在每天就待在门球场。用他的话说，锻炼了身体，也和老伙伴们聊聊天下大事。

老人带我们去门球场时，那里没有人。我们问他：没人时你自己玩吗？老人笑着说：自己也能玩。

2011 年　一天也离不开门球场

2013 年范大爷 70 岁了，他喜欢骑自行车。他说骑车方便还环保。范大爷还是酷爱打门球。现在退休金用老人的话说：已经涨到 4 000 元了。他的老伴儿，从 2011 年也开始领社保金了，虽然只有六七百元。老人说这些时还是满脸堆着笑容的。

老人还告诉我们：两个孩子的工作也都不错，都当了不大不小的干部。大孙子今年考上了上海一所艺术学校的高中，可着仙河镇就他一个。不过，全家商量的结果还是不去了，孙子的钢琴考过了十级，明年再去也行。

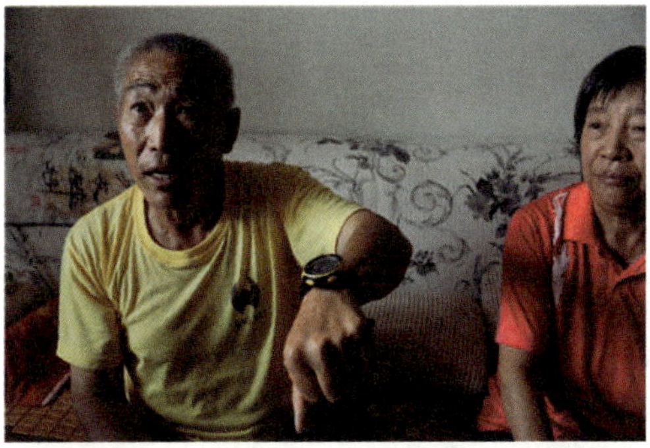

2013 年　范大爷给我们看他的门球表，老人的生活除了打门球还有参加合唱队

如今两个孩子都有房有车，在老人看来小日子称得上幸福。

2013 年年初，仙河镇一家化工厂泄漏，这让他们一家人对化工企业的污染产生了不安，但他们也不知道怎么办。老人的老伴儿说：“这里过去可荒了，鱼虾倒是真便宜。”范大爷更形象地说：“那时苍蝇多得能压断树枝。”老两口一起说：“可那时没有化工厂。”

2013 年　“黄河十年行”在老人家里

2014 年晚上 9 点多，“黄河十年行”才到了仙河镇范建玉家。

去之前和范大爷联系时，总觉得他没有以前那么热情了。去了后才知道老伴儿 2013 年冬天得了重病，身体一直不好。老伴儿病了，老范的精气神也受了影响。

2016 年我们又是晚上才到的范大爷家。这次老伴儿也在，两人的精神都挺好，老人说：“家里最大的变化就是我孙子去年考上了安徽大学。山东省报考这个大学的有 1 000 多人，一共考上 6 个，我孙子考了第一名，他的钢琴弹得特别好。”

记得前些年来老人说孙子学习一般，可家里的一面墙全是奖状。

我们和范大爷说，去年“黄河十年行”来东营没见到他。范大爷说是陪老伴儿到东营看病去了，脑供血不足，睡不着觉，耳朵老嗡嗡响。现在吃中药、做理疗，管点儿用。

老伴儿身体好了，也忙着插话了："知足了，前些年花了 32 900 元买的保险，2 月买的，从 3 月开始发，每月 601 元，现在涨到了 1 050 元。现在买保险的钱已经返回来了。以后每月都发。"

2014 年　这些照片让老范又打起了精神

老伴儿还说：这是国家给的钱。油田因为我是 1976 年就来的，参加劳动 18 年，超过 55 岁的还加 55 元，所以现在一个月我还领 247 元。这是油田给的，现在也涨了。我们两个加起各种补助什么的，一个月有 6 000 多元。

我们问范大爷，这钱主要都干什么用呢？他说：主要是我孙子去年花钱太多，考艺校你们也都知道，去年 8 月还专门到杭州去学艺术，花了不少钱。一节课时就 1 000 元。我们出些，他爸爸妈妈出的更多。另外，看病报得很少，才报 50%。家属就是报的很少呀。

我们问范大爷，门球还打吗？他说："打！2008 年我们是油田冠军。我今年 72 岁，我们队还有 79 岁、80 岁的呢。天天都去，就像上班一样，按时间去，按时间回来，很自由，锻炼身体，消磨时间。打门球一打起来什么都忘了，连饭都不想吃。"

说到当地空气的污染，范大爷说比以前还是好些了，原来一出门就有一股酸臭味，现在没有这个感觉了。

老人说去年化工厂爆炸这事儿他没听说。现在当地就是癌症挺多，尤其是肺癌特别多。前些天他一个老乡，老大哥食道癌去世了。30 多岁的、40 多岁的、50 多岁的得癌的多。

范大爷还告诉我们：现在油价低了，胜利油田就指着油呢，油价低了，收入就少了。所以现在效益不好就关了，效益不好就合并，该停的就停，整体不太景气，亏损。化工厂多了，东营市的化工厂都往这儿迁，东营市不让了，都跑我们仙河镇来了。

2016 年　“黄河十年行”在范家

我问范大爷，记得前些年和您聊，您说挺怀念当初又是鱼又是鸟儿的时候。

范大爷想了想说：过时了，不能再怀念了。光怀念顶什么，那时候我们工资很低，晚上出去打鱼摸虾的，那时候跟现在不一样，那时候才多少人，那时候才几千人，现在五六万人。

如今让范大爷得意的是，他的俩儿子都挺出息，都当干部了。老二还当上了工会主席，属于科级干部，工资应该是四五千元吧。

2016 年“黄河十年行”在范大爷家的采访就是最后一天了。每年结束采访后，在大巴课堂上，参加者们都会发一番感慨。

“绿家园”工作人员何勇说的是：“这次‘黄河十年行’我们从 8 月 10 日开始到今天 8 月 26 日，走了 17 天。这一路从黄河源头走下来，可以说上游经历了青藏高原的牧区，中下游经历了工业比较发达的地区。黄河上游、中游、下游生态系统差异非常大。青藏高原上没有污染的蓝天、白云、草原、森林，生态系统相对保护得挺好。中下游是黄土高原，黄河在这一段更黄一些。中下游人为的干预多了，分布了大量的水电站，对黄河进行切割，让人看了很心疼。

2016 年　何勇和张晓鹏在玛多

“2016 年‘黄河十年行’前后参与的有 24 位。2015 年参加‘黄河十年行’的也将近 20 人，到达黄河源的只有 5 个人。2010 年全车人都成功到达了黄河源。

“一路上大家对我的工作都

2016 年　杨剑坤在乌梁素海

非常支持。我们每天为了完成考察任务，要赶路，有的时候甚至为了赶路牺牲了大家的吃饭时间，但是大家都是毫无怨言地和我们一起克服困难。

“为了我们的母亲河，为了中国的江河，2016 年的‘黄河十年行’，我们一起呐喊，一起努力，谢谢大家。如果用两个字来形容黄河，我想说的是：沧桑。”

《中国周刊》的杨剑坤说：“让我感触特别深的是那个蒙古族的老大妈，一直跟着我们。从她的言语中能感受出她对大自然那么深深的爱，还有热爱自己的家园。

“令人遗憾的是，从社会发展的大背景下，这么好的家园无端地遭到了污染，而且这种污染不是一时半会能消除的，不像空气污染，一阵风就可以吹掉，它是深深地埋在地下，污染着土壤，污染着地下水，这种治理恐怕人类目前的能力是无法达到的。

“我觉得，拜金主义这样一个大的环境，人类已经到了丧心病狂的地步。‘黄河十年行’在黄河上下游奔波，发现问题，不停地奔走、呼号，引起国家领导人和社会各界的重视，才让我们的沙漠破坏得到遏制。虽然我们看到的依然很触目惊心，但是从整个周边来看，已经有所收敛。所以，我们公益环保行动无论是对社会，还是对个人的心灵，都是意义巨大的。”

2016 年　颜春龙在前往玛多的路上

贵州民族大学的颜春龙说："现在存在着环境殖民主义。东部地区，包括外资企业来西部投资，为什么选择到沙漠、少数民族地区、边远地区？实际上从某种意义上来讲，是以帮助少数民族发展为由，从根本上还是环境生存权利的殖民主义，而且这个现象后面也隐藏着很大的经济利益在里面。为什么把污水掩埋在沙漠里面，沙漠本身有一个天伦循环，应该有它生命存在的合理性与合法性。所以在我看来，从国家发展的角度来看，现在就是存在着环境殖民主义，这个是很要不得的。"

2016 年　王轶庶在贵德

《南方周末》摄影记者王轶庶说："此行要吃的苦是有准备的，但看的觉得还是不过瘾，黄河上的生态现状要是再能多看些就好了。用两个字来形容黄河，我说是厚重，用 4 个字就是：古意盎然。"

凤凰网的李志题说："这是我第二次参加'黄河十年行'，还是特别震撼，特别像尖扎、贵德那一段，再往上玛多那一带，它的那种天地大美，感觉特别强烈。如果不是参加'黄河十年行'，自己估计不管是旅游也好，出行也好，这一辈子也不会想到跑到那个地方。而那个地方正因为没有太多的旅游开发，才让我们很难想象地看到太多值得看的东西，找到了一些对大自然的认知，也就更有了敬畏之情。

"其实我也在想，关于环保，沿途一直发现的都是人类在自己的活动当中，对自然界的破

2016 年　李志题在三门峡

坏，形成的丑陋的一面，对自然环境的影响，对野生动物、植物、环境的破坏。

“不过，如果我们换一个视角，更多地告诉公众这些地方有多美，用美来唤醒大家对美的认知，对破坏美的罪恶感。

“我们到了兰州以后，看到每一个年代都留下了痕迹。包括从汉唐的水利工程，包括游牧民族的制度，还有修建的那些军事设施的遗址，这些不就是我们几千年的文明吗？‘黄河十年行’要记录的变化除了生态，应该也有这些。

“其实，本质上人类都想获取更加美好的生活。就像现在农村人进城一样，大家都有自身价值的追求，都想获取更多。但是你在获取更多的时候，怎样才能是可持续的，不光我们这一代能够更好地生存，也让我们的子孙后代不是看什么都要去博物馆里看，这就要找到一个平衡。包括我们自己也要身体力行，然后再去影响身边更多的人，过一种更加环保、更加低碳的生活，让我们的环境继续美好下去。”

2016 年　钱梅在晋陕大峡谷

在海关工作的钱梅说：“我先贡献两个词儿，黄河是：壮美。黄河自古以来养育了中华文明，我们读的很多古诗古文献，对黄河的描述都是‘黄河之水天上来，奔流到海不复回’。黄河对中华民族的文明、发展都做出了巨大的贡献。但是千百年来，我觉得她已经竭尽全力，已经资源枯竭，已经到了很悲壮的状态，可我们还是在努力地挖掘她仅剩下的、非常脆弱的资源，所以对于黄河我还要用另外两个字来形容，那就是：悲壮。

“现在真是到了我们不得不讲，怎样才能留住这条被我们称为母亲河的大河的时候了。让她既有生命，又能发挥我们人类认为的作用，还能长久地伴随我们共同生存，永远在我们中华民族的版图中、记忆中、文化发展中。我觉得这也是‘黄河十年行’的意义所在。”

在企业工作的张玲说：“勇敢地走一次高原，人的灵魂会净化的。离天越近，离大地越近，你的思想会净化，人会净化，也就会更理解什么是身外之物。

“我觉得整个走下来，黄河真是太美了。我们从青藏高原看着牛羊满山，看着藏野驴、藏原羚，再看着鼠兔乖乖的，还有许多猛禽、秃鹫……

“从地质看呢，有丹霞地貌，有高原草甸，有土林、森林、黄土高坡、大峡谷，还有老牛湾，黄河在那儿转了一个360°的弯。难以相信的鬼斧神工，难以忘怀的上天造物。我们拿摄像机也好，照相机也好，总也拍不完，总也记录不完，因为太美了，我们不可能把所有地方都拍下来。我们用心记住她的美，用眼睛看她的美。

“如果用两个字形容，我对黄河的描述是：壮美。母亲河真的不愧是母亲河，养育了中华民族。人类的文明其实都是沿着河岸两边发展起来的。所以我就觉得，这个世界万物都应该有一个生存空间，不要因为人类的发展，就把我们自然中所有的朋友都灭绝了。像现在这样索取无度的话，最后一个灭绝的就是我们人类，我们人类应该跟动物朋友一起和平共处，给大家都留一个生存空间，这个世界才会美好。”

2016年　张玲在黄河入海口

2016 年　邓丽珠在阿里玛卿山

2016 年　社会学家黄纪苏在三门峡

2016 年　志愿者李秀兰在老牛湾

2016 年　生态学家韩添丁博士在花石峡

2016 年　摄像王玉坤在腾格里

2016 年　中学生张浩洋为玉树小学捐勤工俭学款

2016 年　张志杰送不管多累从没任何怨言的司机师傅赵延林《黄河纪事》

2016 年　西南民族大学教授吴定勇在去尖扎的路上（摄影/杨剑坤）

就在 2016 年“黄河十年行”纪事写完的时候，这样一条新闻让我们要重新解释第一篇采访中国科学院西北高原所吴玉虎研究员时，他告诉我们的那个坏消息，明年那片让他牵挂了快 10 年的古柽柳就要因水库建好蓄水而被淹了。从 8 月 10 日到 11 月 8 日的 3 个月来，经媒体和民间环保组织的多方努力后，我们终于看到了多家媒体的报道，青海省委政府新闻发言人就柽柳保护做出的承诺：

2015 年　科学家凌正在去玛多的路上（摄影/杨剑坤）

青海省政府新闻发言人汤宛峰：青海省委、省政府对柽柳的保护，一是立即组织邀请国家级专家和相关部门负责同志深入现场进一步考察论证，从根本上准确评定柽柳的保护及科研价值，尽快得出科学、可靠和经得起检验的结论。二是在科学认定其价值的基础上，充分论证各方提出的包括移植、围堰等在内的多种方案，优中选优，确定最佳保护方案并抓好组织实施。三是为积极回应当前社会关切和舆论热点，青海省政府已经决定，停止柽柳移植等工作，羊曲水电站工程建设在柽柳林最终保护方案未确定和柽柳保护措施未得到有效落实之前，不得下闸蓄水。四是在柽柳保护的全过程中，开门纳谏，充分听取社会各界和专家的意见建议，对有益保护、切实可行的意见予以吸纳，最大限度地集中各方智慧，凝聚各方力量，共同做好柽柳保护工作。我们一定始终不渝地高度重视、加大力度、多措并举，推进青海柽柳保护步入规范、有序、科学的轨道。

这是继 2014 年“黄河十年行”关注了 4 年的腾格里沙漠污染，经媒体曝光，引起习近平总书记关注并批示严肃处理后，又一个由“黄河十年行”报道了 7 年、呼吁保护古柽柳终于有了转机的案例。

2016 年“黄河十年行”在黄河入海口拍到了鸟儿们，也拍到了圆圆的落日。傍晚黄河走入大海时，是宁静的。

黄河，明年见。

2016 年　黄河入海口

记者手记

如果让我来用两个字来形容黄河，我用的是“死拧”。我们人类说黄河美也好，说她被污染被损害也好，说她脏了、窄了、断了也好，但只要能喘气，她就顽强地以自己的方式活着、流淌着。这不也正是我们的“黄河十年行”吗？7 年了，没有一股子拧劲儿“黄河十年行”又怎么走得下来呢？

7 年来，有上百名专家、记者和志愿者和我们一起走黄河。我们不但认识了黄河，更把今天的黄河描绘给了称黄河为母亲的国人，给了世界。她的大美，她的生态与文化价值。通过这些报道，国家主席有了批示让沙漠又黄了；通过这些报道，一片记载着历史信息的古树留下了；通过这些报道，我们和黄河边的百姓交上了朋友。事儿不大，也不是什么名人，但让我们和母亲河有了朋友般的交流。

“黄河十年行”还有 3 年，走完后，我们会把走黄河这 10 年的故事讲给更多的人听。

2016年国内国际十大环境新闻

章　轲/整理

一、2016年国内十大环境新闻

1．生态环保改革制度密集出台，生态文明体制改革加快推进

2015年9月11日，中共中央政治局召开会议，审议通过了《生态文明体制改革总体方案》。生态文明体制改革的目标：到2020年，构建起由自然资源资产产权制度，国土空间开发保护制度，空间规划体系，资源总量管理和全面节约制度，资源有偿使用和生态补偿制度，环境治理体系，环境治理和生态保护市场体系，生态文明绩效评价考核和责任追究制度等八项制度构成的产权清晰、多元参与、激励约束并重、系统完整的生态文明制度体系，推进生态文明领域国家治理体系和治理能力现代化，努力走向社会主义生态文明新时代。

2．《“十三五”生态环境保护规划》确定环境质量改善目标

2016年12月，《“十三五”生态环境保护规划》公布。规划明确了“十三五”期间七大任务：强化源头防控，夯实绿色发展基础；深化质量管理，大力实施三大行动计划；实施专项治理，全面推进达标排放与污染减排；实行全程管控，有效防范和降低环境风险；加大保护力度，强化生态修复；加快制度创新，积极推进治理体系和能力现代化；实施一批国家生态环境保护重大工程。规划对“十三

五”期间生态环境保护工作该如何推进也予以细化分解。以大气污染防治为例，在空气污染较为严重的京津冀地区，规划提出以北京市、保定市、廊坊市为重点，突出抓好冬季散煤治理、重点行业综合治理、机动车监管、重污染天气应对，强化高架源的治理和监管，改善区域空气质量。提高接受外输电比例，增加非化石能源供应，重点城市实施天然气替代煤炭工程，推进电力替代煤炭，大幅减少冬季散煤使用量等举措。

3．中央环保督察正式启动，全年共督察16省（区、市）

2016年1月4日，被称为“环保钦差”的中央环保督察组正式亮相，中央环保督察组由环保部牵头成立，中纪委、中组部的相关领导参加，是代表党中央、国务院对各省（区、市）党委和政府及其有关部门开展的环境保护督察。环境保护部党组书记、部长李干杰说，中央环保督察已经实现31个省（区、市）全覆盖，共受理群众的举报13.5万件，问责1万余人。

李干杰说，中央环保督察是由习近平总书记亲自倡导推动的生态文明体制机制重大改革举措。“2015 年年底从河北开始试点，到党的十九大之前，已经实现了31个省（区、市）的全覆盖。”

4．省以下环保机构监测监察执法垂直管理制度改革开始试点

2016年9月，中共中央办公厅、国务院办公厅印发《关于省以下环保机构监测监察执法垂直管理制度改革试点工作的指导意见》。根据意见，核心改革路径可概括为“两个加强、两个聚焦、两个健全”。一是在制度建设上实现“两个加强”，即加强地方党委、政府及其相关部门环保责任的明确和落实，加强对地方党委、政府以及相关部门环保责任落实的监督检查和责任追究。二是在工作重心上实行“两个聚焦”，即省级环保部门进一步聚焦对市县生态环境质量监测考核和环保履责情况的监督检查，市县两级环保部门进一步聚焦属地环境执法和执法监测。三是在运行机制上强化“两个健全”，即建立健全环保议事协调机制，建立健全信息共享机制。力争在2018年6月底前完成省以下环境保护管理体制调整工作。在此基础上，各省（区、市）要进一步完善配套措施，健全机制，确保“十三五”时

期全面完成环保机构监测监察执法垂直管理制度改革任务，到2020年全国省以下环保部门按照新制度高效运行。

5．国务院印发《土壤污染防治行动计划》

2016年5月28日，国务院印发《土壤污染防治行动计划》。提出到2020年，全国土壤污染加重趋势得到初步遏制，土壤环境质量总体保持稳定，农用地和建设用地土壤环境安全得到基本保障，土壤环境风险得到基本管控。到2030年，全国土壤环境质量稳中向好，农用地和建设用地土壤环境安全得到有效保障，土壤环境风险得到全面管控。到21世纪中叶，土壤环境质量全面改善，生态系统实现良性循环。主要指标包括：到2020年，受污染耕地安全利用率达到90%左右，污染地块安全利用率达到90%以上。到2030年，受污染耕地安全利用率达到95%以上，污染地块安全利用率达到95%以上。开展土壤污染状况详查，2018年年底前查明农用地土壤污染的面积、分布及其对农产品质量的影响；2020年年底前掌握重点行业企业用地中的污染地块分布及其环境风险情况。建立土壤环境质量状况定期调查制度，每10年开展1次。

6．全国人大常委会首次审议环保目标完成情况报告

2016年4月25日，在第十二届全国人大常委会第二十次会议上，环境保护部部长陈吉宁根据《中华人民共和国环境保护法》（以下简称《环境保护法》）的要求，受国务院委托，就2015年度全国环境状况和环境保护目标完成情况作报告。这是全国人大常委会首次听取和审议全国环境状况和环保目标完成情况的报告。

按照《环境保护法》第二十七条的规定，“县级以上人民政府应当每年向本级人民代表大会或者人民代表大会常务委员会报告环境状况和环境保护目标完成情况”。全国人大常委会首次听取和审议国务院年度全国环境状况和环境保护目标完成情况的报告，是贯彻落实《环境保护法》制度规定的一项重要举措，也将为地方人大开展这项工作提供借鉴。

7.《环境保护税法》获全国人大常委会审议通过

2016 年 12 月 25 日，《中华人民共和国环境保护税法》（以下简称《环境保护税法》）由第十二届全国人民代表大会常务委员会第二十五次会议通过并公布，自 2018 年 1 月 1 日起施行。

作为我国第一部推进生态文明建设的单行税法，《环境保护税法》将于 2018 年 1 月 1 日起施行，这意味着我国施行了近 40 年的排污收费制度将退出历史舞台。与此同时，在税收征管方面，环境保护费改税后，征收部门由环保部门改为税务机关，环保部门配合，将开启“企业申报、税务征收、环保监测、信息共享”的税收征管模式。环境保护税作为新开征的税种，涉及面很广，收费与征税两套制度要进行转换，政策上和征管上确需做许多前期准备工作，具体包括起草税法实施条例，细化具体政策和征管措施，开发征管系统。授权地方决定的事项，包括确定具体适用税额等，由各省（区、市）按法律程序确定。

8．国务院办公厅印发《控制污染物排放许可制实施方案》

2016 年 11 月 10 日，国务院办公厅印发《控制污染物排放许可制实施方案》。方案提出，到 2020 年，完成覆盖所有固定污染源的排污许可证核发工作，全国排污许可证管理信息平台有效运转，各项环境管理制度精简合理、有机衔接，企事业单位环保主体责任得到落实，基本建立法规体系完备、技术体系科学、管理体系高效的排污许可制，对固定污染源实施全过程管理和多污染物协同控制，实现系统化、科学化、法治化、精细化、信息化的“一证式”管理。

排污许可证管理内容主要包括大气污染物、水污染物，并依法逐步纳入其他污染物。按行业分步实现对固定污染源的全覆盖，率先对火电、造纸行业企业核发排污许可证，2017 年完成《大气污染防治行动计划》和《水污染防治行动计划》重点行业及产能过剩行业企业排污许可证核发，2020 年全国基本完成排污许可证核发。

9．京津冀及周边地区首次联合实施高级别预警应急联动

2016 年 12 月 2—4 日，受明显不利气象条件影响，我国京津冀及周边地区发生一次大面积区域性空气重污染过程，影响范围包括北京、天津、河北、山东、山西、河南、辽宁 7 省市，涉及 60 多个城市。

环保部于 11 月 29 日晚已提前函告北京市、天津市、河北省、山西省、山东省、河南省政府，提示各地按照预测预报情况及时发布相应级别重污染天气预警，实施区域联动，共同应对重污染天气，同时派出 4 个督察组，分赴河北省、山东省等地开展督察，重点督察地方政府应急预案启动和落实情况，地方“土小”企业排查情况，重点企业达标排放及应急减排措施落实情况。

各地采取的削减污染物排放的措施，一定程度上减轻了重污染强度。例如，京津冀及周边地区有 60 个城市统一启动预警响应，首次实现了区域高级别、大范围预警应急联动。其中，河北省石家庄市、保定市等 9 个城市启动了红色预警措施；北京市、天津市等 24 个城市启动了橙色预警措施；河南省郑州市、洛阳市等 22 个城市启动了黄色预警措施；山东省济南市、临沂市等 5 个城市启动了蓝色预警措施。各地还根据预警情况，对工业企业采取强化污染监控、降低生产负荷或停产等措施，加强机动车污染排放管控，加大公共交通运力。

10．环境执法大练兵活动在全国范围内广泛开展

2016 年 9—11 月，为推进全国环境执法队伍建设，进一步规范、提高执法能力和水平，环境保护部在全国范围内组织开展环境执法大练兵活动，通过评比先进、树立典型的方式，营造“比、学、赶、帮、超”的工作氛围，提升全国环境执法队伍规范执法意识和能力。

大练兵活动期间，地方各级环保部门将结合日常或专项执法工作，规范开展排污单位现场监督检查、环境违法案件处理处罚、案件移交移送和环境监察稽查等各项执法工作。活动结束后，环境保护部请环保系统外第三方机构对各地大练兵期间工作数量、质量和成效进行评估。

对地方环境执法机构，设置“环境执法案卷质量”指标，指导地方规范环境

保护日常监督执法、行政处罚、环境监察稽查以及部门间移交移送等行为，提高环境执法工作的质量和水平，推进依法行政；设置“查处违法案件数量”指标，鼓励各地以查处环境违法案件作为加强环境执法工作的主要手段，加大案件查处力度，严格依法处理处罚，做到应处尽处、应罚尽罚，形成打击环境违法行为的强大阵势；设置“执法公众满意度”指标，引导地方环保部门以实现群众满意作为环境执法的最终目标，维护群众环境权益，强化执法为民理念；设置“环境质量变化”指标为“一票否决”指标，强调环境执法要以改善环境质量为核心，将空气和地表水环境质量改善作为检验环境执法效果的标准。对地方环境执法人员，设置“查处违法案件数量”指标，评价执法人员工作量；设置“查处违法案件质量”指标，评价个人执法工作质量；设置“个人事迹”指标，评价个人综合素质、工作作风等；设置“廉洁执法”指标为“一票否决”指标，以廉洁执法作为对环境执法人员的基本要求。

二、2016 年国际十大环境新闻

1.《巴黎协定》生效，全球气候变化治理踏上新起点

历经多轮谈判，框定新形势下全球气候变化基本原则和基本方向的《巴黎协定》于 11 月 4 日正式生效。协定明确各缔约国在共同但有区别的责任原则下，保持全球升温控制在 2℃以内的长期目标。11 月 7 日—18 日，在第 22 届联合国气候大会上，全球 190 多个国家和地区积极促成有效机制的建立，确保《巴黎协定》的执行与落实。

2.《2030 年可持续发展议程》启动，G20 杭州峰会通过行动计划

联合国《2030 年可持续发展议程》于 2016 年 1 月 1 日正式启动，确定了今后 15 年实现 17 项可持续发展目标。为有效落实议程，2016 年 9 月，20 国集团领导人杭州峰会一致通过了《落实 2030 年可持续发展议程行动计划》，承诺将自身工作与《2030 年可持续发展议程》进一步衔接，努力消除贫困，实现可持续发展，

构建包容和可持续的未来。

3．第二届联合国环境大会召开，联合国环境规划署换帅

5月23—28日，第二届联合国环境大会在肯尼亚首都内罗毕召开。大会聚焦2030可持续发展环境目标落实和全球环境治理工作，173个国家的部长或高级代表参会。联合国环境规划署发布《绿水青山就是金山银山：中国生态文明战略与行动》报告，首次以联合国视角与世界分享中国生态文明理念。6月，埃里克·索尔海姆正式就任联合国环境规划署执行主任。

4．《关于消耗臭氧层物质的蒙特利尔议定书》又向前迈出一大步，全球限控氢氟碳化物

10月10—14日，《关于消耗臭氧层物质的蒙特利尔议定书》第28次缔约方大会在卢旺达召开。全球197个国家达成历史性决议，决定淘汰并限制使用制冷剂——氢氟碳化物（超级温室气体）。据此估算，到21世纪末，有望将氢氟碳化物排放减少88%，可避免全球升温0.5℃。

5．联合国生物多样性大会召开，推动生物多样性主流化

12月4—17日，《生物多样性公约》第13次缔约方大会及其涉及生物安全和遗传资源获取的两个议定书缔约方会议在墨西哥坎昆召开，12月2—3日召开了高级别会议，统称联合国生物多样性大会。全球196个缔约方达成72项决议，通过《将保护和可持续利用生物多样性纳入主流化以增进福祉的坎昆宣言》，决定建立有效制度框架、立法机制和管理体制，推动生物多样性保护成为主流趋势，增加人类福祉。会议宣布，中国获得2020年生物多样性公约第15次缔约方大会举办权，这将是中国首次主办生物多样性公约缔约方大会。

6．环境犯罪行为增多，自然资源年损失以千亿美元计

6月4日，联合国环境规划署和国际刑警组织联合发布报告《环境犯罪的崛起》，环境犯罪行为增多导致自然资源损失惨重，每年全球因非法捕捞、砍伐、采

矿所流失的鱼类、木材、黄金以及其他自然资源 910 亿～2 580 亿美元。

7．濒危物种再发预警，物种保护现状喜忧参半

世界自然保护联盟（IUCN）发布新版《IUCN 濒危物种红色名录》，收录的 82 954 个物种中，28.9%正遭受灭绝的威胁。部分物种濒危程度加重，全球仅存的 6 种大型类人猿中 4 种都已被列入“极度濒危”。好消息是，也有物种曾被归为灭绝而又被重新发现。

8．肯尼亚焚烧上百吨象牙和犀牛角

4 月 30 日，肯尼亚总统肯雅塔亲自点火，公开焚烧了收缴的 105 吨象牙和 1.35 吨犀牛角，以显示推动全球禁止象牙犀牛角贸易的决心。

9．超强厄尔尼诺影响全球气候，极端天气频繁出现

5 月，超强厄尔尼诺事件结束，但对全球气候的影响仍在持续。干旱、暴雨、洪涝等极端天气在各地频繁出现，全球平均气温再次打破同期纪录。

10．国际航空减排市场机制形成

10 月 6 日，国际民航组织第 39 届大会通过了控制国际航空二氧化碳排放、全球基于市场措施（GMBM）的决议草案，形成第一个全球性行业减排市场机制。